圈养野生动物技术系列丛书

圈养野生动物
健康评估

Health Assessment
in Captive Wild Animals

卢 岩 ◎ 主编

北京动物园管理处
圈养野生动物技术北京市重点实验室
·组织编写·

中国出版集团有限公司
研究出版社

图书在版编目(CIP)数据

圈养野生动物健康评估 / 卢岩主编；北京动物园管理处圈养野生动物技术北京市重点实验室组织编写. -- 北京：研究出版社, 2025.5. -- ISBN 978-7-5199-1858-3

Ⅰ.S864

中国国家版本馆 CIP 数据核字第 2025JH9198 号

出 品 人：陈建军
出版统筹：丁 波
责任编辑：韩 笑

圈养野生动物健康评估

JUANYANG YESHENG DONGWU JIANKANG PINGGU

卢 岩 主编

北京动物园管理处　圈养野生动物技术北京市重点实验室　组织编写

研究出版社 出版发行

（100006　北京市东城区灯市口大街100号华腾商务楼）

北京中科印刷有限公司印刷　新华书店经销

2025年5月第1版　2025年5月第1次印刷

开本：880毫米×1230毫米　1/32　印张：13

字数：333千字

ISBN 978-7-5199-1858-3　定价：58.00元

电话（010）64217619　64217652（发行部）

版权所有·侵权必究

凡购买本社图书，如有印制质量问题，我社负责调换。

丛书编委会

主　　任：丛一蓬
副 主 任：李　扬　王　馨　冯小苹　肖　洋
委　　员：（按姓氏笔画排序）
　　　　　马　鑫　王运盛　石庆丽　卢　岩　卢雁平
　　　　　由玉岩　任　旻　刘　赫　刘　燕　牟宁宁
　　　　　杜余礼　李　素　李　银　李伯涵　李栋睿
　　　　　李新国　何绍纯　宋　莹　张轶卓　张恩权
　　　　　罗晨威　周　娜　郑常明　赵　靖　赵冬怡
　　　　　赵素芬　胡雪莲　柏　超　柳浩博　贾　婷
　　　　　徐　敏　徐　震　高　岩　崔多英　蒋　鹏
　　　　　普天春　魏　珊
主编单位：北京动物园管理处
　　　　　圈养野生动物技术北京市重点实验室

编写人员

主　编：卢　岩
副主编：赵素芬　詹同彤　张成林
编　者：（按姓氏笔画排序）

马冬卉　马敬华　王　瑜　王运盛　王泽滢
邓长林　卢　岩　由玉岩　江　志　许必钊
李　婧　杨明海　杨宵宵　应志豪　张　欢
张成林　张媛媛　陆旖旎　陈小丽　罗坚文
罗淑珍　郑应婕　赵素芬　俞红燕　秦　岭
桂剑峰　贾　佳　高喜凤　唐　耀　益亚娜
黄淑芳　曹　菲　植广林　楼　毅　詹同彤
廖冰麟　霍永腾

审　校：赵素芬　卢　岩　詹同彤

参与编写单位及人员

北京动物园管理处：卢 岩　赵素芬　张成林　张媛媛
　　　　　　　　　杨明海　王运盛　霍永腾　詹同彤
　　　　　　　　　秦 岭　杨宵宵　由玉岩　张 欢
杭州野生动物世界有限公司：马敬华
杭州动物园（杭州少年儿童公园、杭州西湖风景名胜区动物疾病监测中心）：
　　　　　　　　　江 志　黄淑芳　应志豪　马冬卉
　　　　　　　　　楼 毅　罗坚文　郑应婕　俞红燕
福州市动物园管理处：唐 耀　陈小丽　许必钊　廖冰麟
　　　　　　　　　王泽滢　罗淑珍　高喜凤　益亚娜
上海动物园：桂剑峰　王 瑜　陆旖旎　曹 菲　贾 佳
唐山动物园：李 婧
南京市红山森林动物园管理处：邓长林
广州动物园（挂广州市野生动物研究中心牌子）：植广林

丛书序

1906年，中国在北京城西郊建立了"万牲园"，饲养狮子、猕猴等野生动物。"万牲园"成为中国动物园的雏形，也是北京动物园的前身。20世纪50年代是我国动物园建设首个高峰期，许多城市开始兴建动物园。20世纪70—80年代是我国动物园建设的第二个高峰期，各个省会城市基本都有了动物园。20世纪末，野生动物园在国内出现，展出了大批国外物种，以散养、混养、车览模式展示，且国内出现了海洋馆，我国动物园行业出现了第三个发展高峰。21世纪以来，以动物园为中心的综合旅游项目越来越多，成为拉动地方经济、文化发展的重要动力。目前，我国几乎各大主要城市乃至经济发达的小型城市都有了动物园，城市动物园的数量近300家，还有数百个海洋馆、野生动物园、专类公园等。另外，个人饲养野生动物也越来越多，成为不可忽视的现象。

20世纪50年代，北京动物园邀请苏联专家讲授动物园的经营管理知识、野生动物饲养技术，这是我国动物园首次系统接受现代动物园的管理理念和知识。60年代早期，北京动物园成立了专门的科学技术委员会，开始了野生动物饲养繁殖技术研究，积累了大量野生动物饲养管理、疾病防治经验。70年代，我国动物园行业建立了科技情报网，整理印刷了《中国动物园年刊》《中国动物园通讯》等，加强了动物园之间的技术交流。近年来，国际的人员、技术、动物交流增加，环境丰容、动物训练等理念被吸收进来。中国动物园协会、中国野生动物保护协会等通过举办各种专业技术培训班，加强了大家对野生动物的认识，提高了动物园的技术水平，促进了动物园行业的发展。

改革开放以来，国内动物园的规模不断发展，圈养野生动物技术水平不断提高，动物园的经营理念也随之发展，动物展示、休闲娱乐、保护教育、科学研究等功能得到不同程度的体现，动物健康管理、动物福利以及动物种群管理理念也进入管理工作中。但是，我国动物园仍处于现代动物园发展的初级阶段，专业的饲养人员、技术人员、管理人员严重不足，缺乏系统的技术知识；管理仍以粗放型、经验型为主；动物福利保障与展示需要之间存在矛盾；动物保护意识有待进一步加强，展出的本土物种种类和数量需要增加等。因此，进一步提高动物园动物健康管理、饲养展示技术和野生动物保护水平，是目前我国动物园行业发展的重要任务。

2014年北京动物园申报通过了北京市科学技术委员会圈养野生动物技术北京市重点实验室，开展野生动物繁殖、营养、疾病防治、生态保护等研究。近两年，许多动物园也相继成立了野生动物技术研究和保护机构；互联网、多媒体技术的快速发展和应用，为信息的获取和交流提供了支持，也为提高圈养野生动物技术水平打下了良好基础。

北京动物园、圈养野生动物技术北京市重点实验室积极总结国内动物园成功的经验，吸收国际动物保护新理念、新技术，组织相关领域专家编写圈养野生动物技术系列丛书。丛书涵盖了圈养动物的饲养、繁殖、展示、丰容、训练、疾病防治、健康管理、保护教育、生态研究等内容。相信丛书的出版能够对提高我国野生动物保护水平、促进动物园行业发展起到积极的作用。

北京动物园愿意与大家合作，建立国内圈养野生动物技术体系，为我国动物园行业发展、野生动物保护贡献自己的力量。

圈养野生动物技术系列丛书编委会
2024年8月

序

中国动物园协会建会近40年来，团结全国动物园、水族馆和有动物展区的公园及动物园工作者，协助政府加强动物园管理，不断提高行业管理水平。在珍稀濒危野生动物的保护和繁育、疾病防治、动物丰容、行为训练、行为观察以及公众教育等多方面都取得了可喜的成绩。为促进国家生态文明建设和城市发展，促进动物园的物质和精神文明建设作出应有的贡献。

兽医工作是动物园的重要技术工作，做好兽医工作是动物园经营和发展的保障。在协会领导下，兽医工作委员会坚持进行协会会员单位的兽医技术培训，传授先进的工作经验和技术，创新了兽医工作理念对动物园兽医技术的提高起到积极的作用。

做好动物疾病预防是所有兽医人工作的基本原则。鉴于动物园动物的特殊性，动物种类多、物种及个体之间的差异极大，常年对游客展示，对疾病防治工作造成很大的困难，并严重影响了动物园兽医技术的提高。北京动物园是我国建园最早的动物园，在野生动物疾病防治工作中积累的大量实践经验，在协会动物园动物疾病防治中发挥了重要的指导作用。健康管理是新的工作理念，是一门交叉学科，分健康检查、健康评估、健康护理三部分，注重过程管理，开展目标管理。本书重点介绍了圈养野生动物健康管理概念，健康评估的概念和操作方法，并介绍了许多种动物的健康标准，分析了影响圈养野生动物健康的因素，如野生动物饲养、繁育、营养、展示、场馆、运输、疫病、护理等。做好健康评估工作，能够减少动物发病，减轻患病的影响，大大提升动物福利。特别是我们经历了非典、禽流感、链球菌、新型冠状病毒等传染病的发生，人兽共患病发生的频率越来越快，影响越来越广，与野生动物关系越来越密切。在人与动物同一个健康的时代，进一步加强动物园动物疾病防治显得更加重要和紧迫。

把健康管理学理念应用于野生动物疾病防治是现代社会发展的重要体现，是野生动物疾病预防工作的深化和提升。我相信，这本著作的出版将对野生动物保护、对动物医学的发展起到积极的促进作用。

中国动物园协会会长

2024年8月

目录
CONTENTS

第一章　圈养野生动物疾病概述

第一节　动物疾病概述 …………………………………… 002
第二节　圈养野生动物疾病特点和常见的致病因素 ……… 006
第三节　圈养野生动物健康管理 ………………………… 013

第二章　圈养野生动物健康评估

第一节　圈养野生动物健康评估概述 …………………… 020
第二节　圈养野生动物健康评估主要内容 ……………… 022
第三节　圈养野生动物健康评估方法 …………………… 027
第四节　圈养野生动物健康评估报告 …………………… 097

第三章　圈养野生动物个体健康标准

第一节　小熊猫健康标准 ………………………………… 104
第二节　华南虎健康标准 ………………………………… 125
第三节　豹健康标准 ……………………………………… 132
第四节　豺健康标准 ……………………………………… 149
第五节　亚洲象健康标准 ………………………………… 159

第六节	长颈鹿健康标准	173
第七节	白犀健康标准	184
第八节	河马健康标准	197
第九节	南美貘健康标准	207
第十节	黑麂健康标准	217
第十一节	白长角羚健康标准	237
第十二节	长臂猿健康标准	249
第十三节	黑猩猩健康标准	271
第十四节	环尾狐猴健康标准	285
第十五节	狒狒健康标准	294
第十六节	食火鸡健康标准	310
第十七节	黑鹳健康标准	319
第十八节	黑颈鹤健康标准	329
第十九节	火烈鸟健康标准	340
第二十节	斑嘴环企鹅健康标准	358

附 录

附录1	圈养野生动物体温参数	372
附录2	动物体重记录	379

参考文献	**391**
后　　记	**397**

第一章 CHAPTER 1

圈养野生动物疾病概述

圈养野生动物是一类特殊的野生动物，多数饲养单位在保障动物种群健康和可持续发展的同时，以为游客提供休闲娱乐、科普教育为宗旨。动物园是主要的野生动物饲养机构。多数动物园为使游客能够观赏到更多种动物和接受到更多知识，饲养几十、几百种动物，并以多种方式供游客选择观赏。除个别专类动物园外，大部分单位饲养的动物种类多、种群小、饲养周期长，以圈舍建筑方式展出为主，饲养环境相对单一、运动场地有限，动物每日"全方位"接受游客观赏。同时，在饲料营养供给方面，草食动物常年仅吃"一种草""一种料"，饲喂时不分动物年龄和各生理阶段需求。个别野生动物还会与家畜、家禽混养，与留鸟、候鸟、流浪动物相伴。在原生环境中，野生动物已经进化适应了风吹日晒和雨淋、饥饱不定、到处猎捕食物，甚至被猎捕等，而圈养环境与原生环境不同，易导致动物行为出现变化，常见的疾病也更加复杂。

第一节 动物疾病概述

动物机体是动态的协调变化过程，处于机体正常和不正常相互转换的状态中，正常是机体机能和形态的健康状态，不正常是机体机能的异常状态，绝对健康是理想的状态。

一、健康概念

（一）健康

生物学上，健康是指生物机体的组织器官结构完好、功能协调，生命活动规律正常，与环境之间保持相对平衡，是机体生命的正常状态，是动态过程。1946年，世界卫生组织（WHO）定义：健康是一种在身体上、心理上以及社会上的完满状态，而不仅仅是没有疾病和虚弱的状态。

（二）亚健康

世界卫生组织（WHO）认为：亚健康状态是健康与疾病之间的临界状态，不能达到健康的标准，表现为一定时间内的活力降低、功能和适应能力减退，机体出现各种各样的不适感觉，但各种仪器及检验结果没有异常。偶尔也会出现个别的指标异常，但是临床表现正常或异常不明显。

亚健康的主要特征包括：身心上不适应的感觉所反映出来的种种症状，如疲劳、虚弱、情绪不稳定等，其状况在相当时期内难以明确；与年龄不相适应的组织结构或生理功能减退所致的各种虚弱表现；微生态失衡状态；某些疾病的病前生理和病理学改变。

（三）病弱

生物学上，病弱是指生物机体的组织器官结构不完整，或功能不协调，生命活动规律不正常，与环境之间不能保持相对平衡，是机体生命的异常状态，即疾病状态。

二、疾病

疾病是致病因素引起动物全身功能和代谢的异常变化。不同的疾病在特定部位（器官或系统）有其特殊的变化。局部的变化往往是受神经和体液因素影响的，同时又通过神经和体液因素影响全身。患病动物机体内各器官系统之间的平衡关系和动物机体与外界环境之间的平衡关系受到破坏，动物机体对外界环境的适应能力降低是疾病的又一个重要特征。

疾病发生与恢复是机体损伤与抗损伤的复杂斗争过程，并产生相应的症状和体征。患病动物机体内发生一系列的形态结构、代谢和功能的变化，并由此而产生各种症状和体征，这是我们认识疾病的基础。这些变化往往是相互联系和相互影响的。但就其性质来说，可以分为两类：一类是疾病过程中造成的损害性变化，另一类是机体对损害而产生的防御、代偿、适应和修复过程变化。任何疾病都由病因引起，包括致病因子和致病条件。疾病的发生必须有一定的原因，但往往不单纯是致病因子直接作用的结果，与机体的反应特征和诱发疾病的条件也密切相关。因此，研究疾病的发生，应从致病因子、致病条件、机体反应性三个方面来考虑。

三、疾病的发生、发展和转归

疾病的发展过程是有规律的，在其发展的不同阶段，机体有不同的变化，这些变化之间往往有一定的因果联系。掌握了疾病的发展变化规律，可以了解发病过程中机体的变化，就可以预计发病动物可能的发展和转归，及早采取有效的干预措施，以减缓发病过程或减轻症状，改变结果。另外，动物疾病与人的疾病的机理相同，但是对于不同的动物，同一疾病的症状、过程有差别，不同动物对同一种传染病的易感性也不同。

（一）疾病的发生和发展

1. 机体自稳调节机能紊乱

疾病发生、发展的基本环节是病因通过其对动物机体的损害性作用而使动物体内自稳调节的某一个方面发生紊乱。而机体自稳调节任何一个方面的紊乱，不仅会使相应的机能或代谢活动发生障碍，而且往往会通过连锁反应牵动其他环节，使自稳调节的其他方面也相继发生紊乱，从而引起更为广泛而严重的生命活动障碍。

2. 疾病过程中的因果转化

直接病因使动物机体某一部分发生损害，这种损害又可以作为病因而引起新的变化，而后者又可作为新的病因而引起更新的变化，原因和结果交替不已，疾病就不断发展延续。随着因果转化的不断向前推移，一些疾病就可以呈现出比较明显的阶段性。具体分析疾病各阶段中的因果转化和可能出现的恶性循环，是正确处理动物疾病的重要基础。

（二）疾病的转归

大多数动物疾病在经历一定时间或若干阶段以后，或经过外界干扰，最后趋于结束，这就是疾病的转归。疾病的转归包括以下3种情况：

1. 完全恢复健康或痊愈

是指致病因素以及疾病时产生的各种损害性变化完全消除或得到控制，动物机体的机能、代谢活动完全恢复正常，形态结构破坏得到充分的修复，一切症状、异常体征均消失，机体的自稳调节机能、机体对外界环境的适应能力、机体的防御、代偿等反应均恢复正常。

2. 不完全恢复健康

是指损害性变化得到了控制，主要症状已经消失，但动物体内仍存在着某些病理变化，只是通过代偿反应才能维持着相对正常的生命活动。如果过分地增加机体的功能负荷，就可因代偿失调而致疾病再现。严格地说，不完全恢复健康的动物应当被看成是患病动物，受到恰当的保护和照顾。

3. 死亡

疾病造成的各种严重损害不能修复，而防御、代偿等抗损害反应相对不足，或者自稳调节不能建立新的平衡，机体功能停止，即死亡。

（三）干扰

干扰就是在疾病发生、发展过程中的某一个环节采取措施，减少或延缓疾病的发生,包括预防和治疗措施。预防是在致病因子发生作用前或机体出现症状前采取的措施。治疗是在机体出现症状后采取的措施。护理是干扰的另一种用词,是综合性的,根据病因、症状来确定。在野生动物健康管理中,为了更适于动物管理特点,适用护理一词。

第二节　圈养野生动物疾病特点和常见的致病因素

圈养野生动物种类多,各种动物的疾病各有特点,引起疾病发生的因素也有多种,如环境因素、生物因素等。根据动物的特性,引起每种动物发生疾病的因素不尽相同。

一、圈养野生动物疾病特点

动物的分类很复杂,根据不同的规则、从不同的角度,分不同的种类。如根据用途,可将动物分为农场动物、宠物、实验动物、经济动物、观赏动物等。宠物、实验动物、经济动物、观赏动物中许多是圈养野生动物。动物园动物特指用于观赏的圈养野生动物,是本书重点介绍的对象。动物园动物群体较小,密度不高,故传染病传播不广。同时,在一个动物园因饲养的动物种数较多,动物习性不同,圈养野生动物疾病的发生亦有别于其他动物,表现出不同的特点。

(一)症状不典型性

临床资料显示,圈养野生动物许多是在"没有症状"或没有被发现的情况下突然死亡。例如,有些是在驱赶时突然倒地死亡,有些动物甚至是在采食过程中死亡。常见的患病症状仅表现"不吃、不喝、不动"这"三不"基本征象,给饲养管理造成很大的困难。分析原因一是野生动物的一种自我保护性反应,只要有一口气,就要表现出坚强不屈,不被捕食者发现而有意隐蔽患病征象;二是野生动物应激性强,遇到有人和环境变化时,立即表现正常,只有在认为"绝对"安全的环境中,才表现出不适症状;三是保育人员或兽医工作者对动物的行为特征了解不深,不能区分正常行为与异常表现;四是由于检查手段落后,疾病资料缺乏,病原鉴定延迟,导致病因分析不清。特别是一些慢性疾病,临床上几乎观察不到症状,但死亡后的病理变化却十分严重,与我们日常对疾病的认识有差别。此外,野生动物不易接近,多数动物不能做到及时测温、听诊、触诊、采血检查等,这也给诊断和治疗带来诸多不便。

(二)生物因素是主要的致病因素

引起动物发病的因素很多,物理因素、化学因素、生物因素、营养因素、遗传因素等。生物性因素是引起动物发病的致病微生物的统称。据统计,生物性因素是引起圈养野生动物发病的主要因素,常见的生物致病因子包括病毒、细菌、衣原体、支原体、立克次氏体、螺旋体、真菌、寄生虫等。同一种致病微生物对不同动物的致病性不同,易感性有物种特异性,如球虫感染造成幼年动物、禽类的发病较多;大肠杆菌是引起消化道炎症的常见细菌;高致病性禽流感病毒对猫科、犬科动物的致病力较强;犬瘟热病毒对大、小熊猫的致病力强等。此外,有些病原可在不同物种之间相互传播,引起多种动物群发疾病,甚至死亡;还有一些致病力强的条件致病菌,如魏氏梭菌,可引起动物出血性肠炎,导致草食动物大规模、急性死亡,而造成重大损失。其中,条件致病菌是引起动物患病的主要病原。

(三)各类动物发病周期及规律不同

动物园的饲养场地相对固定,多种动物饲养在"一个"环境下。

但是，圈养野生动物常年发病，每年及每个季节的发病情况有差别。根据北京动物园资料分析，动物发病率存在高峰年和低谷年，每8至12年会出现一次高峰，有一定的规律；物种之间发病率高低不同，哺乳类动物的发病率高于禽类动物；夏季发病率最高，冬季最低，禽类夏季发病率比冬季发病率高1倍以上，兽类发病率季节性差异较小。各动物园动物的发病情况可能存在差异，需要兽医工作者记录并整理分析。

（四）动物营养性疾病高发

营养因素是引起圈养野生动物发病的最重要因素之一。每个动物园饲养的动物种类多达上百种，甚至几百种，各种动物的习性差别很大，不同种类动物在不同季节、不同年龄所需的营养不同。动物园动物常年是给什么就吃什么，没有挑选的余地，不能像在野外根据需要选择食物。大部分饲养单位供给的饲料品种单一，不能做到按季节、按物种、按动物生理特性提供所需要的饲料，营养过剩或营养不足现象并存。长期摄入营养过多或营养不平衡可以引起肥胖症，摄入某些维生素，特别是维生素A和维生素D过多还可引起中毒。营养不足可能由营养物质摄入不足或消化、吸收不良引起，也可能是动物需求改变而供应没有调整所致。

（五）动物组织系统疾病与季节相关

动物机体组成分为消化系统、呼吸系统、循环系统、运动系统、神经系统、内分泌系统、泌尿系统和生殖系统八大系统。根据临床表现，汇总分析动物园动物发病特点，同类动物不同系统疾病的高发季节不完全相同。消化系统疾病多发于夏季和春季，冬季和秋季较少；禽类消化系统疾病高发季节与低发季节的发病率相差极大；兽类动物消化系统疾病发病率差异较小。呼吸系统疾病季节发病率与消化系统疾病不同，禽类动物秋、冬季高于春、夏季，而兽类则是春、秋季高于冬、夏季。运动系统春、夏季发病率较高,但季节差异性较小。其他系统疾病发病率几乎没有季节性差异。

(六)应激性疾病发病多

高敏感性是野生动物进化的结果,野生动物对环境中的异常气味、异常声音、异常颜色、异常物体等高度敏感,特别是草食性动物、小型动物的敏感性更高。动物园动物虽是人工饲养,但是动物的野生习性依然存在,由野外转移到圈养环境中生活,没有接受过脱敏训练的动物,在环境变化时,动物会蜷缩一处,不食、不喝;突然出现声响、强光照射时,神经质动物如斑马、长颈鹿、角马、黑羚羊、麋鹿等会剧烈奔跑,甚至闯撞致伤、致死;新捕捉的动物、新出生的动物、处于分娩时期的动物以及处于发情期的动物容易出现攻击行为等。此外,游客恐吓投打也是引起动物应激的重要因素。

(七)异物致消化系统病多发

非正常提供的食物,被动物吃进或误吃致病在人工饲养动物中多见。异物性疾病在圈养野生动物疾病中占比较高。由于动物园展示职能要求,动物与游客处在开放、互动的环境中,特别是上百种动物统一环境饲养,动物常常采食一些不能被消化掉的物品,即异物。多量的异物导致动物发病,严重时造成动物死亡。不同动物消化道内异物不同,如草食动物胃内常发现麻绳、塑料绳、食品袋、编织袋、钉子、毛发、泥沙、石块等;海狮、海狗、龟的胃肠中常发现硬币、钥匙、锁、冰棍棒、钉子等;食肉、杂食动物的消化道中常发现有毛发、骨头、铝制包装、桃核等。环境清扫不及时、饲料中混杂、运动场土地清理不干净、游客投喂是异物的主要来源。新场馆竣工后要及时清理工程遗物,甚至用吸铁石吸取遗留的工程材料,非常重要。

二、圈养野生动物常见的几种致病因素

（一）生物性因素

生物性因素是自然环境中存在的有生命的一类物质，有些生物性因素能够引起动物发生疾病，称为致病性生物因素。常见的生物性致病因子包括各种致病性微生物（如病毒、支原体、立克次氏体、细菌、螺旋体、真菌等）和寄生虫（如原虫、蠕虫等）等。这些微生物在动物体内移动、生长、繁殖过程中，会引起寄生部位的机械性损伤，产生的毒素引起的刺激性损伤。致病力的强弱，除了与其入侵机体的数量有关以外，还取决于它们的侵袭力和毒力。侵袭力是指这些因素穿过机体的屏障在体内散布、蔓延的能力。毒力主要是指致病微生物产生外毒素或内毒素的能力。

有害动物、流浪动物也是引起圈养野生动物发病的一个因素，主要是由其携带的致病菌引起发病。

（二）物理性因素

物理性因素是指饲养环境中能造成机体损害的物质性因素，主要有场馆设施、温度、电流、激光、大气压的改变、电离辐射等，引起疾病及疾病程度与这些因素的强度、作用部位和范围、作用的持续时间等有关。例如，温度愈高，作用面积愈大，则引起的烧伤愈严重；同样强度的交流电通过肢体时，可只引起烧伤，但如通过心脏，则可引起心室纤维颤动而致死。然而，在有些情况下，某些条件在发病中也起一定作用。例如，在空气干燥、风速较大但利于发汗散热的条件下，人体可以经受得住50~60℃的环境高温，而在空气湿度大、风速小，不利于蒸发、对流散热的条件下，30~35℃的气温就可能引起中暑。

（三）化学性因素

化学性因素是指饲养环境中能对机体造成损害的化学性因素，许多无机和有机化学物质既是动物机体的组成部分，叫机体组成元素或营养成分；有时又具有毒性，称为毒物。

有些营养成分与毒物之间仅是数量上的变化，适量时就是营养成分，过量则成为毒物。机体摄入一定剂量的毒物后可引起中毒或死亡。氰化物、有机磷农药等，即使剂量很小，也可导致严重的损害或死亡。不少毒物对机体某些器官系统有选择性的损害，如一氧化碳与血红蛋白有很强的亲和力，选择性地作用于红细胞，形成碳氧血红蛋白而导致缺氧；升汞主要引起肾脏损害；四氯化碳主要损害肝脏；巴比妥类药物主要作用于中枢神经系统。

另外，某些条件也会影响中毒性疾病的发生。例如，机体对毒物排泄速度的影响：阿托品可被机体较快地随尿排出，不致发生蓄积作用；而机体排泄铅的速度很慢，易导致铅在体内蓄积而发生铅中毒。如果机体的排泄功能发生障碍，毒物在体内停留时间就将延长，机体受到的损害也将更为严重。由于正常的肝脏有强大的解毒功能，因而肝脏功能的损害，将降低机体对毒物的耐受能力。

（四）营养性因素

营养物质是机体生长发育过程中必需的无机物和有机物，是特殊的化学物质，包括蛋白、矿物质和微量元素、维生素等。营养过多和营养不足都可引起疾病，长期摄入过多营养可以引起肥胖病或引起中毒；营养不足可以由营养物质供给不足、摄入不足或消化、吸收不良所引起。

氧是机体必要的营养成分，是机体绝不可缺的物质。缺氧可引起极严重的后果，严重的缺氧可在数分钟内死亡。相反，氧气浓度过高对机体也会造成严重影响，氧吸入过多时，可以发生氧中毒，多见于高压氧或常压高浓度氧持续吸入时。

（五）进化与遗传性因素

所有的动物都是进化的结果，包括物种进化和个体遗传。每种动物在进化过程中，物种特异及对疾病的易感性有明显的差异，尤其是对传染性疾病，比如口蹄疫仅在偶蹄兽之间传播并遗传给下一代，但不感染其他兽类动物。同时，在同一物种的特殊群体或族群中，某些特殊的基因或基因缺陷也会遗传给下一代个体。例如，糖尿病、高血压、肥胖等都与家族性有关。电离辐射环境可以引起染色体损害，导致遗传物质的改变。

（六）免疫性因素

由于遗传因素的影响，某些个体的免疫系统对一些抗原的刺激常发生异常强烈的反应并从而导致组织、细胞的损害和生理功能的障碍。这种异常的免疫反应称为变态反应或超敏反应。异种血清蛋白，以及一些致病微生物等都可引起变态反应。许多人对食物（如虾、牛乳、蛋类等）、花粉、药物（如青霉素等）过敏，严重时可引起自身组织损害，称为自身免疫性疾病。

（七）年龄因素

动物生长发育过程，是机体机能和免疫力逐步提高和完善的过程。但达到一定时期，机能和免疫力又会降低。所以，幼年和老年阶段，机体发生疾病的概率高。如幼年时期易患呼吸道及消化道传染病，与幼时的解剖生理特点和防御机能不够完善有关；而老年时期易发生动脉粥样硬化、关节和骨骼的退行性变化，以及对环境变化的适应能力减弱等。

（八）精神性心理因素

长期受惊吓、恐惧等不良刺激在某些疾病的发生中可能起重要作用。比如在群养动物中，雄性幼年个体发育到接近成年时期（青年雄兽），成年雄兽感到有危险，又没有及时地分圈饲养，这时青年雄兽就可能遭到成年雄兽的驱赶和惊吓，严重时可导致死亡。

第三节　圈养野生动物健康管理

圈养野生动物疾病防治不同于家畜、家禽和宠物，首先是圈养野生动物的种类多，疾病、症状差别大；其次是圈养野生动物疾病防治多是"就地处置"，动物发病后保育员告知兽医，兽医到饲养现场诊治，可使用的诊疗设备较少或已有设备不能被充分利用；再次是基础资料严重缺乏。

20世纪90年代初，北京动物园购买了B超、X光机、麻醉机、腹腔镜等临床诊疗为主的仪器设备。但在实际中，仅B超、X光机的使用频率较高，其余的设备几乎没有使用。几十年来，动物疾病防治效果没有明显地提高，同时没有得到治疗的疾病、疑难病占比极高。2006年起，兽医院在设备更新过程中，减少了临床诊断设备的投入，逐步增加了粪尿化验、血液检查、组织病理、微生物以及PCR等实验室诊断仪器设备，开展了从临床、病原分析、病理变化等方面进行系统诊断工作，提高了动物疾病的诊断水平，实验室环境达到了生物安全Ⅱ级。几年后再次统计发现，动物的发病率逐年降低，近年来已降低至6%左右，但临床中未经治疗死亡病例占比仍很高。综上，圈养野生动物发病后积极治疗是必须的，但是加强疾病预防，减少动物发病更加重要。如何进一步加强圈养野生动物疾病预防工作，一直是我们探讨的问题。

我们人每年进行健康体检时，虽受检人没有异常感觉，但检查常会发现异常指标，提示有健康隐患，是潜在的致病因素。然后通过及早采取干预措施，去除不良因素，减少了发病机会、减轻了患病症状，延长了寿命，提高了生活质量。这是医学上讲的健康管理。人医的防病治病及健康体检、健康管理理念给了我们野生动物疾病预防启迪，我们应对圈养野生动物进行健康管理，有计划地健康体检，并及早进行健康护理，减少野生动物发病机会、延缓动物发病进程，提高动物的健康水平。

一、健康管理概念

健康管理是20世纪50年代末由美国学者提出，其核心内容是医疗保险机构通过对其医疗保险客户（包括疾病患者或高危人群）开展系统的健康管理，达到有效控制疾病的发生或发展，降低出险概率和实际医疗支出，从而减少医疗保险赔付损失的目的。狭义的健康管理，是指基于健康体检结果，建立健康档案，给出健康状况评估，并有针对性提出个性化健康管理方案（处方）。据此，由专业人士提供一对一咨询指导和跟踪辅导服务，使受健康管理人员从社会、心理、环境、营养、运动等多个角度得到全面的健康维护和保障服务。21世纪初，随着经济水平不断提高，国内逐步开始了健康检查，并取得了积极的效果，得到社会理解和支持，大部分人每年都会进行健康检查。

理论上，健康管理是过程管理。一般来说，疾病是从健康到潜伏期（无临床表现），到早期常见共性症状，再到典型临床症状。疾病过程有时很短，特别是烈性传染病，几小时、几天的潜伏期；有的很长，几年到几十年的时间，如遗传性疾病，与个体的遗传因素、所处群体和自然环境因素等相关。健康管理通过定期、计划性的系统检查和收集资料进行评估，发现可能致病的危险因素，并根据评估结果采取针对性的干预措施,去除致病因素,借以阻断、延缓甚至逆转疾病的发生和发展进程,实现维护健康的目的。

实际上,动物园采用健康管理是目标管理,就是及早采取措施,保障动物健康;健康管理是系统管理——制定计划、健康检查、结果评估、因素干预,再到完善计划的系统过程;是循环往复、不断提升的系统管理;是管理、饲养、兽医各部门的联合行动;是综合管理过程。

二、圈养野生动物健康管理特点

圈养野生动物健康管理是对动物个体、群体的健康危险因素进行检查、评估和护理的全过程管理,有以下特点。

(一)健康管理对象的多样性

动物园常见的野生动物有上百种,根据进化分灵长目、食肉目、长鼻目、奇蹄目、偶蹄目、鹳形目、鹤鸵目、鹤形目、鸡形目、雁形目、鹈形目、隼形目、蛇目、龟鳖目等,动物种间差异较大。

(二)饲养环境的相对单一性

不同生态区域、不同生理需求的动物,都饲养在"同一个"环境、"相同"的场馆兽舍中,并为游客提供观赏。

(三)健康检查方法的不统一性

由于大多数野生动物无法近距离接触,健康检查常用的仪器设备无法使用,常规的检查方法无法实施,即使是我们常用的触诊、听诊、采血等手段也无法全部实现。这就导致健康检查不能统一使用一种方法。

（四）健康标准指标的不统一性

圈养野生动物包括兽类、鸟类、爬行类、两栖类，体型相差极大，营养需求不一样，生理指标不一样，同时对饲养环境要求也不同，无法建立统一的健康标准指标。因此，需要有针对性地制定各类动物的健康标准。

三、圈养野生动物健康管理的必要性和意义

（一）完善圈养野生动物疾病防控措施

我国最早的动物园已建立运行上百年，大部分动物园也有几十年了，积累了大量的疾病防治工作经验，特别是关于消毒、疫苗接种、驱虫、检疫等措施，取得了一定的效果。但是，现有的措施单一、协同性不足；各单位之间差别较大，不利于行业管理和动物园整体发展提高。圈养野生动物健康管理是以动物的健康标准为基础，把管理与技术相结合，采取综合的动物健康管理措施，是圈养野生动物疾病防控措施的提升。

（二）梳理野生动物基础管理资料

目前，中国动物园协会已有几百家动物园，各单位积累了大量的动物样本化验资料。同时，国际上也有许多相关的材料。但是，这些资料分散存在，没有汇总，没有整理，没能更好地有效利用。通过撰写健康标准，收集、整理现有的资料，逐步建立圈养野生动物资料库，提高野生动物疾病诊断和预防水平。

（三）发挥动物园行业协同作用

中国动物园协会是动物园行业管理协会，每年协会秘书处、各技

术委员会召开管理会议，对动物园行业发展起到积极协调作用，促进了动物园行业发展。但是，有关野生动物疾病防控的措施不足，圈养野生动物疾病有效防控存在较多困难。希望能够通过开展健康管理，协调各动物园管理、技术力量，建立动物园可持续发展的新机制。

（四）提高圈养野生动物福利

我国动物园建于各个年代，受当时的技术条件、各单位资金、动物园设计理念等因素制约，各动物园水平参差不齐。同时，每个单位在动物场馆建设、饲养管理、疾病防治、互动展示、科学研究时，偏向于各自的任务完成，没有充分考虑动物的需求。圈养野生动物健康管理理念，就是要树立动物健康管理的目标，在场馆设计、饲养、展示、研究等工作中，充分考虑动物健康需求，减少影响动物健康的因素，减少动物发病的机会，延缓动物发病的进程，提高动物的健康水平。

第二章 CHAPTER 2

圈养野生动物健康评估

圈养野生动物健康管理是系统性过程管理，包括健康检查、健康评估、健康护理。本书将重点介绍圈养野生动物健康评估，包括健康评估的概念、评估基本原则、健康评估主要内容和工作方法、圈养野生动物健康标准，以及影响健康因素分析等系统内容。

第一节　圈养野生动物健康评估概述

一、健康评估的概念和意义

健康评估是在系统收集影响健康因素资料的基础上，分析所存在的健康问题及其可能的原因，明确其健康状况。

圈养野生动物健康评估是汇总影响健康因素的资料，对照动物健康标准，查找评估项目中的异常项，综合评估动物个体或群体的健康状况，分析造成异常的原因。

健康评估是进行健康管理的重要环节，是健康管理的重要组成部分，起承上启下的作用。评估结果是制定健康护理措施的依据，根据健康评估结果，对亚健康、病弱的个体和群体，针对影响健康的因素，制定健康护理措施，去除影响因素，促使动物恢复健康。

野生动物不同于人类，其健康管理的方式可以参照但又不能完全采纳人医的健康管理措施。野生动物有应激性，绝大部分动物不能接近。同时，动物转运困难，所采取的检查、诊断、治疗措施，均要在动物场馆内完成。在野生动物健康管理过程中需要各部门人员的积极参与，相互配合，是以动物健康为主体，是管理理念的转变。动物健康管理的对象是动物，但真正被管理的是人，包括保育员、兽医和管理者。健康管理的宗旨是调动保育人员、技术人员、兽医、设计人员、管理人员等的积极性，充分利用有限的资源，达到减少动物亚健康和病弱状态，提高动物健康水平的目的。

健康评估是手段，健康标准是基础，健康护理是措施。我们从动物体况、种群管理、场馆安全及展出保障、营养健康、防疫及健康体检等六个方面建立健康标准体系，并尝试制定野生动物健康标准，为全面推行动物健康管理工作打下基础。

二、圈养野生动物健康评估的基本原则

（一）安全性

操作过程中，要保障动物和操作人员的安全，安全保障是健康评估操作的前提。

（二）完整性

要保障健康评估依据的信息完整，不论是针对个体还是针对群体的健康评估，全面、完整的健康影响因素等相关信息的收集是科学、准确进行健康评估的前提。

（三）统一性

在评估中，要针对不同的动物个体或群体特征，有针对性地选择合适的评估方法。对一种动物，各单位检验内容、项目、采用的方法、结果表述要统一，这样评估结果才具有科学性和参考的意义。

（四）可靠性

健康评估的结果是制订健康管理方案、进行健康护理的依据。评估结果的客观与否不仅关系到个体或群体健康风险因素的识别、健康护理措施的制定，更是直接关系到健康护理的效果。

（五）及时性

健康评估是一动态过程，必须按计划完成，并且要及时完成评估报告，才能及时保障健康护理措施的实施，达到健康管理的目的。

第二节　圈养野生动物健康评估主要内容

一、建立圈养野生动物健康标准体系

对野生动物进行健康评估的前提是建立圈养野生动物健康标准体系，并制定健康标准。但国内外几乎没有可以借鉴的资料，只能依靠我们从业者进行梳理和编写。本部分全面、系统地归纳总结了与圈养野生动物健康标准有关的因素，从六个方面建立了圈养野生动物健康标准体系，为健康标准制定、健康护理开展打下基础。

（一）动物体况方面

通过"望诊""闻诊""问诊"等方式对被评估对象体况进行外观整体检查，包括年龄、体重，通过眼观获得的取食、活动、排泄、被毛、精神等情况。

（二）种群管理方面

以保障动物种群健康、可持续发展为前提，从种群现有的数量、年龄结构、性别结构、亲缘关系、繁殖情况等方面进行评估。

（三）场馆安全及展出保障方面

通过科学的方法为动物提供安全、舒适、接近自然的饲养展示环境，制定运行保障制度和流程。内容包括场地的选择、面积、安全保证、福利要求以及安全运行保障制度和工作流程等，满足动物健康管理要求。

（四）营养供给方面

以动物营养要求为基础，通过科学细致的管理，给动物提供均衡健康的食物，保障动物生长、发育、繁殖需要，包括动物饲料配方以及日常饲喂操作管理等。

（五）防疫方面

是保障动物健康的重要措施。从免疫接种、卫生消毒角度提出要求，防止、控制、消灭传染病原对野生动物健康侵袭的一系列制度和措施。

（六）健康体检方面

健康体检是用医学手段和方法，定期进行检查，包括超声、心电、放射等医疗设备检查，以及对血液、体液、尿、便等排泄物的实验室检查。有计划地对动物进行全面检查，了解机体情况，筛查潜在疾病。把日常检查和定期体检相结合。

二、制定圈养野生动物健康标准

健康标准是根据健康标准体系的内容和项目，总结经验、查找资料，确定每种动物的健康指标。有些指标与动物的性别、年龄有关；与体检所使用的仪器设备和检验单位有关。同时有些体检项目结果使用的单位还不同。健康标准是健康评估的基础，因此，在制定动物健康标准时，要充分考虑各项因素。

由于野生动物种类繁多，现有的基础资料不完整、不统一，无法制定统一标准。本书给出了确定健康标准的方法，从业者可依据健康标准体系去制定每种动物的健康标准，并逐步完善。同时还列举了20

种动物的健康标准，为广大动物行业从业者提供参考。

三、收集动物健康相关信息

将健康评估信息收集分成四部分：健康史资料、临床健康资料、心理健康资料以及体检资料，对每项健康影响指标赋予权重分值，汇总各项指标的分值，通过分值评估健康状况。

（一）健康史资料

健康史是关于动物目前及过去的健康状况、日常饲养方式、展示环境、福利等。健康史采集是健康评估过程的第一阶段。在人医中，它是经由病人主诉、家属代诉或护士提问所获得的关于健康状况的一种主观感觉。而野生动物健康史的采集无法从动物自身获得，更多地需要主管兽医和保育人员共同收集动物的健康状况、饲养方式以及展示环境等的主观和客观资料，是制定健康护理措施的重要基础资料。

（二）临床健康资料

临床健康包括动物的外形、被皮、精神状况以及临床表现是否有异常。临床表现是疾病引起患者主观感受到的生理功能变化（如头痛、咳嗽等）和病理形态改变（如皮疹、肿块）。病理感受只有患者本人体会最早、最清楚，是患者就医的主要原因。在圈养野生动物疾病中，动物的生理功能变化和病理形态改变，主要通过保育人员和主管兽医的临床观察发现。临床健康评估是主管兽医通过"望""闻""问"等方式获取动物相关资料，经过综合分析作出临床判断的过程。通过问诊还可以了解动物各种症状的发生、发展过程，以及由此而引起的身体、心理状况和动物社会属性等方面的反应，对制定健康护理措施、保障健康管理效果发挥极其重要的作用。

（三）心理健康资料

根据WHO提出的健康概念，健康不仅是没有疾病和不虚弱，而且是身体、心理、社会适应三方面的完满状态。在人医中，心理与社会评估是心理医生运用心理学与社会学的相关知识和方法对患者心理状态和社会关系、功能所做的评估。身体的健康状况可影响其心理及社会适应，而心理问题及社会适应不良同样影响人的生理健康。因此，通过心理评估，可全面了解被评估者的健康在其心理及社会方面的反应，以及心理与社会因素对健康的影响。

动物健康管理工作涉及维持动物生理、心理健康与正常生长所需的一切事务。18世纪初，欧洲一些学者提出：动物和人一样有感情，有痛苦，只是它们无法用人类的语言表达见解，这可以说是动物心理健康的起源。我国学者在21世纪初提出，动物心理健康处于"一个被忽视和遗忘的角落"。近年来，动物心理健康及健康评估工作越来越被重视，动物园通过食物和环境丰容等手段，最大限度还原动物在野外的生活状态，并通过动物行为、激素等指标评估动物的生理、心理状态，提高和改善动物的健康水平。

（四）体检资料

1. 体格检查

圈养野生动物体格检查（physical examination）是指运用感官（触、听等）或借助简便的检查工具（听诊器、血压计、温度计等）对被评估动物进行系统的观察和检查，以揭示机体正常和异常征象的临床评估方法。通过体格检查发现的异常征象称为体征，如肺部啰音、胃肠道金属音等，是制定今后护理措施的重要基础。体格检查工作具有极强的规范性，不仅要求检查者操作规范、步骤正确、获得满意的检查结果，还需要对检查结果进行识别和判断，这就需要反复磨炼、不断实践，才能获得可靠的体征数据。在野生动物体格检查中，这些操作全部需要兽医主导完成。大多数野生动物对人类比较警觉，兽医接触时易出现应激反应，多数动物常具有攻击性，兽类的体格检查常需要通过正强化行为训练手段或化学保定后进行，鸟类等小型动物需在保育员的辅助保定下完成。保定状态下的动物在许多受检指标上可能与自然状态存在差异，但也能在一定程度上反映动物的征象。多建议通过行为训练获得相应数据。野生动物的体格检查，包括被毛/羽毛、头颈（眼、耳、鼻、口腔、牙齿）、躯干（脊柱、胸壁、胸廓、乳房、腹部、肛门、生殖器）、四肢（四肢、关节、蹄、翅）及神经反射等。

2. 实验室检查

实验室检查（laboratory examination）是通过物理、化学和生物学等方法对被评估动物的血液、体液、分泌物、排泄物、细胞取样和组织标本等进行检查，获得组织器官的功能状态、病原学、病理形态学等资料。实验室检查与健康评估有着十分密切的关系，实验室检查结果是评估动物是否健康的依据。当实验室检查结果与临床表现不符时，应具体分析原因，如标本采集、处理过程是否规范，抑或存在其他临床问题。动物园兽医院均宜设专职化验室，能够及时进行样本检验，必要时可以送专门机构进行检验，保障健康管理计划顺利完成。

3. 辅助检查

辅助检查（supplementary examination）是使用专门的仪器设备进行专项检查，如X光机、B超机、心电图仪等设备进行影像学、心电图等检查，了解相应器官的病理改变或功能状态，进行诊断、病情判断以及疾病恢复状况判断。

（五）信息收集

1. 收集信息要完整

收集评估所需要的各方面的信息，应尽可能包括上面所述的四个方面的信息。

2. 收集信息要有效

尽可能收集样本资料确实、检查方法可靠的信息。

3. 信息要准确

收集的数据、单位等信息要准确、统一。

四、书写评估报告

健康评估报告是将收集到的动物健康史资料、临床健康资料、心理健康资料以及体检资料,经过汇总、分析后,结合健康标准进行评估,参照格式与内容要求完成报告。报告中评估结果把动物区分成健康、亚健康、不健康(病弱)。把影响健康的风险因素分为重要因素、主要因素、次要因素。

重要因素为所有致命因素,或近期致病、致残的因素。需结合风险因素特性,立即制定护理措施,并限期完成护理措施。

主要因素为所有远期致病、致残的因素。需结合风险因素特性,立即制定护理计划,在因素可能发生作用前完成,消除或减轻作用。

次要因素为所有不确定的致病、致残因素。需结合风险因素特性,制定护理计划,在因素可能发生作用前完成,消除或减轻因素。

许多因素的作用会随着环境、动物等条件发生变化。所以,因素的区分具有条件性,同一个因素会随着条件的变化而变化。

第三节　圈养野生动物健康评估方法

一、健康史信息采集

每个动物园均需建立动物档案,记录健康史,内容包括但不限于既往病史、用药史、生长发育史、种群情况等,可以通过查找档案收集。

（一）既往病史

1. 定义和内容

既往病史又称过去病史，即既往的健康状况和过去曾经患过的重大疾病等。包括如下几方面：

（1）手术史：动物在生长发育过程中因为各种原因（多数为医疗）进行手术的记录，如眼科手术、牙科手术、剖宫产、重大外伤清创缝合术、骨折内外固定术、截肢断翅手术、胃肠道排阻减压术等。

（2）过敏史：动物在生长发育过程中是否发生过过敏反应，以及过敏的原因，如所使用的药物是否产生过敏反应的记录，如个别动物用药后出现瘙痒皮疹、躁动流涎、休克等。

（3）慢性病史：慢性病全称是慢性非传染性疾病，不是特指某种疾病，而是对一类起病隐匿、病程长且病情迁延不愈、缺乏确切的传染性生物病因证据、病因复杂且有些尚未完全被确认的疾病的概括性总称。

（4）传染病史：传染病是指由各种病原体引发的可以在动物和动物或者动物与人之间进行相互传播并广泛流行的疾病。详情可查《一、二、三类动物疫病病种名录》。

（5）寄生虫感染史：动物在生长发育过程中按时进行寄生虫检查时所发现寄生虫的记录，如禽类球虫、滴虫等。

（6）神经系统类疾病史：指动物神经系统出现疾病产生神经症状的记录，如癫痫、共济失调、肌营养不良等。

2. 目的和意义

既往病史在动物健康评估中是一项十分重要的内容，尤其是一个体检周期内的既往病史反映了该动物的发病情况，可以作为评估该动物在该时段内健康状况的重要依据。

(二) 用药史

1. 定义和内容

用药史指动物生长发育过程中使用药物的记录。包括如下几方面：

（1）疫苗接种情况：在日常饲养中，根据动物种类不同，按时注射疫苗预防相应疾病的记录。记录内容包括：接种疫苗的种类和名称，接种的时间和频率。疫苗种类如鸟禽接种新城疫和禽流感疫苗，食草偶蹄兽接种口蹄疫和小反刍兽疫疫苗等。

（2）驱虫情况：寄生虫感染情况及投喂驱虫药的记录。记录内容包括：驱虫药品的种类和名称，用药的时间和频率。使用药品如阿苯达唑、左旋咪唑、伊维菌素等。

（3）慢性病情况：慢性病是指用药总时间≥2个月的病例，用药后的恢复情况记录。

（4）麻醉药品使用史：以动物转运、检查、治疗为目的化学保定所用药品的名称，使用剂量及产生的效果（包括其拮抗剂的相关信息）的记录。药品如陆眠灵/鹿醒宁、舒泰、氯胺酮、M99/M5050、多咪静啶醒、吸入类异氟烷等。

（5）常规治疗用药：为治疗患病动物所使用的药物。

2. 目的和意义

动物的用药史清晰地反映了该动物在之前或一个体检周期内的用药情况及对药品的耐受性，是反映动物健康的重要依据。

(三) 生长发育史

1. 定义和内容

生长发育史指从动物出生后的各个时期的重要生理变化数据的记录及相关情况。包括以下几方面：

（1）是否近亲产仔（血缘）：动物出生时其父母是否为近亲，如有谱系,可通过谱系查询。

（2）生产方式：自然顺产或自然孵化、人工助产或人工孵化、剖宫产。

（3）抚育方式：亲代抚养或人工育幼。

（4）饲养环境：单独饲养或群体饲养、圈养面积、同圈数量等。

（5）体况变化：日常体检所记录的身高、体重情况。

（6）繁殖方式及情况：记录动物发情交配和怀孕、产仔或产蛋的时间和数量。

2. 目的和意义

生长发育史反映动物从出生开始各时期的身体变化情况及遗传信息，通过与同种、同性别、同年龄段动物的平均数据对比分析，了解评估对象的基本状况，为动物健康评估的重要依据。

（四）种群情况

1. 定义和内容

种群是指一个单位内饲养一种动物的所有个体，是指单位小种群或族群。包括种群数量、种群密度、种群内的年龄比例、性别比例和生育率、死亡率等情况。

（1）种群数量：在一定空间范围内同种生物个体同时生活着的个体数量的总和。

（2）种群密度：种群在单位面积或单位体积中的个体数。该指标可作为圈养野生动物福利的一项指标。

（3）性别比例：指一个地区雌雄的相对比例。恰当的雌性比例有助于种群的繁衍。

（4）年龄比例：年龄比例可以反映种群的发展和生育率。

生育率是指一定时期内出生幼仔数与同期育龄母兽之比。

种群数量 —基本特征→ 种群密度　影响因素 → 死亡率
　　　　　　　　　　　　　　　　　　→ 出生率
　　　　　　　　　　　　　　　　　　→ 迁入/出率

图2-1　种群数量和种群密度关系图

2. 目的和意义

通过了解种群情况的各种指标和相互间的关系，可以了解该物种的饲养环境、生存状态、繁殖能力、动物疾病的发生和发展情况，可作为动物健康评估的参考依据。

二、临床健康评估

是用数据统计、文字、声音、影像等科学方法进行观察和记录动物的年龄、体重、被毛、膘情、体尺、体型、粪便、进食行为等。评估动物临床健康情况是健康评估工作中最重要的一个环节。

（一）年龄

1. 方法

有确切出生日期的动物，计算出生至今的年龄；无确切出生日期的动物，根据引进时年龄推算或根据动物外形特点估算年龄。

2. 分段

按成长阶段可分为幼年、亚成年、成年、老年。

3. 年龄在临床健康评估中的意义

年龄是临床健康评估的基础，关注各年龄段对应的健康标准和重要因素，如幼年动物的发育情况、老年动物的特殊病因、群体动物的年龄和性别结构等。

（二）体况

1. 方法

是与体重正相关的临床健康评估指标，不同动物体况的评估方法不同，部分动物已有完善的体况分级和评分标准。

2. 分级

可分为五级：消瘦、偏瘦、合适、偏胖和肥胖。

3. 体重

是体况评估中重要部分。体重标准与动物的年龄、性别有关。

（1）方法：可操作动物，通过诱导、行为训练或化学保定等方式直接称重获得体重数值；不可操作动物，可参考已有物种的体重数据，根据动物性别、年龄和外形特点估算体重，注意需多人评估、均衡考虑。

（2）分级：可分五级，根据个体与物种相应的平均体重相比，与其体尺相结合考虑，分极轻（<正常30%），偏轻（<正常20%），正常，偏重（>正常20%），极重（>正常30%）。

（3）影响因素：饲养环境、饲料结构、动物个体消化吸收能力均是体重的重要影响因素。

4. 体况在临床健康评估中的意义

体况是动物健康的重要指标，消瘦或肥胖等都为异常，考虑为影响健康因素，需关注引起体况变化的原因。

（三）外形

1. 身高或体长

（1）身高：指自然站立状态下，由头到脚的高度；体长指自吻端至肛门（或尾基）的直线距离。其他相关测量如图2-2。

1. 体长：自吻端至肛门（或尾基）的直线距离。
2. 尾长：肛门（或尾基）至尾端（端毛除外）的直线距离。
3. 后足长：踵部（后跟）至最长趾末端（爪除外）的直线距离（有蹄类到蹄尖）。
4. 耳长：由耳基部缺口起至耳尖（不包括簇毛）的距离。如耳壳呈管状，则自耳壳基部量起。

中、大型兽类，还需测量：
5. 肩高：肩部最高点至前肢最末端的直线距离。
6. 臀高：臀部背中线至后肢最末端的直线距离。
7. 胸围：前肢后面胸部的最大周长。
8. 腰围：后肢前面腰部的最小周长。

1.体长　2.尾长　3.后足长　4.耳长
5.肩高　6.臀高　7.胸围　8.腰围

图2-2　外形测量

（2）方法：

①直接测量：使用体尺直接测量动物或测量对照物的尺寸获取。

②不可直接测量：

·可操作动物：通过行为训练或化学保定等方式直接测量获得身高和体长数值。

·不可操作动物：可参考对照物或已有物种的身高和体长数据，根据动物性别、年龄和外形特点估算。注意需多人评估、均衡考虑。

2. 体型

主要指机体各部分之间的比例和完整性。按肢体比例分为匀称和不匀称。按对称程度分为左右对称和左右不对称（异样膨隆或凹陷）。按完整程度分为完整和残缺（残疾）。

3. 外形在临床健康评估中的意义

动物外观是否协调、完整是评估动物是否健康及健康程度最直观的体现，体型不匀称、不对称、不完整性均考虑是否有引起此异常的因素，了解这些因素为制定护理措施的依据。

（四）皮肤和被毛

1. 观察部位

（1）皮肤：口鼻裸露处皮肤或可视黏膜（红润、苍白、黄染、肿胀、水疱、溃疡、结节）、被毛下皮肤（光滑、粗糙、结节、丘疹、红肿、皮屑、皲裂）以及蹄叉和肉垫（光滑、干硬、柔软、增生、畸形、破溃、皲裂、腐烂、脱落）完整性，是否有增生、感染等。

（2）被毛：整体或局部被毛的颜色（自然、鲜艳、变异）、浓密度（浓密、稀疏、不规则缺失、暴露皮肤）、光泽度（油亮、灰暗）、规整度（顺滑、粗糙、凌乱、逆立）、更新代谢能力（能否正常褪毛换羽）以及是否有寄生虫病（真菌、螨虫、虱子、跳蚤、蝇、蛆、蜱）等。

2. 皮肤和被毛在临床健康评估中的意义

动物皮肤和被毛是动物健康与否的重要体现。根据异常及异常程度，分析引起异常的原因，作为制定护理措施的依据。

3. 评估注意事项

（1）关注被评估动物的种间差异：不同物种之间的皮肤、被毛有较大的区别。

（2）关注被评估个体的年龄和性别：同一物种不同的年龄、性别，其皮肤和被毛的颜色等有不同。

（3）关注评估时所处的时间：同一物种的皮肤和被毛存在季节性差异。

（五）取食

1. 观察内容

进食（总量、速度）、习性（时间、优先取食的食物种类）、状态（抢夺食物、霸占食槽）、反刍情况（反刍动物），以及是否有逆呕现象等。

2. 影响取食的因素

年龄、代谢需要（妊娠、泌乳和活动水平）、应激、光照周期、疾病状态等都会影响取食。

3. 取食在临床健康评估中的意义

取食是动物最重要的行为，动物只要还有一口气，就一定是用于取食。所以，对动物取食状态的评估是动物健康评估最基本、最重要的内容。

4. 注意事项

（1）要根据被评估动物的物种特性：食肉动物也会取食一些植物性食物，如老虎会吃草，草食动物也会吃肉，生产后的母兽会吃掉胎盘。这都是正常的生理现象。

（2）要结合被评估对象的个体特性：如性别、年龄等，对应相应的标准。

（3）要考虑全面因素：如动物取食的环境情况，有些动物喜欢在清晨或黄昏取食，有些个体天性取食速度慢，要考虑投放食物的位置是否有变化，是否有干扰等。

（4）要考虑提供食物的种类、数量：每只动物都有取食偏好，杂食动物在不同时期，对食物的选择不同。

（六）粪便和尿液

1. 观察内容

粪便总量（正常、减少）、颜色（黑色、棕黄色、食物残渣色、血便）、形状和大小（球状、长条状、盘状、稀水便、偏大/偏粗、偏小/偏细）、质地（正常、偏干偏硬、偏软）、气味和混合物（粪臭、腥臭、食物残渣味，黏液便伴肠黏膜）以及排便方式（不畅、便秘、腹泻、污染泄殖腔/肛门周围）等。尿液量、颜色和混合物（清亮黄色、深茶色、红色、铁锈色、含絮状物、明显结晶）以及排尿方式（通畅、尿频、尿淋漓、尿不尽、尿闭）等。

2. 粪便和尿液在临床健康评估中的意义

动物排粪便和尿是最常见的生理现象,每只动物都有一定的排便规律,许多动物有相对固定的排便场地,并与物种、季节、食物、年龄有关,排便的频率、姿势,粪便、尿液的颜色、形状、气味等都是健康评估的重要内容。因此,关注评估动物的排便情况是动物健康评估的重要和基本内容。

3. 临床健康评估注意事项

(1)要根据被评估动物的物种特性:如同样是草食动物,鹿、羚羊排小球状粪便;牛排坨状便;大象排团状便;河马在水中排便。有的物种有固定的排粪地点,有的物种满圈都是粪球等,都是正常的生理现象。

(2)要结合被评估对象的个体特性:如年龄,幼年动物、成年动物的粪便常常有差别;老年动物的牙齿容易出现问题,粪便也出现特异性变化。

(3)要考虑提供食物的种类、数量:粪便的形状、颜色与食物有密切的关系,大熊猫吃竹竿、竹叶、竹笋的粪便颜色有明显的区别。草食动物吃青草与干草的粪便颜色、形状有区别;精料、水果蔬菜过多会出现不成形的粪便。

(七)精神

1. 圈养野生动物精神含义

是指动物的内在活动的表现,多指外在表现出来的眼神、活动气力、节律、频率等,与动物的营养、激素、年龄、性别、季节等有关。

2. 观察内容

动物在吃、喝、拉、撒、休息、哺乳等日常活动时的各种表现。

(1)精神正常:日常活动中表现出的安静、有神、规律。

(2)精神兴奋:临床表现为不安、易惊、轻微刺激可产生强烈反应,甚至前冲、后撞乃至攻击人和同笼舍动物,骚动不安。

（3）精神抑制：临床表现为呆立、木僵、沉郁、萎靡、刺激反应减弱或无反应，甚至强烈刺激仍无反应，与同笼舍动物或熟悉保育员不产生任何互动反应。

3. 注意事项

（1）动物个体：注意动物的性别、年龄。雌性个体表现相对安静。幼年阶段动物活力足、精气神大；老年阶段表现相对安静。同时，相同年龄段，健康动物的精神足，病弱动物的精神相比要差。

（2）动物群体：注意动物在社群中的地位。地位高的动物的精神好，相反，地位低的动物精神差。

（3）环境：注意季节、时间、有无游客干扰等。动物发情交配季节、投喂饲料时以及有游客干扰时，动物表现兴奋、警觉。

（4）专业的素质：需要用专业的语言描述动物的行为。

（八）行为

1. 概念

行为是动物对环境及与其他生物的互动情况的反应，反映动物的遗传、生理、病理甚至精神和心理情况。动物行为是动物自然活动的状态。每种动物的行为特点不同，同种动物野生与圈养的行为也有区别。观察对比、发现、记录动物的各种行为，是圈养野生动物临床健康评估的重要内容。

2. 环境对野生动物行为的影响

（1）自然环境中的野生动物或成群或独处，有自己的领地范围及领地标识行为。肉食动物为捕食动物，行动隐蔽，进食时首选易撕咬、致命部位；与被猎食动物之间和猎食者之间有打斗和配合行为；由于食物供给的不确定性，可以多天不进食，也可以每次进食大量的食物，甚至一次进食达到自身体重1/3的食物。草食动物取食植物性食物，为避免被捕食，变得异常警觉，快速奔跑，成群活动，成年动物在群外围，幼年动物在群中间，休息时有放哨者；幼仔出生后很快就能站立行走，可以在很长时间内不吃奶、卧在隐蔽处不活动、不排泄、腺体停止分泌；为寻觅食物每年长距离迁移等特殊行为。

（2）圈养环境中的野生动物，特点是在圈舍中饲养，主要用于观赏和保护教育，介于野生动物和伴侣动物之间，有些是纯野生、经过救护或捕获得来，有的是在人工环境下繁育长大，它们的行为保留了野生动物部分行为特点，减弱了一些先天性行为，同时又增加了一些后天的行为。由于长时间人工饲养，生活场所固定，冬暖夏凉，定时定点供给食物，种群结构相对稳定，圈养野生动物缺失了捕食行为，减少了打斗、相互配合行为，机体的各种结构和功能也会随之出现变化和减退。但是，在新的环境中，会产生适应环境的一些新行为，如亲近人类、适应食物的多样化等行为。

3. 圈养野生动物的几种特殊行为

（1）沟通行为：是动物的交流方式，通过活动、声音和气味等传递各种信息，每种动物沟通行为的方式有区别。如：狼互相轻轻撕咬颈项表示尊敬；用皱鼻表示特级警报；用长短、高低不同的嚎叫声来传递联络信号，通过嚎叫声向同伴传递自己的位置信息，狼群聚在一起嚎叫，则是为了显示集体的威力以警告敌人或其他狼群。黑猩猩在进食、捋毛及成群黑猩猩友好靠近时，它们会用一连串的"呼呼"声交流信息，声音时高时低，常伴有明显的呼吸急促；此外，黑猩猩脸部还有一些奇特的表情来配合这些声音。狐狸体内分泌的"狐臭"是它们有用的武器，通过标记划分领地，其他狐狸还可以通过留下来的气味辨识其性别、地位等级和确定的位置。

（2）情绪表达行为：通过肢体动作和叫声表达自己各个时间里的情感。如大象会用鼻子抚摸死去同伴的尸体，海豚会努力让死去的同伴漂浮在水面上，猩猩幼仔死亡后，母猩猩仍会长时间抱紧，这些都表达了动物的悲痛和不舍的情绪。有一些野生动物与保育员长期接触，会主动靠近并寻求抚摸，表达信任和喜爱的情绪；转运到新环境的动物会乱跑乱撞，表达惊恐害怕的情绪；动物主动或被动发起攻击,表达害怕和愤怒的情绪。

（3）社交行为:综合了情绪表达和沟通行为。野生动物在圈养环境中,通过打斗、抢夺、臣服、躲避、互助、求偶等方式形成新的关系,维系或改变这些关系的过程中动物表现的行为视为社交行为。如保育员投食后,强势个体优先取食而弱势个体后取食;雄性孔雀开屏以求得雌性孔雀的关注;灵长类相互梳理毛发,捉虱子、跳蚤均表现出动物在小社群中的等级关系或友好关系。

（4）学习行为:在遗传因素的基础上,动物在环境因素作用下通过生活经验和学习获得的行为。学习行为是复杂的生物过程,受内在因子(如动物种类和个体因素)和环境因子影响。

①习惯化反应:当同一种刺激反复发生时,动物的反应会逐渐减弱,最后可完全消失,除非给予其他不同的刺激,行为反应才能再次发生。如防止圈养野生动物对兽医使用的吹管过于敏感产生应激惊恐反应,日常保育员可以多把吹管放在动物的视线或接触范围内,以降低动物对吹管的敏感度。

②模仿学习:指动物能向同种其他个体学习经验的行为。

③印痕学习:由直接印象造成认知行为。如人工育幼的幼仔认育幼员为其"妈妈",而失去应有的野性。

④联系性学习:是一种称为条件反射的学习方式。如动物的行为训练。

⑤推理学习:动物凭借直觉对新生事物因果关系作出判断的过程,如绕道取食。

（5）繁殖行为:涉及繁殖的各种行为的统称,是动物为延续种族所进行的产生后代的生理过程,即动物产生新个体的过程。繁殖行为包括识别(雌雄动物的性别辨识)、占有(占有繁殖空间)、求偶、交配、筑巢、孵卵、哺育(双亲照料、雌兽哺育等)等一系列的复杂行为。

如求偶是动物的本能,是动物繁殖的前奏,也是动物种群自我选育、优育的基础。动物的求偶行为只发生在繁殖季节。在性激素作用下，各种动物的求偶方式多种多样，主要以体色和动作，接触和触摸，声音和信息素，聚合或奇特等方式表达，每种方式都是为了最大限度地引诱异性以达到交配目的。不同的鸟类有各自的求偶行为。如善鸣的雀形目鸟类在枝头跳跃、欢叫以吸引异性；鹤类则翩翩起舞，以优美的舞姿来赢得对方的好感；羽毛华丽的雄孔雀，光彩照人，展翅开屏。需要注意的是，求偶行为时常伴随争斗，这也是动物选择性保留最强壮的个体繁衍后代，遗传保留最适应环境的优良基因的方式。

动物的繁殖行为对种族的延续有重要意义，包括繁殖过程中的不同阶段和过程。繁殖行为都有性周期，哺乳动物除少数种类如灵长类不存在性周期外，其他大部分都有明显的季节性，不同动物的繁殖季节各不相同，如鹿科动物在秋末冬初求偶交配，鸟类通常的春季求偶交配。

（九）异常行为

了解圈养野生动物的一般和特殊行为，有助于我们在观察中发现"异常"。但"异常"中也会表现出共性症状，如食欲下降、不反刍、喝水少、依墙站立、频繁换腿负重、站立不稳、沉郁、垂鼻（大象）、不摆尾、耳耷、上眼睑下垂、无躲避、眼无神、爬卧不动等，不易判定原因，需要进一步观察，并进行实验室检查。

1. "异常"表现

（1）发热：是动物的体温升高，是发生炎症的主要症状。大部分发热动物表现呼吸急促、喘息声大、眼结膜潮红、精神沉郁、食欲下降，活动减少，草食偶蹄动物鼻镜少汗甚至干裂。发热多源于呼吸系统疾病，野生动物发热易被忽视，尤其是发热早期。

（2）疼痛：是机体组织器官受到损伤刺激引起的病理反应，是保护性反应。根据疼痛的原因及程度，可划分为急性疼痛和慢性疼痛。慢性疼痛不易表现出来，工作人员平常观察不到，但在动物死亡后剖检发现有病理变化。急性疼痛，如痉挛、外伤、扭伤等，多为突然发生,发生时能够被工作人员观察到。呼吸急促、呼吸不对称或呼吸困难有可能是疼痛引起,也有可能是器质性病变。腹痛比较常见,是由于腹腔内器官组织受损伤引起的疼痛,是常见的疼痛现象之一。腹痛时动物会出现肌肉颤抖(长颈鹿)、打滚(马属动物)、排稀便(大象)、蜷缩(大熊猫)等症状,多数动物常伴发精神沉郁。消化系统组织损伤引起的疼痛,是腹痛的主要原因,多呈急性过程。

2. "异常"表现在临床健康评估中的意义

异常现象是动物健康评估的重要内容,要结合评估动物的物种、个体特性判断是否异常,有异常现象即可定为健康影响因素。一个异常现象,可能有多个原因导致。所以,分析异常现象的原因时要综合考虑,多方分析,异常表现的程度与健康程度有关。

3. 观察"异常"表现的注意事项

(1)观察要全方位:要从动物的种属特性、地域差别、年龄关系、性别、形体结构等多方面观察,是新引入还是长期饲养于此地?是人工繁殖还是野外捕获?观察每一个变化。

(2)观察要持续一定时间:异常行为和现象可能出现在某一行为过程或普遍状态中,也可能出现在不同的行为和状态中。因此,观察动物要用一定的时间进行动态观察,认真记录。

(3)观察时要保持一定距离:不能干扰动物,几乎所有的野生动物都很敏感,与人之间有一定的安全距离。所以,观察者一定要保持一定的距离观察,尽可能回避动物的视线,在动物不知不觉中观察,特别是对动物采取过治疗等刺激措施的人员。

(4)观察要科学选择时间:观察动物的粪便、尿液、进食情况等时,要在保育员清扫圈舍以前。夜间动物的排粪、尿、休息等情况对动物的健康反映很重要,兽医需要亲自观察,并与保育员交流有关的信息、了解更多的情况。

(5)观察要尽可能多保留信息:包括图片、视频等。

三、心理健康评估

(一) 概念

心理健康评估 (psychological assessment) 是应用心理学的知识、技能与方法，对被评估者的心理状态、精神、行为等心理现象进行全面系统的描述、分类与诊断的过程。心理健康评估主要包括对疾病发展中的心理过程、个体的个性心理特征、健康行为、应激源及应对方式等方面进行的描述性评估、决策性评估与解释或预测性评估。

评估个体的健康状况时，不仅要重视生理健康，也必须重视心理健康。根据WHO提出的健康概念，健康不仅是指无疾病和不虚弱，而且是身体、心理、社会适应三方面的完满状态。身体的健康状况可影响其心理及社群适应，而心理问题及社群适应不良同样影响生理健康，因此，通过对被评估对象的心理与社会评估，可全面了解疾病所引起的心理及社会行为反应，以及心理与环境因素对疾病的影响。

动物也有心理，但是对动物心理研究的很少。大部分研究者关注动物的生理情况。越来越多的资料显示，动物也有情绪，动物之间也受到情绪的影响，有情绪交流。医学上的"喜怒哀乐悲思恐"七情如何在动物上体现？与人类心理健康评估不同，虽然对于有些特别动物能够听懂饲养者的话，但是无法满足与动物通过语言、文字等方式交流。因此，只能通过评估报告进行打分、分析行为观察数据等措施进行评估，需要相当专业的评估人员完成。动物心理研究目前处于探索阶段。

(二) 评估过程

观察和交流是进行动物心理评估的主要方法，深入观察评估对象，与保育员进行交流，获取动物的有关信息，最后再综合分析，作出评估。评估过程都分准备、获取信息、分析信息、得出结果四个阶段。

1. 准备阶段

首先，应明确被评估个体最迫切的问题，然后确定评估具体内容与评估标准（不同种类、年龄的动物重点行为不同），主要包括评估方法与步骤、时间进程、场地等。

2. 获取信息

主要应用调查法、行为观察法和心理测验等心理健康评估的常用方法，详细了解和明确被评估个体当前的心理问题，包括问题的起因及发展、可能的影响因素、生活史、饲养环境、疾病、社群以及当前的笼舍情况和适应状况等。

3. 分析信息

信息加工包括对收集到的信息进行处理和分析，尤其对其中的特殊问题、重点问题要进行深入的了解与分析。

4. 得出结果

根据资料分析结果，得出结论，写出心理健康评估报告，提出解决问题建议。

（三）评估原则

1. 客观性原则

在心理健康评估过程中，要遵循实事求是的态度，依据事实和科学方法，防止主观臆断，更不允许猜测虚构。

2. 整体性原则

在心理健康评估过程中，要运用系统观点，进行多层次、多水平的系统分析。从整体出发，把握和认识心理现象，从横向和纵向去揭示评估问题的成因。

3. 动态性原则

心理问题的产生不是一时形成的，要用变化、发展的观点作动态的观察，避免用僵化的评估模式。

4. 指导性原则

心理健康评估是健康评估重要内容,为制定健康护理措施的依据,指导健康护理工作。

(四)评估方法

1. 行为观察法

又称观察法(observation),是评估者对被评估对象的表情、精神状态与外显行为进行有目的、有计划的观察和记录,从而对其心理状态作出评定和判断的方法。观察法是应用非常广泛的一种心理健康评估方法,可分为自然观察法和控制观察法。

(1)自然观察法:指评估者在自然条件下(即不加任何人为护理的自然情景中),根据该物种所处年龄、生命周期(发情、怀孕、育幼、老年等)的自然行为与观察目的,对被评估对象的外显行为等心理外部活动进行观察,以了解其心理活动的方法。此方法具有操作简便、观察的行为范围广泛、资料来源真实、不易影响被评估对象等特点。但评估者需较长时间与被评估对象及相关保育员接触,同时也要求观察者具备专业的行为学知识及较强的综合分析能力。

(2)控制观察法又称实验观察:是在预先设计的环境条件下观察被评估对象对特定刺激的反应。实验观察要求被评估对象在预先设计的环境中接受相同的丰容物,以便获得具有较强的可比性与科学性的数据。但受实验环境、条件、人为因素以及观察者主观意识等诸多因素影响,可能会在一定程度上影响实验结果的客观性,因此,该方法可以辅助自然观察法更适宜野生动物心理健康评估。

2. 调查法

是指评估者通过与被评估对象的保育人员交流、问答平时饲养过程中遇到的情况,来了解其心理和行为的方法。调查法是心理健康评估中常用的、基本的方法,通过访谈中的提问与回答,可以使评估者直观地了解动物平日里表现的本能行为,也可以间接观察保育人员在工作中是否存在影响动物心理的操作。访谈的形式可以分为题目式访谈与自由式访谈，评估过程中，评估者主要是通过答案的"是与否"与"评分分级"来获取有关信息。

（1）题目式访谈：是指评估人员按照动物自然习性和评估目的与要求，提前编制出会谈的提纲或问题，有计划、有步骤地和保育人员进行问答。

（2）自由式访谈：是指评估者与被评估对象的保育人员自由地交谈，无固定问题或所提问题没有固定的程序，但访谈重点应为被评估对象在评估观察中未出现的异常行为及平时出现异常行为的频率。

3. 打分法

是依据一定的法则，用数量化手段对心理特征和行为进行科学技术测量与分析，是心理健康评估常用的标准化手段之一。打分法分为数据对比法和评定量表法。

（1）数据对比法：指掌握某种动物的行为节律等基础数据后，与所观察到的被评估对象结果进行对比，如一些行为观测结果当时无法得出，可先将数据完整记录或拍摄视频留存后再分析，通过指标差异分析，来判断动物是否存在异常表现。

（2）评定量表法：指用一套预先已标准化的量表来测量的方法。在标准条件下，使用统一的分值标准。相同社群或不同单位的相同物种应使用相同的衡量标准。

（五）心理健康评估内容

1. 对环境的适应能力

动物在生活环境发生变化后，比如天气、环境、更换保育人员、改变相邻笼舍动物、调整社群结构等，可以表现出适应性行为，既表现了自然行为应具备的特点，又不会发生应激反应。

2. 心理耐受能力

某些方面的压力是突然发生的瞬间现象，比如游客尖叫、天敌出现等；另有一些压力不是突然而来，迅速而去的，它们长期伴随着动物生活存在，比如环境单一、模式化饲养、错误的社群关系等。能坦然面对压力因素，生活在相同环境下的动物，其异常行为显著低于调查群体平均值的个体，心理耐受力较好。反之，在社群中应激反应表现强度、频率或者持续时间高于其他个体的动物，心理耐受力打分会更低。我们把长期经受精神刺激的能力，看作衡量心理健康水平的指标，称它为心理活动的耐受力。

3. 心理调控能力

动物与人相似，对自己的情感和思维活动具有一定的自我调整能力，只是这种能力有个体差异。比如，同样由群居改为单独饲养的个体，在面对社群结构突然改变时，是否可以顺利调整过渡，是否会引起性格发生长期转变存在差异；又如分娩母兽是否能接受新生幼仔，并表现自然的母性行为存在差异。

4. 心理活动的节律性

动物的心理活动有自身的节律。如意识状态有明显的节律，觉醒——睡眠周期便是意识节律性的表现。动物在排除疾病或特殊生理周期的前提下，如果节律性发生改变或者与该物种大多数个体存在明显差异时，应当考虑是否存在压力应激。如动物的注意力水平，就有自然的起伏与差异，这在规范的训练过程中可以体现并予以评估。

5. 社群交往关系

正常的社群交往行为，动物既适应该物种的野外生境，产生自然行为，又会在社群结构中存在明显的等级差异。

正常的个体互动，可以提高动物的福利、增进社会适应能力，在生活事件发生时，能及时获得群体内其他成员的支持。所以社群关系既可作为心理健康的指标，又是增进心理健康的途径。以灵长类动物为例，其精神活动得以产生和维持的重要支柱是充分的社会交往。社会交往被剥夺，必然导致精神崩溃，出现种种心理问题。因此，正常社群行为的展示也标志着被评估对象正常的心理健康水平。如果长时间剥夺社群性动物应有的社会关系，会导致动物性情冷漠，缺乏种间互动，这类个体的心理健康一定不健全。如果在正常社群中，某个体无法展示社群行为，常见其心情抑郁，社会交往受阻。

6. 攻击行为

动物的攻击行为是指不同个体之间或动物与保育员之间所发生的攻击或战斗。正常社群环境中出现的攻击不会造成致命伤害，以一方认输结束。在动物界中，同种动物个体间常因争夺食物、配偶、抢占巢区、领域而发生相互攻击或战斗。总之，一切威吓和伤害其他个体的行为均属于攻击行为。

心理学上认为，攻击性是一种心理倾向，不同物种都存在攻击行为，有的是为了保护自己、有的是发生在特殊的生理阶段、有的是物种所具有的本能行为。攻击行为的发生与该物种的领域性有很大关系，所以当被评估对象已经获得了合理的生活空间后依旧表现出异于同类的攻击水平时，可以判断该个体存在更大的心理压力。相反，在群体中，顺位关系为最底层、完全处于被攻击地位的个体，从心理层面看，长期压抑自己的攻击性，很容易产生一系列心理健康问题，属于一种不健康的行为表现。

（六）常见异常行为

动物在长期进化过程中，为适应特定栖息环境、食物资源、气候条件等，形成了特定的行为模式，不同物种的行为区别较大，行为是动物的生理和心理反应的表现。"异常"行为是动物表现出有规律的、无意义的甚至是有害的行为，圈养野生动物常见的"异常"行为有：

1. 过分修饰

持续非生理性的自我梳理、重复舔毛或反复拔除羽毛，多见于鸟类、灵长类及猫科动物。

2. 咬栏杆

持续咬圈舍的栏杆或者在栏杆上擦蹭,多见于灵长类及食草动物。

3. 玩弄舌头

用舌头持续舔舐圈舍墙壁、栏杆或者门,常见于长颈鹿和骆驼。

4. 踱步

有规律地沿着同一条线路,前后行走,地面可以看到明显被踩踏的痕迹,常见于食肉动物、大象。

5. 绕圈

一种典型的踱步,每一次的脚印都可以踩在相同的地方,常见于象和熊类。

6. 绕颈

一种不正常的颈部缠绕和转动,通常抖动头和反向弯曲颈部,会伴随踱步行为,常见于长颈鹿、无峰驼和猴子等。

7. 摇滚

坐立姿势(有时抱腿)前后摇滚,常见于黑猩猩。

8. 摆动

站立不动,头、肩膀、整个身体左右、上下摆动,常见于象和熊类。

9. 撞铁栏

以身体部位撞击铁护栏,常见于象等大型雄性动物。

10. 倒退行走

后退行走,常见于象和大熊猫。

11. 摇头

身体固定,头部左右摇动,常常在期待喂食时发生。

12. 期盼食物

规律性的投食方式导致动物在喂食时间总是朝向保育员出现的位置张望,或提前在那里等候,期盼食物。

13. 头颈部上下伸缩

动物头前后或上下伸缩,多发生在期待喂食或警觉时,常见于北极熊。

14. 头部转圈
在踱步期间,头部呈顺时针或逆时针转圈,常见于北极熊。

15. 吐舌
动物舌头从口中伸出并不停地伸缩。

16. 吮掌
动物用嘴吮吸自己的掌。

17. 假咀嚼
动物上下颌匀速咬动,呈咀嚼姿势,但口内没有食物。

18. 持续张嘴
无论是行进时还是静卧、静立时,嘴部不闭合。

19. 干呕食物
食物吃到嘴里,咀嚼,反复吐到爪子或笼表面再取食,连续重复,常见于大型灵长类、大熊猫、北极熊。

20. 打呵欠
动物连续不断地打呵欠。

21. 自残
哺乳动物拔去体表的被毛、鸟类拔除羽毛、猫科动物把自己身体局部舔得血肉模糊或者用头撞墙,甚至咬掉肢体的某一部分造成残疾等等。皮肤常出现裸露、发炎或受伤,常见于熊类、灵长类和鹦鹉等。

目前,心理问题越来越受到关注。但是动物心理学仍处于认知的初期,心理问题、心理与行为之间的关系等还没有明确的解释。所谓的"异常"行为仍是以人的有限认知来判断,我们不知道动物这些表现的真实"用意",有时将其定义为"刻板行为",认为是毫无意义的。为此,本书中有关心理健康方面的介绍,主要是从理念、方法和有关健康的方面进行介绍,不能作为标准解释。希望引起大家的重视,并积极进行深入研究。

四、体检结果评估

（一）实验室检查结果评估

实验室评估是应用各种实验技术对被评估对象的血液、体液、分泌物、排泄物、脱落物、穿刺物等标本进行检查，根据检查结果评估动物的健康状况。包括日常检查和定期体检。

实验室检查内容包括：血常规、血液生化、粪便常规、寄生虫、尿常规、微生物检验和病理诊断等。不同种类野生动物标本差异大，一些项目不能用统一的方法检查。动物园通常是参考人医、家畜、家禽相关技术，结合野生动物标本的特点进行了适用性试验和改进，其中血常规、粪便常规等项目主要采用人工方法，血液生化、尿常规、细菌、病毒和特殊项目的检查以及病理诊断则更多地使用仪器设备检查，但是使用的试剂有时不适用。

采用数值表示结果的检查项目，检查结果与正常参考值进行对比，并结合动物个体临床表现判定是否正常。检查结果与动物的性别、年龄、生理状况、生存环境、检查仪器、操作水平等有关。目前，野生动物的检查指标存在较多问题，如没有真实的标准；有些指标没有标注受检动物的身体状况；正常参考值常用"均值±标准差"的形式表示，某些资料中只提供了正常均值；检查结果与临床表现不一致。所以，评价实验室检查结果时，要与正常参考值、个体自身特点相结合，同时参考其他项目的检查结果，才能作出综合评估。

1. 血常规检查评估

血常规检查是对动物全血进行检查，包括红细胞计数（RBC）、白细胞计数（WBC）、血红蛋白（HGB）、红细胞比容（HCT）、白细胞分类计数（DC）、血小板计数（PLT）等指标。主要用于评估血液系统及全身状况，了解是否有炎症、贫血、白血病等疾病。血细胞采用显微镜检查法，血红蛋白测定采用氰化高铁血红蛋白法，红细胞比容测定采用温氏法或微量比容法。血常规检查标本通常为乙二胺四乙酸（EDTA）抗凝全血；对于EDTA容易引起溶血的部分鸟类和爬行类动物血液，宜用肝素抗凝全血；如果出现溶血、凝血、污染及过期的标本，不能用于血常规检查。

（1）红细胞计数（RBC）：红细胞计数是指单位体积全血中所含的红细胞数目。红细胞数、大小、形态、渗透压等与动物物种、年龄、健康状态有关，差异较大，现有的仪器不能准确检验，常用人工观察技术，如大象红细胞直径均值为9.8μm，羚牛为3.4μm，野骆驼红细胞为椭圆形，禽类红细胞为椭圆形而且有核。目前，大部分自动血球仪不能完全识别野生动物的红细胞，仍采用传统的显微镜计数法进行检查。针对一些动物血细胞特点还应改进检查方法，如对红细胞数目特别多的动物（羚牛等）进行红细胞计数时应加大稀释倍数，对红细胞渗透压较低的动物（鸟类和两栖爬行动物）应用较低浓度的氯化钠溶液稀释血液。红细胞计数是野生动物健康评估的重要参数，其临床意义：增多多见于生理性因素，常见为精神因素（兴奋、恐惧、冷水刺激，均可使肾上腺素分泌增多）、红细胞代偿性增生（气压低，缺氧刺激）。病理性因素，常见于频繁呕吐、腹泻、出汗过多、大面积烧伤、慢性肺心病、肺气肿、肿瘤以及真性红细胞增多症等。减少多见于生理性减少，常见于妊娠、幼年生长发育迅速、造血原料相对不足、某些老年动物造血功能减退。病理性减少，红细胞生成减少，见于白血病等；红细胞破坏增多，见于急性大出血、严重的组织损伤及血细胞的破坏等；红细胞合成障碍，见于缺铁、维生素B12缺乏等。

（2）血红蛋白（HGB）：血红蛋白是红细胞的主要组成部分，承担着机体向器官、组织运输氧气和运出二氧化碳的功能。血红蛋白检查的方法很多，但是由于多种野生动物血细胞的特殊性，并不是每种检查方法都适用。氰化高铁血红蛋白法是相对准确可靠的常用方法，针对不同野生动物应进行适用性实验。其临床意义：血红蛋白增减与红细胞增减的意义相同,但血红蛋白增减值能更准确判断贫血的程度,对动物患病程度判定有指导意义。

(3)红细胞比容(HCT):红细胞比容是血液细胞在全血中所占体积的百分比。常选用温氏法或微量比容法测定。其临床意义:升高多见于大面积烧伤、连续呕吐、腹泻、脱水等体液丢失或脱水。降低见于失血后大量补液及贫血患者。

(4)白细胞计数(WBC):白细胞计数指计数单位体积血液中含的白细胞数目,常见的白细胞有中性粒细胞、嗜酸性粒细胞、嗜碱性粒细胞、淋巴细胞和单核细胞。哺乳动物白细胞计数用显微镜计数法,用稀酸溶液破坏溶解红细胞,留下白细胞即可计数。禽类红细胞与凝血细胞的核不能被稀酸溶液破坏,可用直接染色显微镜计数法,将血液加入中性红染色液和结晶紫染色液染色,不同细胞着色不同,再用显微镜计数;某些禽类的凝血细胞可能因抗凝剂作用严重变形,与小淋巴细胞难以区分,不宜用此法计数,可通过染色血涂片判定白细胞的多少。其临床意义:增多的生理性原因见于剧烈运动、进食后、妊娠、新生儿。病理性原因见于急性化脓性感染、尿毒症、白血病、组织损伤、急性出血等。减少见于再生障碍性贫血、某些传染病、肝硬化、脾功能亢进、放疗化疗等疾病。

(5)白细胞分类计数(DC):白细胞分类计数是指对不同类型的白细胞分别计数并计算其百分比。在显微镜下观察识别中性粒细胞、嗜酸性粒细胞、嗜碱性粒细胞、淋巴细胞和单核细胞并计数,粒细胞可进一步分为杆状核粒细胞和分叶核粒细胞,要与白细胞计数结果结合起来判定是否正常,如某一类型的白细胞百分比偏高,并不代表其总数一定偏高。其临床意义:

①中性粒细胞:增多见于急性和化脓性感染(疖痈、脓肿、肺炎、阑尾炎、丹毒、败血症、内脏穿孔、猩红热等),各种中毒(酸中毒、尿毒症、铅中毒、汞中毒等),组织损伤、恶性肿瘤、急性大出血、急性溶血等。减少见于伤寒、副伤寒、麻疹、流感等传染病,某些血

液病（再生障碍性贫血、粒细胞缺乏症），脾功能亢进，自身免疫性疾病等。

②嗜酸性粒细胞：增多见于过敏性疾病、皮肤病、寄生虫病，一些血液病及肿瘤，如慢性粒细胞性白血病、鼻咽癌、肺癌以及宫颈癌等。减少见于伤寒、副伤寒、大手术后、严重烧伤、长期使用肾上腺皮质激素等。

③嗜碱性粒细胞：增多见于血液病，如慢性粒细胞白血病、创伤、中毒、恶性肿瘤、过敏性疾病等。减少见于速发型过敏反应，如过敏性休克，用药见于肾上腺皮质激素使用过量等。

④淋巴细胞：增多见于传染性淋巴细胞增多症、结核病、疟疾、慢性淋巴细胞白血病、百日咳、某些病毒感染等。减少多见于传染病的急性期、放射病、细胞免疫缺陷病、长期应用肾上腺皮质激素后或接触放射线等。

⑤单核细胞：增多见于传染病或寄生虫病、结核病活动期、单核细胞白血病、疟疾等。

（6）血小板计数（PLT）：血小板计数是指单位体积血液中所含的血小板数目。由于缺少适用的检查方法和可靠的参考数据，血小板计数在野生动物上的应用较少。通过对血涂片染色，可观察血小板的多少，作出定性分析。正常动物的血小板计数会有生理性变化，在结果分析时应充分考虑。其临床意义：增多见于急性大失血和溶血后急性感染、真性红细胞增多症、出血性血小板增多症、多发性骨髓瘤、慢性粒细胞性白血病及某些恶性肿瘤的早期等。减少是骨髓造血功能受损，如再生障碍性贫血、急性白血病；血小板破坏过多，如脾功能亢进；血小板消耗过多，如弥散性血管内凝血（DIC）等。

（7）外周血液细胞形态学检查：用普通光学显微镜观察染色血涂片，进行白细胞分类计数的同时，应仔细观察各种细胞形态，对见到的各种细胞异常形态进行描述记录，对临床辅助诊断具有重要价值。

①红细胞异常形态及临床意义：常见的红细胞形态异常，主要表现在红细胞的大小、形状、染色特性、血红蛋白量及分布状况等方面。由于不同动物的红细胞正常形态各异，判定形态异常需与该物种正常形态特征比对。

·红细胞大小异常：大红细胞多见于巨幼红细胞贫血；小红细胞多见于严重的缺铁性贫血、微血管病性溶血性贫血、铁粒幼细胞性贫血等；应注意大细胞性贫血也会出现小细胞，小细胞性贫血可见到大细胞；红细胞大小不均常见于重度贫血。

·球形红细胞：见于自身免疫性溶血性贫血、DIC、遗传性球形红细胞增多症等。

·靶形红细胞：见于地中海性贫血、缺铁性贫血及一些血红蛋白病。

·棘形红细胞：见于棘形细胞增多症、肝硬化和溶血性贫血等。

·裂片细胞：见于微血管病性溶血性贫血、DIC、溶血尿毒性综合征等。

·其他：临床中，还可观察到一些不具典型形态、无特定规律的异形红细胞，可在恶性贫血、严重的缺铁性贫血和地中海性贫血的血片中见到。

②白细胞异常形态及临床意义：白细胞形态异常，主要表现在细胞质的颗粒、细胞核的形状等方面。在掌握各种动物正常白细胞形态的基础上，可判定异常形态的白细胞。

·中性粒细胞胞浆内的颗粒增多或者发现RNA包涵体：见于中毒性改变或先天异常。

·中性粒细胞细胞浆内多空泡而淋巴细胞中无空泡：中毒性改变、退化或人为操作产生。

·中性粒细胞核分叶过多：见于巨幼细胞贫血、尿毒症、严重的缺铁性贫血等，有些属遗传性核分叶过多，是无害的。

2. 血液生化检查评估

血液生化检查是指血液中的各种离子、糖类、脂类、蛋白质以及各种酶、激素和机体代谢产物、含量。生化检查以血清或血浆为标本，可以检查单项、多项或全项。生化全项并非指所有生化检查项目，化验室可以根据临床确定生化检验项目。在野生动物健康评估中，重要的、常用的生化检查内容主要指包括肝功、肾功、电解质、血糖、蛋白、血脂和心肌酶谱等，评估动物的健康状况。血液生化检查常用自动生化分析仪，不同的生化分析仪所用的检查方法不尽相同，检查的结果和使用的参考标准也不完全一致，实验室应提供有关检查仪器、方法及参考标准方面的详细资料，并在检查之前弃用有溶血、污染、过期等问题的血清/浆标本。在进行结果分析时应全面考虑各种影响因素。

常见血液生化检查评估指标，详见表2-1至表2-6。

表2-1 肝胆功能相关项目

项目名称	缩写	单位	临床意义
丙氨酸氨基转移酶（谷丙转氨酶）	ALT	U/L	正常时，ALT主要存在于组织细胞内，以肝细胞含量最多，心肌细胞中含量次之，只有极少量释放入血中。所以血清中此酶活力很低。 升高见于： （1）肝脏、心肌病变、细胞坏死或通透性增加时，细胞内各种酶释放出来。 （2）肝炎时，ALT超过正常参考值上限2.5倍，持续异常偏高。 （3）营养不良、脑血管病、骨骼肌疾病、传染性单核细胞增多症、胰腺炎以及某些对肝脏有毒性的药物和毒物如氯丙嗪、异烟肼、奎宁、有机磷等。

续表

项目名称	缩写	单位	临床意义
天门冬氨酸氨基转移酶(谷草转氨酶)	AST	U/L	升高见于： （1）各种肝病：肝组织受到较为严重的损害时，AST才会升高。急性黄疸型肝炎、慢性活动性肝炎、重型肝炎、肝硬化、肝癌时明显升高。肝病早期和慢性肝炎时增高不明显，AST/ALT比值小于1。严重肝病和肝病后期增高明显，AST/ALT比值大于1。 （2）心脏疾病：急性心肌梗死、心肌炎、心力衰竭时升高，心肌梗死发病初期显著升高，约3~5天恢复正常。 （3）其他疾病或影响因素：胆囊炎、胆石症急性发作、肾炎、肺炎、伤寒、结核病、传染性单核细胞增多症等疾病时，轻度升高；此外，急性软组织损伤、剧烈运动、妊娠期，亦可出现一过性升高。
γ-谷氨酰转肽酶	γ-GT	U/L	（1）轻度和中度升高主要见于病毒性肝炎、肝硬化、胰腺炎等；在急性肝炎时，如持续偏高，提示转为慢性肝炎；慢性肝病尤其是肝硬化时，如γ-GT持续偏低，提示预后不良。 （2）明显升高见于原发或继发性肝癌、肝阻塞性黄疸、胆汁性肝硬化、胆管炎、胰头癌、肝外胆道癌等。 （3）胆道感染、胆石症以及使用某些药物如苯巴比妥、苯妥英钠、安替比林等时，均会升高。
碱性磷酸酶	ALP	U/L	主要用于肝胆系统疾病和骨骼代谢相关疾病的诊断和鉴别诊断，尤其是黄疸的鉴别诊断。 （1）升高：病理性升高，见于骨骼疾病如佝偻病、软骨病、骨恶性肿瘤、恶性肿瘤骨转移等，肝胆疾病如肝外胆道阻塞、肝癌、肝硬化、毛细胆管性肝炎等，其他疾病如甲状旁腺机能亢进；生理性升高，未成年动物的骨骼发育期以及怀孕和进食脂肪含量高的食物后均可以升高。 （2）降低：见于重症慢性肾炎、甲状腺机能不全、贫血等。

续表

项目名称	缩写	单位	临床意义
乳酸脱氢酶	LDH	U/L	乳酸脱氢酶的检查，采用不同反应方式得出的结果也不相同。 （1）升高：见于肝脏疾病（急性肝炎、慢性活动性肝炎、肝癌、肝硬化、阻塞性黄疸等）、心肌梗死（心肌梗死后先上升，持续几天后恢复正常）、血液病（如白血病、贫血、恶性淋巴瘤等）、骨骼肌损伤、进行性肌萎缩、肺梗死等。 （2）降低：乳酸脱氢酶降低无临床意义。
总蛋白	TP	g/L	（1）升高：见于失水过多或合成增加，如呕吐、腹泻、高热、休克、多发性骨髓瘤、巨球蛋白血症、冷球蛋白血症、系统性红斑狼疮和某些慢性感染等。 （2）降低：见于营养不良、合成障碍、大量丢失，如恶性肿瘤、重症结核、甲状腺功能亢进、水钠潴留、怀孕后期、肾病综合征、慢性胃肠道疾病、溃疡性结肠炎、肝硬化、烧伤、蛋白丢失性肠病、营养不良、肝细胞病变、肝功能受损等。
白蛋白	ALB	g/L	（1）升高：见于呕吐、腹泻、高热、休克等所致的血液浓缩以及多发性骨髓瘤、巨球蛋白血症、冷球蛋白血症、系统性红斑狼疮、多发性硬化和某些慢性感染性疾病。 （2）降低：见于恶性肿瘤、重症结核、营养不良、急性大失血、严重烫伤、肝硬化、慢性肝炎、胸腹水、肾病综合征、怀孕后期、先天性白蛋白缺乏症等。
球蛋白	GLB	g/L	（1）升高：机体受到外来病原感染时通常增高，见于肝硬化、慢性肝炎、亚急性细菌性心内膜炎、血吸虫、疟疾、结核病、系统性红斑狼疮、肾病综合征、风湿性关节炎、类风湿性关节炎、硬皮病、多发性骨髓瘤、原发性巨球蛋白血症、淋巴结慢性炎症、慢性感染等。 （2）降低：见于先天性或后天获得性免疫缺陷，长期使用肾上腺皮质类固醇制剂等原因造成的合成减少，也可见于生理性减少。

续表

项目名称	缩写	单位	临床意义
白蛋白/球蛋白	A/G	—	大多数种类的动物，血液中的A/G值的正常参考值大于1，个别动物，A/G值的正常参考值小于1。 A/G降低：见于肝硬化、急性肝坏死、传染性肝炎、慢性肝炎、肝损伤、肾病综合征、肾炎、类风湿性关节炎、系统性红斑狼疮、硬皮病、干燥综合征、多发性骨髓瘤等。
总胆红素	TBIL	μmol/L	胆红素是临床分析黄疸的重要指标，需进行综合分析。 （1）溶血性黄疸：总胆红素升高，间接胆红素急剧增加，直接胆红素正常或微增。 （2）阻塞性黄疸：总胆红素升高，直接胆红素急剧增加，间接胆红素正常或微增。 （3）肝细胞性黄疸，三者均升高。
直接胆红素	DBIL	μmol/L	
间接胆红素	IBIL	μmol/L	
总胆汁酸	TBA	μmol/L	总胆汁酸升高是肝实质性损伤及消化系统疾病的敏感诊断指标。 升高：见于各种急慢性肝炎、乙肝携带者以及大部分肝外胆管阻塞和肝内胆汁淤积性疾病、肝硬化、阻塞性黄疸等。
胆碱酯酶	CHE	U/L	胆碱酯酶是肝脏合成功能的敏感指标。 （1）升高：见于神经系统疾病、甲状腺功能亢进、糖尿病、高血压、支气管哮喘、肾功能衰竭等。 （2）降低：见于有机磷中毒、肝炎、肝硬化、营养不良、恶性贫血、急性感染、心肌梗死、肺梗死、肌肉损伤、慢性肾炎、皮炎及妊娠晚期以及摄入雌激素、皮质醇、奎宁、可待因、可可碱、氨茶碱、巴比妥等药物。
腺苷脱氨酶	ADA	U/L	增高可见于肝脏疾病，阻塞性黄疸时一般正常，故与其他指标联合分析有助于鉴别黄疸。另外，增高亦可见于免疫系统相关性疾病，如类风湿性关节炎、牛皮癣和结节病。

注：资料来自北京动物园管理处。

表2-2 肾功能相关项目

项目名称	缩写	单位	临床意义
尿素氮	BUN	mmol/L	（1）升高：常见于①肾脏疾病，如慢性肾小球肾炎、肾动脉硬化、严重肾盂肾炎、晚期肾结核、多囊肾等引起的肾功能不全或衰竭、尿路梗阻等。其升高程度与病情成正比。老年动物肾脏自然老化和肾贮备功能减退时，可能出现单项血尿素氮超标；②因脱水、水肿、酸中毒、循环功能不全、休克等引起肾血流量减少；③尿结石等引起尿潴留；④体内蛋白分解太旺盛（如甲亢）以及高蛋白饮食后。 （2）降低：见于肾功能失调、严重肝病、肝坏死、蛋白质摄入不够等。
肌酐	CR	μmol/L	（1）升高：见于急、慢性肾小球肾炎等各种原因引起的肾小球滤过功能减退。当肾实质受损、肾功能出现异常时，肾脏代谢废物的能力下降，造成了肌酐、尿素氮等毒素在体内的聚集增高，尿中肌酐下降，双肾滤过率下降等。肾有代偿功能，如果双肾中有一个正常发挥功能，血肌酐就能维持正常。当肾损伤程度占据整个肾的一半以上时，才会引起血肌酐升高。因此，血肌酐并不能反映早期、轻度的肾功能下降。 （2）降低：见于肌营养不良、机体缺乏蛋白质、贫血等。 尿素氮与肌酐值同时测定，若二者同时升高，说明肾有严重损害。
尿素氮/肌酐	B/C	—	（1）升高：见于①发热、服用类固醇和四环素等药物、应激状态等。②高蛋白饮食（特别是肾功能不全时）、消化道出血。③脱水、心功能不全、低蛋白血症、血容量减少、肝肾综合征、尿路梗阻。 （2）降低：见于饥饿、低蛋白饮食、合并严重肝功能衰竭、服用利尿药物等。

续表

项目名称	缩写	单位	临床意义
尿酸	UA	μmol/L	（1）升高：见于①痛风，但有些动物患有痛风时血尿酸测定值正常，血尿酸增高但无痛风发作时为高尿酸血症。②细胞增殖周期快、核酸分解代谢增加时，如白血病、多发性骨髓瘤及其他恶性肿瘤、真性红细胞增多症等。③肾功能减退如急慢性肾炎，其他肾脏疾病的晚期，如肾结核、肾盂肾炎、肾盂积水等。④氯仿中毒、四氯化碳中毒、铅中毒、子痫及妊娠反应等。（2）降低：见于恶性贫血。鸟类和爬行类的主要代谢产物是尿酸，所以尿酸检查更重要。

注：资料来自北京动物园管理处。

表2-3 糖尿病筛查

项目名称	缩写	单位	临床意义
葡萄糖（血糖）	GLU	mmol/L	血糖是临床糖尿病分析的重要指标。餐后血糖比空腹血糖高，动物饮食不好控制，经常不在空腹情况下采血，结果判定时应加以考虑。（1）升高：①生理性升高：见于进食后1~2小时、情绪紧张之时（引起肾上腺素分泌增加）。②病理性升高：见于各种糖尿病、慢性胰腺炎、心肌梗死、甲状腺功能亢进、肾上腺功能亢进、颅内出血、脱水、注射葡萄糖后、注射肾上腺素后等。（2）降低：①生理性降低：见于饥饿、剧烈运动、注射胰岛素后、妊娠期、哺乳期和服用降糖药后。②病理性降低：见于胰岛细胞瘤、糖代谢异常、严重肝病、垂体功能减退、肾上腺功能减退、甲状腺功能减退、长期营养不良、注射胰岛素过量等。
糖化血红蛋白	HbA1c	%	可反映较长时间内（2~3个月）血糖的波动情况，尤其以近1~2个月的血糖相关程度为最好，升高则说明2~3个月来血糖的平均水平高于正常。

注：资料来自北京动物园管理处。

表2-4 血脂检查

项目名称	缩写	单位	临床意义
甘油三酯	TG	mmol/L	（1）升高：见于高脂血症、高血压、冠心病、糖尿病、肾病综合征、甲状腺功能减退、脂肪肝、胰腺炎、动脉粥样硬化、先天性脂蛋白酶缺陷、糖原贮积病等。 （2）降低：见于甲状腺功能亢进症、肾上腺皮质功能降低、肝功能严重低下、慢性阻塞性肺疾、脑梗死、营养不良、先天性α-β脂蛋白血症等。 血清甘油三酯水平受年龄、性别和饮食的影响大，结果分析时应充分考虑。若有可能，应在采血前至少禁食12小时，之前也应禁食高脂肪食物。
总胆固醇	TC	mmol/L	（1）升高：见于动脉粥样硬化、高脂蛋白血症、甲状腺功能减退、阻塞性黄疸、肾病综合征、糖尿病、黏液性水肿等。 （2）降低：见于甲亢、严重贫血、急性感染、消耗性疾病、肝病等。
高密度脂蛋白胆固醇	HDL-C	mmol/L	（1）升高：见于原发性高HDL血症、慢性肝病、慢性中毒性疾病以及接受雌激素、胰岛素或某些药物（如烟酸、维生素E、肝素等）治疗后。 （2）降低：见于脑血管病、冠心病、高甘油三酯血症、动脉粥样硬化、肝功能损害（急慢性肝炎、肝硬化、肝癌）、糖尿病、慢性肾功能不全、营养不良、应激反应、缺少运动等。
低密度脂蛋白胆固醇	LDL-C	mmol/L	（1）升高：见于肝功能异常、肝炎、动脉粥样硬化、高血压、心血管疾病、高脂蛋白血症、急性心肌梗死、冠心病、肾病综合征、慢性肾功能衰竭、肝病和糖尿病等。另外，摄入脂肪量过高、剧烈运动、超重和肥胖容易引起升高。 （2）降低：见于营养不良、慢性贫血、骨髓瘤、创伤和严重肝病等。

注：资料来自北京动物园管理处。

表2-5 心肌酶谱检查

项目名称	缩写	单位	临床意义
肌酸激酶	CK	U/L	（1）升高：①生理性增高：见于运动后、分娩者、新生幼仔、一些诊断治疗措施实施后（如心脏按压、泌尿系统检查等）、肌肉注射某些药物（如麻醉药、止痛药、抗生素、地塞米松等）后；②病理性增高：见于心肌梗死、病毒性心肌炎、皮肌炎、肌营养不良、心包炎、脑血管意外等。（2）降低：见于甲状腺功能亢进症。
肌酸激酶同工酶	CK-MB	U/L	主要用于心肌梗死的诊断和心肌梗死面积的评估，升高见于心力衰竭、心肌炎、心肌梗死、冠心病、心绞痛、肌肉萎缩等。
乳酸脱氢酶	LDH	U/L	主要用于肝脏疾病和心脏疾病等的诊断。升高见于心肌梗死（上升持续几天恢复正常）、肝脏疾病（急性肝炎、慢性活动性肝炎、肝癌、肝硬化、阻塞性黄疸等）、血液病（如白血病、贫血、恶性淋巴瘤等）、骨骼肌损伤、进行性肌萎缩、肺梗死、恶性肿瘤转移所致胸腹水等。
α-羟基丁酸脱氢酶	HBDH	U/L	主要用于心肌梗死、心肌炎的诊断。升高见于急性心肌梗死、骨骼肌损伤、急性肝炎、白血病及恶性肿瘤等。

注：资料来自北京动物园管理处。

表2-6 离子及其他项目

项目名称	缩写	单位	临床意义
钾	K	mmol/L	（1）升高：见于①补钾过多。②钾向细胞外移行（假性高钾血症、酸中毒、胰岛素缺乏、组织坏死、服用大剂量洋地黄、高血钾型周期性麻痹、服用琥珀酰胆碱等）。③尿钾排泄减少（急慢性肾功能衰竭或细胞外液量减少等）。④类固醇皮质激素活性降低（肾素-血管紧张素-醛固酮系统功能低下）。 （2）降低：见于①摄取减少（长期禁食、厌食、少食）。②钾向细胞内移行（胰岛素治疗、碱中毒、低血钾型周期性麻痹等）。③尿中钾排泄增加，包括盐皮质激素分泌增多（原发性醛固酮增多症、17α-羟化酶缺乏症、库欣综合征、Bartter综合征、恶性高血压、肾小球旁器细胞瘤、大量服用甘草等）、远端肾小管流量增加（利尿剂、失钾性肾炎）、肾小管性酸中毒。④钾从消化道丢失增加（呕吐、腹泻、结肠癌、绒毛腺癌、服用泻药等）。⑤大量发汗。
钠	Na	mmol/L	（1）升高：见于①严重脱水、大量出汗、高热、烧伤、糖尿病性多尿。②肾上腺皮质功能亢进、原发或继发性醛固酮增多症、脑性高血钠症（脑外伤、脑血管意外及垂体瘤等）。③饮食或治疗不当导致钠盐摄入过多。 （2）降低：见于①肾脏失钠（如肾皮质功能不全、重症肾盂肾炎、糖尿病等）。②胃肠失钠（如胃肠道引流、幽门梗阻、呕吐及腹泻）。③应用抗利尿激素过多。④心力衰竭、肾衰、补充水分过多。⑤高脂血症。⑥心血管疾病（如充血性心功能不全、急性心肌梗死等）。⑦脑部疾病（如脑炎、脑外伤、脑出血、脑脓肿、脑脊髓膜炎等）。⑧大面积烧伤、创伤、皮肤失钠、出大汗后。
氯	Cl	mmol/L	（1）升高：见于①体内氯化物排出减少，泌尿道阻塞、急性肾小球肾炎、尿路梗阻、肾血流量减少（如充血性心力衰竭）。②摄入氯化物过多。③以换气过度所致的呼吸性碱中毒。④高钠血症脱水。 （2）降低：见于①体内氯化物丢失过多（严重的呕吐、腹泻、胃肠道引流，糖尿病酸中毒，慢性肾功能衰竭，失盐性肾炎，急性肾功能不全、阿狄森氏病）。②摄入氯化物过少（出汗过多、慢性肾炎、食物长期缺盐后、心力衰竭等）。

续表

项目名称	缩写	单位	临床意义
钙	Ca	mmol/L	（1）升高：见于甲状旁腺功能亢进症（有原发性和继发性2种，继发于佝偻病、软骨病和慢性肾功能衰竭）、维生素D过多症、多发性骨髓瘤、肿瘤广泛骨转移、结节病等。 （2）降低：见于甲状旁腺功能减退、慢性肾炎尿毒症、佝偻病、软骨病、维生素D缺乏、严重乳糜泻（吸收不良性低血钙）等。 （3）离子钙（Ca^{2+}）：血清钙主要包括非扩散性钙与扩散性钙，扩散性钙主要为离子钙，与血清钙的变化不完全一致，许多重要的生理过程都与离子钙的浓度有关；离子钙的测定对较大的外科手术很重要，有助于补充钙；当怀疑新生幼仔有低钙血症时，应测定离子钙。患恶性肿瘤时离子钙增高的百分比大于总钙，当高钙血症的原因难于确定时，应考虑到恶性肿瘤。
磷	P	mmol/L	（1）升高：见于甲状旁腺功能减退、慢性肾病、维生素D过多症、多发性骨髓瘤、淋巴瘤、白血病、骨折愈合期以及使用雄激素、合成类激素及某些利尿药物时。 （2）降低：见于甲状旁腺功能亢进、维生素D缺乏、软骨病、严重糖尿病、磷吸收不良、妊娠、服用含铝抗酸药物、合成雌激素及苯巴比妥等药物时。
镁	Mg	mmol/L	（1）升高：见于肾脏疾病（慢性肾炎少尿期、尿毒症、急性或慢性肾功能衰竭等）、内分泌疾病（甲状腺功能减退症、甲状旁腺功能减退症）、多发性骨髓瘤、严重脱水症、关节炎、急性病毒性肝炎、阿米巴肝脓肿、草酸中毒等。 （2）降低：见于消化道丢失（长期不进食、慢性腹泻、吸收不良综合征等）、内分泌疾病（甲状腺功能亢进症、甲状旁腺功能亢进症、糖尿病、酸中毒、原发性醛固酮增多症、长期使用皮质激素治疗）、急性胰腺炎、晚期肝硬化、低白蛋白血症、急性心肌梗死等、尿镁排泄增多（长期服用利尿剂、肾小管性酸中毒、原发性醛固酮增多症、皮质醇增多症、糖尿病治疗后期及肿瘤骨转移）。

续表

项目名称	缩写	单位	临床意义
铁	Fe	mmol/L	（1）升高：见于铁粒幼细胞贫血、再生障碍性贫血、珠蛋白生成障碍性贫血、慢性溶血性贫血、严重肝病（如急性重症肝炎）、血色病及铅中毒。 （2）降低：见于长期严重感染、恶性肿瘤、肝硬化、阻塞性黄疸、胃肠道病变、消化性溃疡、慢性腹泻、营养不良、妊娠、幼仔生长期。
血浆总二氧化碳	TCO_2	mmol/L	（1）升高：见于代谢性碱中毒、呼吸性酸中毒。代谢性碱中毒合并呼吸性酸中毒时显著升高。 （2）降低：见于代谢性酸中毒、呼吸性碱中毒。代谢性酸中毒合并呼吸性碱中毒时明显降低。
阴离子间隙	AG	mmol/L	（1）升高：见于肾功能不全、乳酸中毒及酮症酸中毒、严重低血钾、低钙血症、低镁血症。 （2）降低：见于低蛋白血症、低磷酸盐血症、高钾、高钙、高镁血症、锂中毒及多发性骨髓瘤。
血浆渗透压	OSM	mOsm/L	（1）升高：见于糖尿病高渗性昏迷、尿崩症、中暑高热、高渗性脱水等。 （2）降低：见于心衰、低蛋白血症、低钠血症、肾衰竭少尿期、低渗性脱水等。
淀粉酶	AMY	U/L	（1）升高：见于胰腺炎、胰腺肿瘤、胰腺损伤、肠梗阻、胃溃疡穿孔、流行性腮腺炎、腹膜炎、胆道疾病、急性阑尾炎、胆囊炎、消化性溃疡穿孔、肾功能衰竭或不全、输卵管癌、创伤性休克、肺炎、肺癌、大手术后，以及口服磺胺、噻嗪类利尿剂、鸦片类药物等。 （2）降低：见于肝硬化、肝炎、肝癌、急性或慢性胆囊炎等。
脂肪酶	LPS	U/L	脂肪酶升高有临床意义，见于急性胰腺炎、胰腺癌、慢性胰腺炎、胆总管结石或癌、肠梗阻、十二指肠穿孔等。

注：资料来自北京动物园管理处。

3. 粪便常规检查评估

包括物理学检查（肉眼观察、显微镜检查）评估和化学检查评估。

消化道是机体唯一直接与外界贯通的器官，食物经口腔、食道、胃、肠道、肛门的消化、吸收，食物残余与消化器官分泌物混合形成粪便排出体外。粪便的颜色、性状等与食物种类、滞留时间、消化系统疾病有关。用显微镜检查粪便中细胞成分、脓球、微小寄生虫体、虫卵、真菌孢子以及脂肪球等有形成分。用化学方法检查粪便中是否有潜血。通过粪便检查能够了解消化系统的健康状态。

野生动物粪便与物种、动物年龄、食物种类、食物结构、季节、用药等因素有关。检验时尽可能采集新鲜标本，避免标本被尿液、消毒剂、植物、泥土、污水等污染，采集的标本放入清洁、不漏水的一次性容器（带盖容器或塑封袋）。遇到有黏液、脓血等病变的部分要采集异常部位，外观无异常的粪便需从表面、深处等多位点采集。标本应清楚地标识动物种类（及呼名）、采集地点、采集时间、标本编号和其他相关信息，及时送检（2小时内）或按要求保存、运输。判定检验结果时，应充分考虑相关因素和临床情况。

（1）粪便肉眼观察结果及临床意义：野生动物粪便颜色跟动物种类、食物种类、健康状况等多种因素有关，呈现黄色、灰白色、绿色、褐色、红色和黑色等混合颜色。因此判断野生动物粪便颜色是否正常的标准难以统一，要根据被检动物的实际情况来分析判断。常见的异常结果及临床意义。

①漆黑光亮的柏油样便：提示上消化道出血，或食物性（如食猪肝、动物血）和药物性（如服生物炭和铋、铁等制剂）所致。肉食性动物正常情况下也有此类粪便。

②暗红色便：提示下消化道出血（如结肠或直肠癌、痔出血、痢疾）或食用火龙果等红色食物后。

③粪便表面有鲜血或排便后有鲜血滴出：提示肛门附近有损伤出血。

④陶土色便：考虑是否有胆道阻塞。

⑤果酱样便：提示细菌性痢疾、阿米巴痢疾急性发作或肠套叠。

⑥粪便呈灰黑色，但无光泽：考虑是否服用铁剂等药物（某些草

食性动物属正常便)。

⑦绿色稀便:提示消化不良。以摄入植物为主的动物,其粪便多呈绿色或近似绿色。

⑧灰白色便:鸟类及两栖爬行类体内的肾脏代谢产物以白色的尿酸盐形式排出。

同时,野生动物粪便的形状与动物物种、年龄、健康状况、食物种类及结构和数量等因素有关,呈多种多样,有球状、堆状、条状、团状等成形便,有软便、硬便、糊状便等不成形便,有泡沫样便、稀汁样便、血水样便、血样便、黏液脓血便、黏液脓样便、米泔水样便、冻状等异常便。哺乳类动物正常粪便一般为成形的颗粒或者软便,禽类和两栖爬行类动物有所差异。一次排出的粪便中可有不同性状的成分存在。粪便中带黏液时,可按黏液量的多少分别报告为少许、小量(+)、中量(2+)、大量(3+)、全量(4+)。常见的异常结果及提示:

①硬块状便:提示可能便秘(也有可能采集样本不新鲜,特别是食肉动物,要注意区分)。

②糊状便:常见于发酵性消化不良。

③粥状、水样稀便:见于各种原因引起的腹泻。

④血样便:多由下消化道(指下段空肠、回肠和结肠)出血引起(出血原因包括小肠恶性肿瘤、结肠癌、溃疡、肠炎等)。

⑤黏液脓血便,有"里急后重"症状:常见于细菌性痢疾或慢性溃疡性结肠炎等。

⑥米泔水样便:见于霍乱及副霍乱等疾病(猛禽类、涉禽类等动物除外)。

此外,如果粪便中发现寄生虫体,说明寄生虫感染严重,应结合虫卵检查进一步加以鉴别诊断。如果发现异物,则应考虑是否有异嗜症、游人投喂等原因所致。

(2)粪便显微镜检查结果及临床意义:

①红细胞增多:见于肠道下段炎症或出血(如痢疾,结肠、直肠

出血等);阿米巴痢疾时红细胞多于白细胞,红细胞成堆并有残碎现象;细菌性痢疾时白细胞多于红细胞,红细胞可散在分布。

②白细胞、脓球增多:肠道炎症(如结肠炎、细菌性痢疾等);细菌性痢疾时白细胞增多甚至满视野分布并有成堆现象。

③巨噬细胞增多:提示为急性细菌性痢疾,也见于急性出血性肠炎或偶见于溃疡性结肠炎。

④上皮细胞增多:肠道发生炎症。

⑤食物残渣:正常情况下,粪便中的食物残渣因动物种类、食物种类而异;肉食性动物排出原样或略经消化的食物,提示可能消化不良或应激;草食性动物、部分灵长类、鸟类等,粪便中可能存在植物纤维片段,有些动物(如大熊猫)粪便中有大量容易辨识的未消化食物,应结合粪便颜色和性状等指标进行判断。

⑥结晶:正常粪便中可见有多种结晶,如磷酸钙、草酸钙、胆固醇、碳酸钙等结晶,少有临床意义,但结晶数量过多时需引起注意;鸟类及两栖爬行类粪便中可见尿酸盐结晶或其他经内循环代谢的结晶;阿米巴痢疾、钩虫病等肠道寄生虫感染及过敏性肠炎时可见夏科-莱登结晶;消化道出血时,有时可见棕黄色晶质。

⑦寄生虫:肠道寄生虫分为原虫与蠕虫两类,每一类又分多种,部分种类的原虫是致病或条件致病原虫,蠕虫均可致病;发现某种寄生虫卵,则确定有相应的肠道寄生虫感染,可能引起相应的寄生虫病。应根据寄生虫卵或虫体的数量结合粪便性状、临床症状(如进食正常但身材消瘦患者或有腹水症状)诊断病情。

⑧真菌:粪便中发现真菌,必要时可通过培养等检查方法进一步鉴定,应结合粪便颜色、性状及临床症状等进行诊断。真菌属条件致病菌,真菌性肠炎多发生于瘦弱的婴幼年期,年老体弱有慢性疾病和长期大量服用广谱抗生素、免疫抑制剂的动物。临床表现为慢性顽固性腹泻:呈水样便、黏液便甚至豆渣样便。

粪便中发现其他异常形态物质时,应注意区分是消化道产生的还是经口进入消化道的,再进一步确定其危害性。

(3)粪便化学检查结果及临床意义:

①粪便隐血:阳性见于上消化道出血,结果报告为1+至4+,表示出血量由少至多。在动物应激、慢性腹泻、患肠炎及消化道恶性肿瘤时都可能存在少量出血。检查前应禁用维生素C,连续3天、每天2次采样做隐血试验,并禁食肉类3天(因此不能对肉食性动物粪便采用隐血试验)。应考虑过氧化物酶可能存在于某些植物(如竹笋)、动物分泌液内,会引起假阳性。

②粪便酸碱度(粪便pH):结合动物的正常参考值和临床症状分析,细菌性痢疾、血吸虫病、多食肉后偏碱性,阿米巴痢疾、多食糖类及脂肪时偏酸性。粪便异常发酵时为强酸性,高度腐败时为强碱性。

4. 尿常规检查评估

尿是动物机体重要的代谢物之一,排尿方式、尿液成分等与动物种类、年龄、性别有关,食物、饮水、药物、滞留时间等影响尿液的颜色和成分。检验尿液是动物健康检查的重要项目,检查结果是评估动物健康状况的主要依据。

尿常规检查可分为理学检查、显微镜检查和化学检查:

(1)理学检查包括检查尿颜色(经肉眼观察判断,分为淡黄色、黄色、深黄色、褐黄色、乳白色、红色、葡萄酒色、褐色、绿色等)、尿透明度或澄清度(经肉眼观察判断,分为清晰透明、雾状、云雾状混浊、明显混浊等)、尿气味(经鼻闻味,分为气味浓、淡等)和尿比重或相对密度。

(2)显微镜检查尿沉渣中的有形成分,包括检查体细胞(红细胞、白细胞、上皮细胞等)、管型(红细胞管型、白细胞管型、上皮细胞管型、颗粒管型等)、结晶(尿酸盐、磷酸盐、草酸钙、碳酸钙、胆红素、胱氨酸、胆固醇、磺胺类结晶、解热镇痛剂类结晶等)、寄生虫(消化道或生殖道寄生虫的虫卵、虫体等)、真菌、细菌、精子、脂肪滴、被毛、油滴以及被污染的粪便成分。

（3）化学方法检查尿中是否有尿糖、尿蛋白等异常产物。目前常用尿液自动分析仪检查十项或更多尿常规指标，如尿蛋白、尿胆红素、尿隐血、尿糖、尿酮体、白细胞、亚硝酸盐、尿pH、尿比重和尿胆素原等。不少肾脏病变早期就可以出现蛋白尿或者尿沉渣中出现异常有形成分。尿检对于某些全身性病变以及身体其他脏器影响尿液改变的疾病如糖尿病、血液病、肝胆疾患、流行性出血热等的诊断，也有很重要的参考价值。

尿液检查结果与检查样品质量有直接关系，由于野生动物排尿方式不同，人不能接近，尿液采集非常困难，经常会受到污染，标本质量难以保证，不过实验室不能简单地拒收标本，而要尽可能进行检查，对结果分析判定时充分考虑各种影响因素，报告中应注明尿液的情况。常见的异常（或阳性）结果及临床意义：

（1）血尿（有红细胞）：见于泌尿系统炎症、结石、肿瘤、结核、外伤，也可见于血液系统疾病。

（2）尿隐血（血红蛋白尿）：见于血管内溶血、血红蛋白尿症、急性溶血性疾病、各种病毒感染、链球菌败血症、疟疾等。

（3）肌红蛋白尿：见于挤压综合征、缺血性肌坏死。

（4）胆红素尿：见于胆汁淤积性黄疸、肝细胞性黄疸。

（5）脓尿：见于泌尿系统感染。

（6）乳糜尿：见于丝虫病、肾周围淋巴管梗阻。

（7）脂肪尿：见于肾病综合征。

（8）尿混浊：尿混浊情况与物种种类有很大的关系，犀牛、貘等动物的正常尿液为混浊尿，含有大量尿酸盐。异常尿液中有大量结晶、血液、脓液或乳糜。

（9）尿酸碱度（尿pH值）：结果异常时考虑某些肾脏或代谢性疾病，升高见于频繁呕吐、泌尿系统感染、服用重碳酸盐药、碱中毒，降低见于糖尿病、痛风、酸中毒、慢性肾小球肾炎等。尿液的酸碱度变化受食物成分的影响较大。

（10）尿比重：在病理状态时，升高见于急性肾炎、蛋白尿、糖尿病、脱水等，降低见于慢性肾炎、尿崩症、精神性多饮多尿症、原发性醛固酮增多症等。

（11）尿红细胞增多：见于泌尿系统结石、肾盂肾炎、肾炎、结核、急性膀胱炎、泌尿系统肿瘤。

（12）白细胞增多：见于泌尿系统感染、结核。

（13）颗粒管型：持续多量见于急、慢性肾炎。

（14）透明管型：少量出现见于肾炎、肾盂肾炎、发热性疾病。

（15）寄生虫虫卵、虫体：见于生殖道寄生虫感染或污染了消化道寄生虫。

（16）真菌、细菌：有相应的真菌或细菌感染，应通过培养等方法进一步确诊；通过多次采集标本复查，尽可能排除污染导致的阳性结果。

（17）黏液：见于泌尿道受到刺激或标本被生殖道污染，马属动物正常尿液中存在大量黏液。

（18）尿蛋白阳性：见于急性肾炎、慢性肾炎等泌尿系统感染以及高热、肾结核等；大量精子可引起尿蛋白出现假阳性。

（19）尿糖阳性：见于糖尿病。

（20）尿酮体阳性：是代谢性酸中毒的表现，见于严重糖尿病、中毒（如磷、乙醚）、热性病（如伤寒、麻疹、猩红热、肺炎、败血症等）、过度饥饿等。

（21）尿胆素原升高：见于肝炎、肝癌等引起的黄疸及溶血性黄疸以及心力衰竭、败血症、猩红热等。

（22）尿亚硝酸盐阳性：见于细菌感染，常见的细菌主要有大肠杆菌、变形杆菌等。

5. 其他检查结果评估

（1）浆膜腔积液检查：通过理学检查、化学检查和显微镜检查区别胸水、腹水、心包液等积液性质，判明是渗出液还是漏出液，找出病原,确诊疾病。

①漏出液:常见原因有:

·血浆渗透压降低,如肝硬化、肾病综合征、重度营养不良性贫血。

·血管内压力增高,如慢性心功能不全。

·淋巴管梗阻,如丝虫病、肿瘤压迫等。

②渗出液:是炎性积液,常见于细菌感染、结核感染、恶性肿瘤、结缔组织病、肺栓塞、寄生虫感染等。

(2)寄生虫检查:发现某种寄生虫则确定有该寄生虫感染,可能引起相应的寄生虫病。应根据检出寄生虫的数量结合临床症状诊断病情。

(3)皮肤检查:皮肤病对动物园野生动物的影响较大。当临床检查发现患有皮肤病时,可采集标本送实验室,进行细菌、真菌、寄生虫、病毒及细胞等方面的检查,如果检出某种病原,则确定被感染。

(4)微量元素检查:微量元素检查结果判断时,应注意是其他疾病引起的不正常还是营养不良引起的,营养不良造成的元素缺乏可以引起疾病,疾病也可以引起元素缺乏。

(二)影像学检查评估

随着经济水平提高和兽医临床诊疗需求的不断增加,圈养野生动物的影像学检查应用越来越多,包括X射线诊断和超声诊断,个别单位还配备了磁共振成像(MRI),计算机体层扫描(CT)等设备。但由于圈养野生动物配合度差、危险性高,影像设备的参数范围小、检查操作困难等原因,影像学检查在实际中大量应用仍存在较大难题。本节通过详细介绍影像技术基础知识及如何在圈养野生动物体检中大量应用,以期影像学技术能为圈养野生动物的健康评估工作提供基础资料和理论依据。

1. X射线检查

X射线检查是动物园应用较多的体检方法,通过X射线特殊设备,观察动物机体中器官和组织结构的形态、功能及变化,是一门科学技术,是一种特殊的直接视诊方法。

（1）X射线特性

①穿透性：X射线的穿透力与波长有关,波长越短穿透力越强,也与物质的比重和厚薄有关,物质的密度越低、越薄,越容易穿透,可用于诊断和深部治疗。

②荧光作用：当它照射在涂有荧光物质的荧光板上时,便能产生波长较长的可见光线,可用于透视检查。

③感光作用：X射线与普通光线一样,可使胶片感光,因此可以进行X射线摄影。

④生物效应：X射线照射机体,可使组织细胞和体液受到损害,这是X射线治疗恶性肿瘤等疾病的基础,也是应用X射线时要求进行防护的原因。

（2）X射线诊断的原理：动物机体的器官和组织有不同的密度和厚度,当X射线通过动物体时,被吸收的X射线会有差别,X射线达到荧光板或胶片上时,形成黑白明暗不同的阴影。阴影与动物机体内部拍照器官形状、结构有关,由密度和厚度的差别"对比"形成特殊的阴影。

根据动物机体组织结构差异,将动物体的自然对比分为四类：

①骨骼阴影,骨骼含有65%~70%的钙质,比重高,密度最大,X射线通过时被吸收多,通过的射线少,在照片上显示为浓白色的骨骼影像。

②软组织和体液阴影,两者之间密度差别很小,比骨骼密度低,缺乏对比,在照片上皆显示为灰白色阴影。

③脂肪阴影,脂肪密度低于软组织和体液,在照片上呈灰黑色。

④气体阴影,气体密度最低呈黑色。

（3）X射线检查方法：根据检查目的和部位，采用不同检查方法。X射线检查方法可分为三类。根据检查动物特性和检查目的选择，以简便易行、实用有效、对动物影响最低为原则。

①普通检查：作为常规或首选的方法，分为透视和摄片两种。

·透视检查：有传统的荧光屏透视和现代的X射线电视透视。透视只能凭检查者的经验判断结果，不能保存资料供以后观察，是其缺点。所以，野生动物的检查一般不用该方法。

·摄片检查：X射线透过动物体被检查部位并在胶片上形成影像，称为摄片或照相。可用于动物体各个部位，是圈养野生动物临床应用最广泛的一种方法。优点是影像清楚，可留作永久记录，便于复查比较与追踪治疗，可以弥补透视检查的不足。缺点为一张照片只能观察一定的部位，常规摄影无法观察器官的运动变化。野生动物检查常用。

②造影检查：采用造影剂，进行透视和摄影检查，统称为造影检查。

造影剂是高密度造影剂，在照片上显示为白色阴影，也称阳性造影剂。如医用硫酸锂制成的钡糊、钡胶浆、混悬液以及用碘制成的碘化钠、碘化油和各种碘水等。另一类是低密度造影剂，在照片上呈黑色，又称阴性造影剂，其中最常用的是空气。不同的造影检查，须用不同的造影剂。由于野生动物保定措施、解剖结构等差异，造影检查应用很少。

（4）X射线观片操作：

①首先要评价照片的质量：对照片中所有的器官和结构显示要清晰，满足诊断要求。

②全面系统地观察：要做全面的观察，如拍照的组织器官及位置是否正确，影像清晰度如何，是否显示了正常或病变的细节，有无污染或伪影，以及拍片的日期、左右方位等都要予以注意。

③阴影要作具体分析：对拍片中发现的异常阴影，要作具体的

分析。

- 异常阴影位置和分布：异常阴影的具体位置和分布情况，需结合动物及组织器官的特性分析。某些疾病有一定的好发部位和分布规律，如肺结核好发于肺上部，而炎症好发于肺下部；肠结核多见于回盲部，回肠末端与盲肠同时受累；骨结核好发于骨骺和干骺端等。

- 异常阴影数目：肺内单发者可能是肿瘤，也可能是结核球或其他病变；多发的球形阴影大多数是转移瘤。

- 异常阴影形状：阴影的形状可能多样。肺肿瘤常呈球形或分叶块状，而片状、斑点状多为炎症改变；肺纤维化为不规则的条索状；肺不张常呈三角形。消化道良性溃疡多呈圆形、椭圆形，而恶性溃疡呈不规则的扁平形。

- 边缘病变：阴影与正常组织之间，界限是否清晰，对诊断有参考价值。一般来讲，良性肿瘤、慢性炎症或病变愈合期，边缘锐利；恶性肿瘤、急性炎症或病变的进展期，边缘多不整齐或模糊。

- 异常阴影密度病变：在肺部低密度片状阴影，可能是渗出性炎症或水肿，密度高的结节状阴影多为肉芽组织，骨样密度者则为钙化；大片浓密阴影表明肺实变；其中如发生坏死液化，则密度变低，坏死物排出可出现透明的空洞。在骨骼密度增高，表示骨质增生硬化，常见于慢性骨髓炎或肿瘤骨形成；密度减低则代表钙质减少，常见于骨质疏松；骨质破坏、结构消失则密度更低，常见于急性骨髓炎或恶性肿瘤。

- 异常阴影大小：病变大小反映病变的发展过程。恶性肿瘤早期小而晚期增大，例如肺部肿块直径超过5cm时，结核球的可能性就很小，多为肿瘤。

- 功能改变：一些病变在器质性改变之前，常有功能变化。如胸膜炎常首先出现膈肌运动受限；胃癌侵犯肌层可见胃蠕动消失；溃疡病可能有空腹潴留液增多等。

- 病变的动态变化：一些病变在开始阶段可能缺乏特征，随病变发展就会出现有利于诊断的征象。一个肿块在短期内迅速增大，可能不是肿瘤，因肿瘤多是缓慢增大。所以复查对比，观察病变的动态变化是重要的诊断方法。

（5）如何看X射线诊断报告：X射线诊断报告，是对X射线检查结果的客观描述及初步的诊断意见，包含患病动物所在班组、动物种类、动物编号、年龄、症状、照片号、检查和报告日期，最后应有报告人的签名或盖章。报告内容组成如下：

①X射线所见描述：主要是以常用的术语叙述X射线检查发现的异常特征。如病变的位置、分布、数目、大小、形状、密度、边界特征等，对于重要的生理变异，也加以记载。同时，对正常表现进行描述"无异常X射线所见"或"无特殊所见"等，以表明未发现有病理意义的改变。

②X射线诊断意见：是综合分析X射线所见和临床资料得出的X射线检查结论。按诊断的明确程度，常用诊断、印象诊断，或同时报以数个诊断意见。"诊断"表示对某些疾病X射线检查可作出确诊；"印象诊断"表示某些资料不全，或缺少确切诊断依据时，即为初步诊断。同时提出若干诊断意见时，首先提出者为第一诊断，即可能性最大的诊断，其后依次为不能排除的其他病变。

③建议：根据诊断意见，在报告中提出进一步检查、治疗的意见，供申请检查人参考。

2. 超声检查

是用超声波的物理特性及动物体的声学特性，用超声检查设备对组织器官、形态结构与功能状态做出判断的一种非创伤性检查方法。主要用于检查实质器官：测定实质性脏器的体积、形态及物理特性；判定囊性器官的大小、形态及其走向；检查心脏、大血管及外周血管的结构、功能与血流的动力学状态；鉴定脏器内占位性病灶的物理性质；检查体腔积液的存在与否，并对其数量作出初步估计；追踪妊娠期动物的胎儿发育状态；引导穿刺、活检或导管植入等辅助诊断。超声检查最为方便。具有携带简便、可多次重复、能及时获得结论、无特殊禁忌等优点，是圈养野生动物疾病诊断常用的检查方法。

(1) 超声检查的原理

①超声的物理原理：声波是物体的机械振动产生的，每秒振动次数（频率）超过20000次/秒称为超声波（简称超声）。超声波在机体内传播，受到机体组织密度影响而反射，并用一定的材料或方法显示出反射结果。

②超声的定向性：又称方向性或束性。当探头的声源芯片振动发生超声时，声波在介质中以直线的方向传播。声能随频率的提高而集中，当频率达到兆赫时，便形成一股声束，犹如手电筒的圆柱形光束，以一定的方向传播。诊断上则利用该特性做器官的定向探查，以发现体内脏器或组织在位置和形态上的变化。

③超声的反射性：在超声传播的介质中，当有声阻抗差别大于0.1%的界面存在时，就会产生反射。超声诊断主要是利用这种界面反射的物理特性，入射超声的一部分声能引起回声反射，所余的声能继续传播。如介质中有多个不同的声阻界面，则可顺序产生多次的回声反射。超声界面要大于超声的半波长，才能产生反射。若界面小于半波长，则无反射而产生绕射。超声入射到直径小于半波长的大量微小粒子中则可引起散射。超声能检出的物体界面最短的直径叫做超声的分辨力。超声的分辨力与其频率成正比，超声理论上的最大分辨力为其1/2波长，频率愈高，分辨力愈高，观察到的组织结构愈细致。超声垂直入射于界面时，反射的回声可返回探头并被探测接收，从而在示波屏显示。入射超声与界面成角而不垂直时，入射角与反射角相等，探头接收不到反射的回声。若介质间阻抗相差不大而声速差别大时，除成角反射外，还可引起折射。

④超声的吸收和衰减性：超声在介质中传播时，会产生吸收和衰减。这是由于与介质中的摩擦产生黏滞性和热传播而被吸收，且随声

波本身的扩散、反射、散射、折射随传播距离的增加而衰减。吸收和衰减除与介质的不同有关，亦与超声的频率有关。但频率又与超声的穿透力有关，频率愈高，衰减愈大，穿透力愈弱。故若要求穿透较深的组织或易于衰减的组织，就要用0.8~2.5MHz较低频的超声；若要求穿透不深的组织但要分辨细小结构，则要用5~10MHz较高频的超声。

（2）动物体的超声学特性：超声在动物体内传播时，具有反射、折射、绕射、干涉、速度、声压、吸收等物理特性。由于动物体的各种器官组织（液性、实质性、含气性）对超声的吸收（衰减）、声阻抗、反射界面的状态以及血流速度和脉管搏动振幅的不同，所以超声在其中传播时，就会产生不同的反射规律。分析、研究反射规律的变化特点，是超声影像诊断的重要理论基础。

①实质性、液性与含气性组织中的超声反射差异：

·实质性组织中：如肝、脾、肾等，由于其内部存在多个声学界面，故在示波屏上出现多个高低不等的反射波或实质性暗区。

·液性组织中：如血液、胆汁、尿液、胸腹腔积液、羊水等，由于它们为均质介质，声阻抗率差别很小，故超声经过时不呈现反射，在示波屏上显示出"平段"或液性暗区。

·含气性组织中：如肺、胃、肠等，尤其是反刍动物，由于空气和机体组织的声阻抗相差近4 000倍，超声几乎不能穿过，故在示波屏上出现强烈的饱和回波（递次衰减）或递次衰减变化光团。

②脏器运动的变化规律：如心脏、动脉、横膈、胎心等运动器官，一方面由于它们与超声发射源的距离不断地变化，其反射信号出现有规律的位移，因而可在A、B、M型仪器的示波屏上显示；另一方面由于其反射信号在频率上出现频移，又可用多普勒诊断仪监听或显示。

③脏器功能的变化规律：利用动物体内各种脏器生理功能的变化规律及对比探测的方法，判定其功能状态。如取食前、后测定胆囊的大小，以估计胆囊的收缩功能；排尿前后测定膀胱内的尿量，以

判定有无尿液的潴留；生产前后测定子宫壁的厚度，评判子宫收缩能力等。

④吸收衰减规律：动物体内各种生理和病理性实质性组织，对超声的吸收系数不同。肿大的病变会增加声路的长度；充血、纤维化的病变增加了反射界面，从而使超声能量分散和吸收。由此出现了病变组织与正常组织间对超声吸收程度的差异。利用该规律可判断病变组织的性质和范围。组织对超声的吸收衰减是：癌性组织＞脂肪组织＞正常组织。因此，在正常灵敏度时，病变组织可出现波的衰减；癌性组织可表现为"衰减平段"，在B型仪表现为衰减暗区。

⑤超声诊断：是依据上述反射规律的改变原理，来检查各种脏器和组织中有无占位性、器质性或某些功能性的病理过程。

（2）超声检查的类型：超声波仪器的类型较多，目前最常用的是按显示回声的方式进行分类，主要有A、B、M、D和C型5种。

①A型探查法：即幅度调制型，此法以波幅的高低，代表界面反射讯号的强弱，可探知界面距离，测量脏器径线及鉴别病变的物理特性。可用于对组织结构的定位。该型检查法由于其结果粗略，目前基本上已被淘汰。

②B型探查法：即辉度调制型，此法是以不同辉度光点表示界面反射讯号的强弱，反射强则亮，反射弱则暗，称灰阶成像。因其采用多声束连续扫描，故可显示脏器的二维图像。当扫描速度超过每秒24帧时，则能显示脏器的活动状态，称为实时显像。根据探头和扫描方式的不同，又可分为线型扫描、扇形扫描及凸弧扫描等。高灰阶的实时B超扫描仪，可清晰显示脏器的外形与毗邻关系以及软组织的内部回声、内部结构、血管与其他管道的分布情况等。因此本法是目前临床使用最为广泛的超声诊断法。

③C型探查法：即等深显示技术，使用多晶体探头进行B型扫描，其讯号经门电路处理后，显示与扫描方向垂直的前后位多层平面断层像。目前主要用于乳腺疾病的诊断。

④D型探查法：是利用超声波的多普勒效应，以多种方式显示多普勒频移，从而对疾病作出诊断。本法多与B型探查法结合，在B型图像上进行多普勒采样。临床多用于检查心脏及血管的血流动力学状态，尤其是先天性心脏病和瓣膜病的分流及返流情况，有较大的诊断价值。目前已广泛用于其他脏器病变的诊断与鉴别诊断，有较好的应用前景。多普勒彩色血液显像，系在多普勒二维显像的基础上，以实时彩色编码显示血液的方法，即在显示屏上以不同的彩色显示不同的血液方向和速度，从而增强对血液的直观感。

⑤M型探查法：是在单声束B型扫描中加入慢扫描锯齿波，使反射光点自左向右移动显示。纵坐标为扫描空间位置线，代表被探测结构所在位置的深度变化；横坐标为光点慢扫描时间，探查时，以连续方式进行扫描，从光点移动可观察被测物在不同时相的深度和移动情况，所显示出的扫描线称为时间的运动曲线。此法主要用于探查心脏，临床称其为M型超声心动图描记术。本法与B型扫描心脏实时成像结合，诊断效果更佳。

（3）圈养野生动物超声检查的特点：

①圈养野生动物种类繁多，解剖结构差异较大，其检查体位、姿势各不相同，尤其是要准确了解有关脏器在体表上的投影位置及其深度变化，才能识别不同动物、不同探测部位的正常超声影像。

②大部分野生动物体表均有被毛覆盖，毛丛中存有大量空气，致使超声难以透过。因此，在超声实际检查中，除体表被毛生长稀少部位（软腹壁处）外，均需剪毛或剃毛。

③保持动物安定，是动物超声诊断不可缺少的辅助条件。由于动物种类、个体情况、探测部位和方式的不同，其繁简程度不一。

④不同动物的皮肤厚度不同，超声诊断仪要求功率较大、检查深度长、分辨率高、体积小、重量轻、便于携带及直流或交直流两用电源。

(4)超声检查内容和临床应用：

①超声检查的内容：

·实质脏器或病变的深度、大小、各径线或面积等：如肝内门静脉、肝静脉径,心壁厚度及心腔大小、二（三）尖瓣反流等。

·脏器的形态及轮廓：若有占位性病变,常使外形失常、局部肿大、突出变形及是否有包膜。

·脏器和病变的位置及与周围器官的关系：如脏器有无下垂或移位、病变在脏器内的具体位置、病变与周围血管的关系及是否压迫或侵入周围血管等。

·病变性质：根据超声图显示脏器或病变内部回声特点,包括有无回声、回声强弱、粗细及分布是否均匀等可以鉴别囊性（壁的厚薄、内部有无分隔及乳头状突起、囊内液体的稀稠等）、实质性（密度均匀与否）或气体。

·活动规律：肝、肾随呼吸运动,腹壁包块（深部）则不随呼吸活动；心内结构的活动规律等。

·血流速度：多普勒超声可以测定心脏内各部位的血流速度及方向,可以反映瓣口狭窄或关闭不全的湍流,心内间隔缺损分流的湍流,计算心脏每搏量、心内压力及心功能等,并可测定血管狭窄、闭塞、外伤断裂、胎儿心动的血流情况等。

②超声的临床应用：

·腹部脏器超声检查：主要采用B型超声,可动态观察各脏器活动的情况。胆囊、胆道、胰腺、胃肠道的检查需禁食,在空腹时进行,脾脏检查不需任何准备。B超已成为肝硬化、脂肪肝、肝囊肿、多囊肝、原发性肝细胞癌、肝血管瘤等首选检查方法。各种类型胆囊结石、胆囊息肉、阻塞性黄疸、胆汁淤积等经B超检查可了解胆道扩张范围,找到阻塞原因。对于各种胰腺疾病,B超检查可明确胰腺和周围众多血管的关系。胃肠道超声检查通过饮水或口服胃显影剂、灌肠显示消化道形态、胃肠壁的各层次、结构和厚度,了解与周围脏器的关系。

·早期妊娠诊断和产科B超检查：检查动物是否怀孕、胚胎的发育、子宫结构是否正常等。B超在圈养野生动物产科起着非常重要的作用，尤其圈养野生动物个体差异较大、妊娠期长，又是群居动物，所以提前超声诊断妊娠期动物能够给保育员更多的孕期护理建议，也为后续圈养野生动物繁殖工作提供技术支持。

·泌尿系统检查：检查膀胱、前列腺、肾、肾上腺等。阴囊疾病检查应用高频探头（7.5MHz或10MHz）。B超检查肾囊肿应用很多，囊肿很大时压迫周围脏器才产生临床症状。对肾积水、肾结石、肾萎缩、先天性肾畸形检查，B超也有其优越性。

·心脏和血管检查：用于心脏疾病的检查有M型、扇形二维实时超声和彩色多普勒血流显像，包括脉冲波和连续波。在二维图像基础上调节取样线获得所需M型图像，统称超声心动图。对先天性心脏病、心脏肿瘤、各种类型心肌病、心包疾病，有明显的超声表现，特异性强。通过彩色多普勒血流显像可了解瓣膜狭窄情况，测量瓣口面积，了解心腔内瓣膜关闭不全所致返流情况。先天性心脏畸形可做心内分流测定，可测量瓣口流速，并做心功能测定。

·浅表部位检查：可应用5MHz、7.5MHz、10MHz、20MHz探头，有直接法和间接法。间接法即探头和被检部位间加一水囊或水槽，可对眼球和眼眶疾病，甲状腺、唾液腺、乳腺疾病进行诊断。

·介入性超声：是B超与介入技术相结合的一门新技术，在B超监视和引导下显示穿刺针途径和针尖位置，正确进入预选部位，达到诊断和治疗目的。包括不明原因肿块做细针细胞学检查、体腔内抽取囊液或脓液、原因不明阻塞性黄疸或肾盂积水、经皮穿刺造影以明确梗阻部位和原因、经穿刺引流胆汁或尿液以减轻症状、经直肠做膀胱和前列腺检查，同时可行前列腺穿刺和治疗。

（5）超声检查注意事项：

①检查部位的选择：由于圈养野生动物需要对外展示、对超声检

查剃毛也需谨慎，需提前找好定位，最小范围剃毛找到需要检查的脏器。

②选择适用的探头：不同探头的频率不同，超声频率越高，波束的方向性好，分辨力强，但穿透力反而变弱，即组织吸收系数高；反之，频率低，方向性差，但穿透力强。因此，当选择频率时，既要考虑穿透力，又要注意分辨率。在声波衰减不大的情况下，即满足了探测深度，又要尽可能选用较高的频率。同时，探测灵敏度的确定与反射回波的多少及高低有密切关系。灵敏度高致使所有反射波和一些杂波都被放大，于是波形密集，波幅饱和，无法分辨组织结构，易于误诊；灵敏度过低时，有些界面反射回波信号被抑制，于是波形稀少，波幅小，波形简单，同样不能完全反映组织结构的变化而被遗漏。

③耦合剂的选择：为使探头紧密地接触皮肤，消除探头与皮肤之间的空气夹层所使用的介质称为耦合剂。临床上多选择与机体组织声阻抗率相接近、对动物无害、价格便宜、来源方便的物质。耦合剂种类繁多，在圈养野生动物临床上，最好选用随仪器附带的耦合剂，以保证检查效果。

④皮肤及皮下脂肪组织的衰减：圈养野生动物不同个体皮下脂肪的厚度不等，因而对超声的吸收衰减不同。所以在检查时应注意动物的种类、肥胖程度等，选择适宜检查的探头及探查频率。犀牛、象等厚皮动物，需要用特制的B超。

⑤界面与探查角度：体内脏器有时并非处处与皮肤平行，因此在具体探查时，要不断摆动探头，使被测脏器界面与探头垂直，增大反射超声。各种动物解剖结构差别较大，要求操作者熟知掌握比较解剖学知识。

⑥注意安全：做B超检查时，人要与动物接触，同时操作时要保持动物安定，就需要保育员密切配合。

（三）病原检查

在野生动物众多的致病因素中，各种病原菌是主要的致病因素，检查致病源尤为重要。

1. 病原定义

病原是指引起动物发病的各种微生物的统称，包括细菌、病毒、寄生虫、霉形体、立克次体、螺旋体、致病性霉菌等，确定病原是制定治疗和护理措施的基础。许多病原具有选择性，针对一类动物、通过特殊的传播方式、侵害特殊的组织器官、产生特殊的病症，有一定的潜伏期，有季节性和地域特点。

2. 病原检查方法

病原检查分为临床检查和实验室病原检查两种。

（1）临床病原检查：

①流行病学调查：通常是根据病原的流行规律和分布特征，综合分析疫病发生和流行的影响因素。包括以下几方面：

- 动物发病的季节、时间、地点范围等。
- 区域动物种类特点及发病动物的种类、数量、年龄、性别等。
- 调查单位及周边动物疫病发生历史情况，采取的防制措施及效果，本次发病前引进动物、动物产品或饲料情况，检疫等。
- 疫苗接种和抗体监测情况。
- 动物的饲养管理、运输、兽医卫生防疫、检疫状况以及病死动物的无害化措施等。
- 通过对当地的地理、气候、野生动物、节肢动物等分布或活动情况。
- 兽医卫生防疫措施及执行情况。

根据上述调查内容拟订调查流行病学调查表，仔细填写。

②临床症状：动物传染病通常都表现出一系列的临床症状，有些症状具有特征性，有些症状可能是几种传染病或病因的共同表现。

通过视诊、听诊、闻诊和触诊等，得到个体、群体的患病情况，经过综合症状，再加以分析和判断。

但对大部分传染病的临床表现有一定的过程，发病初期尚未出现典型症状的病例、慢性感染和隐性感染动物，仅依靠临床症状检查则很难得出诊断结论，必须结合其他诊断方法才能做出确切诊断。

③病理解剖：多数患病动物都会表现出特有的病理变化，这是传染性病原的重要特征之一，也是诊断传染性病原的重要依据。与临床症状诊断方法相似，有时同样的病理变化可见于不同的疾病，因此在多数情况下病理解剖学诊断只能作为缩小可疑疾病范围的手段，难以得出确切的诊断。

疾病是有发展过程的，同样病理变化也是有过程的，不同时期变化不同，症状不典型。另外，由于野生动物的特殊性，同一个病，在不同的动物上表现变化也不完全相同。实际中，应尽量增加剖检动物的数量，选择处于不同发病阶段的死亡动物进行剖检，并结合流行病学和临床症状作综合分析，才能得到准确性较高的诊断结果。

在进行流行病学调查、剖检等过程中，收集环境、动物分泌物、病变组织等样品，进行实验室检查。根据检查要求，检查病原、抗体、病理变化等需要的样品，应采用相应的方法保存、运输。对于特殊的，如疑似人兽共患病、烈性传染病等，采样时要根据《中华人民共和国传染病防治法》的要求进行操作，做好人员防护，送正规的实验室进行检验。

（2）实验室检查：是野生动物传染病病原确诊的重要手段，通过检查病原或抗体确定是否有致病菌。

①病原学诊断：常规病原学诊断方法主要包括细菌涂片镜检、病原分离培养和鉴定以及病料的动物接种试验。近几年，PCR、宏基因检测等方法快速提高，特别是宏基因检测技术，大大提高了检测速度和检测范围，特别是检测病毒，已成为主要技术手段。

· 涂片镜检：疫病发生后，选择具有明显病变的组织、器官或患病动物的血液、组织液进行涂片、染色镜检。本方法对一些具有特殊形态的病原微生物，如炭疽杆菌、巴氏杆菌等引起的疾病可以迅速作出诊断，但对大多数传染病来说则仅能提供病原学诊断的初步依据。建议在每次剖检时都进行涂片，能够有整体认知并及时了解是否有优势感染菌和感染菌的特性。

·分离培养和鉴定：通过适宜的人工培养基或培养技术，将细菌、支原体、真菌、螺旋体等病原体从病料中分离出来后，可根据其不同的形态特征、培养特性、生化特性、动物接种和（或）免疫学试验等方法作出鉴定，而病毒、衣原体和立克次体等则可通过组织培养或禽胚培养进行分离，然后再根据其形态学、动物接种和（或）免疫学试验等方法进行鉴定。需要在有条件的实验室内进行，特别是疑似人兽共患病，需要在政府指定的试验室内培养检查。

·动物接种试验：除可使用同种动物外，还可以根据不同病原体的生物学特性，选择对待检病原体敏感的实验动物，如家兔、小鼠、豚鼠、仓鼠、家禽、鸽子等，动物接种试验主要用于分离病原体的致病力检查，即将分离鉴定的病原体人工接种易感动物，然后根据对该动物的致病力、临床症状和病理变化等现象判断其毒力。也可将病料适当处理后人工接种易感动物，并将其与自然病例进行比较、回收病原体或用血清学方法进行诊断。由于病料接种是在人工控制的条件下进行，感染的时间和病程比较清晰，病原体分离的成功率较高，但该法费用大、耗时长，且需要严格的隔离条件和消毒措施。

②免疫学诊断：是指用标记的特异性抗体（抗原）对组织细胞内抗原（抗体）分布进行检查的方法。通过免疫学方法诊断传染病最常用和最重要的方法之一。由于抗原与相应抗体结合反应的高度特异性，在临床上可用已知抗原检查抗体，也可用已知抗体检查抗原。按抗原抗体反应及其检查结果的条件将血清学试验分为经典血清学试验、标记抗体技术和活体内血清学试验。

③分子生物学诊断：包括病原体的基因组检查、抗原检查及病

原体的代谢产物检查等。包括多聚酶链式反应（Polymerase chain reaction，PCR）、DNA探针（DNA probe）、限制性酶切片段长度多态性（RFLP）等多种方法。

④病理组织学诊断：是经典的诊断方法之一，主要通过显微镜观察病料组织切片中的特征性显微病变和特殊结构，借以诊断和（或）区别不同的传染病。目前病理组织学诊断对某些传染病仍是最主要和可靠的诊断方法，例如狂犬病和牛海绵状脑病。

五、圈养野生动物健康评估

对从动物健康史、临床健康、心理健康和体检四方面所收集动物个体或群体资料进行汇总评估。

为便于圈养野生动物健康评估工作实际操作，做到定性定量，作者汇总健康评估四个方面内容制定了圈养野生动物健康评估分值表（表2-7）。本评估分值表设定每只被评估动物的原始分值为100，通过评估减去涉及项目的分值（例如，温度、湿度、通风、光照、面积、高度等这一项不达标，减1分），最后得出该动物个体的总分值，81~100分为健康，60~80分为亚健康，≤59分为病弱。

圈养野生动物健康评估分值表共分四部分：A健康史评估（1~7项）14分、B临床健康评估（8~16项）46分、C心理健康评估（17~21项）20分和D体检评估（22项）20分，共计100分。如D体检评估（22项）中任一项不正常，即扣除20分，判定为亚健康状态。如无D体检评估分值，用（A+B+C）分值÷80%，既为评估总分值。健康评估项目（A~D）及分值、专项（1~22项）描述、专项分值详见表2-7。

表2-7 圈养野生动物健康评估分值表

健康评估项目	专项描述	专项分值
健康史评估（A）14分	1.生长发育史	1
	个体为近亲产子。	-1
	2.病史	2
	（1）个体病史：评估前（1周内）发病刚刚痊愈。	-1
	（2）族群病史：族群有传染病或遗传病。	-2
	3.疫苗接种	2
	未接种或未按程序要求进行。	-2
	4.驱虫	2
	未驱虫或未按程序要求进行。	-2
	5.饲养展示环境：	2
	（1）温度、湿度、通风、光照、面积、高度等不达标。	-1
	（2）卫生脏乱、存在有害生物、游客投喂等。	-2
	6.饲料	3
	（1）无法保证动物能获取足够食物。	-3
	（2）未按照营养需求提供饲料配方。	-3
	7.族群组成与繁殖	2
	（1）族群里雌雄搭配不合理。	-1
	（2）应单独饲养的群体饲养或应群体饲养的单独饲养。	-2
	（3）繁殖年龄内单独饲养或在族群内无法参与繁殖。	-1
临床健康评估（B）46分	8.年龄	3
	超出平均生存年限20%。	-3
	9.体重	3
	（1）大于或小于正常体重范围的20%。	-2
	（2）大于或小于正常体重范围的30%。	-3

续表

健康评估项目	专项描述	专项分值	
临床健康评估（B）46分	10.外形	4	
	（1）身体有残疾但不影响正常生活。		-2
	（2）身体有残疾已影响正常生活。		-4
	（3）身体不匀称，有异样膨隆等。		-4
	11.被皮	4	
	（1）毛色异常，粗糙，无光泽等。		-2
	（2）无法正常换毛（羽）。		-3
	（3）非正常脱毛、暴露皮肤，有皮屑，瘙痒。		-4
	12.血液循环系统	4	
	（1）可视黏膜苍白或发绀等。		-2
	（2）毛细血管再充盈时间超过2秒。		-4
	13.消化系统	7	
	（1）牙齿有缺损。		-1
	（2）口腔有溃疡、异味、流涎等。		-3
	（3）不主动取食，非正常减食。		-5
	（4）在评定期内长期厌食。		-6
	（5）反刍动物反刍次数减少。		-5
	（6）反刍动物无反刍。		-7
	（7）排便不畅，便秘。		-3
	（8）粪便不成形、稀便或附有消化道黏液。		-5
	（9）在评定期内多次（大于3次）出现血便/血黏液。		-7
	（10）粪常规（寄生虫、潜血、胆红素、脓球）阳性。		-7
	14.呼吸系统	7	
	（1）鼻外观异常（肿胀、水泡、溃疡、结节等）。		-1
	（2）呼出气味异常。		-2

续表

健康评估项目	专项描述	专项分值
临床健康评估（B）46分	（3）连续频繁咳嗽并伴有疼痛症状。	−3
	（4）鼻腔有脓性或铁锈色分泌物。	−5
	（5）呼吸急促及呼吸方式（呼吸不对称等）异常。	−5
	（6）呼吸困难及呼吸方式（呼吸不对称等）异常。	−7
	15.泌尿生殖系统	7
	（1）尿液少，尿颜色发红。	−3
	（2）排尿困难或无尿，有痛感。	−7
	（3）产道有脓性分泌物排出。	−5
	（4）尿常规：（蛋白、潜血、糖、酮体、胆红素、亚硝酸盐、白细胞）阳性。	−7
	16.运动系统	7
	（1）活动异常（精神差，活动少等）。	−3
	（2）评估时多次（大于3次）出现倦卧，跛行等异常行为。	−5
	（3）强迫运动、共济失调、痉挛等。	−7
心理健康评估（C）20分	17.族群中所处地位	2
	个体在族群中处于弱势地位。	−2
	18.饲养展示环境	2
	（1）无栖架，无遮阴，无巢窝等。	−1
	（2）无躲避空间，存在噪声污染等。	−2
	19.福利工作	2
	未开展丰容、训练等工作。	−2
	20.行为表达	7
	（1）对环境中新事物的适应接触时间超过10分钟。	−2
	（2）动物注意力降低。	−2
	（3）动物长时间离群发呆。	−3
	（4）动物节律活动紊乱。	−7

续表

健康评估项目	专项描述	专项分值
心理健康评估(C) 20分	(5)生活环境变化后,精神高度紧张。	-3
	(6)生活环境变化后,出现持续、强烈应激反应。	-7
	(7)在评定期内出现如乞食、踱步等异常行为。	-5
	(8)在评定期内出现如异食癖、逆呕等异常行为。	-7
	(9)在评定期内出现如自残、拔毛等异常行为。	-7
	(10)在评定期内有明显攻击行为。	-7
	21.粪便或尿应激特异性指标检查	7
	生理指标(皮质醇)等偏高。	-7
小计	(A+B+C)÷80%	
体检评估(D) 20分	22.专项	20
	(1)血液:常规或生化异常。	-20
	(2)影像学:B超或X光异常。	-20
	(3)疫病监测:犬瘟、猫瘟等阳性。	-20
	(4)特殊项目:恶性肿瘤生长因子等异常。	-20
总计	A+B+C+D	

依据圈养野生动物健康评估分值表,对被评估个体进行评估打分,填写圈养野生动物健康评估记录表(表2-8)。

表2-8 圈养野生动物健康评估记录表

序号	动物名称	呼名（谱系号）	A健康史评估（1~7）							B临床健康评估（8~16）									C心理健康评估（17~21）					小计(A+B+C)/80%	D体检评估(22)	总计A+B+C+D
			1	2	3	4	5	6	7	8	9	10	11	12	13	14	15	16	17	18	19	20	21		22	
1																										
2																										
3																										
4																										
5																										
6																										
7																										
8																										

六、圈养野生动物健康影响因素分析

根据初步评估结果,分析引起动物健康异常的因素,再把因素归类、溯源,确定引起异常、疾病的因素,或发现潜在的致病因素。

根据致病因素特性,按照预期的影响时间,分析它们可能对圈养野生动物健康造成的影响差异,分为近期影响(1个月内)、远期影响(2~6个月)或不确定。

根据致病因素特性,按照可能对圈养野生动物造成的伤害程度不同,可分为致病(功能性、可治愈)、致残(严重功能性、不可治愈、器质性)或致命。

根据健康影响因素调查结果,确定影响圈养野生动物健康的重要因素、主要因素、次要因素。许多因素的作用会随着环境、动物等条件发生变化。所以,因素的区分具有条件性,同一个因素也会随着条件的变化而变化。可见,要考虑动物个体、种群、饲养环境、营养、疾病防疫及特殊检查等众多因素的综合影响,作出全面的判断评估。

总体而言,健康影响因素也有其特定的规律性,即:重要因素为所有致命因素,或近期致病、致残的因素。主要因素为所有远期致病、致残的因素。次要因素为所有不确定的致病、致残因素。依全面健康评估体系绘制的动物健康影响因素可参见表2-9。

表2-9 圈养野生动物健康影响因素评估表

健康评估体系	具体描述	近期	远期	不确定	致病	致残	致命	重要因素	主要因素	次要因素
	年龄(超出平均生存年限20%)				●		●	●		
	体重(大于或小于正常体重范围的30%)			●	●					●
	体况评分(消瘦或肥胖)	●					●			

续表

健康评估体系	具体描述	健康影响因素评估							
^	^	近期	远期	不确定	致病	致残	致命	重要因素	主要因素	次要因素
动物体况	体况评分（偏瘦或偏胖）				●	●				●
^	发病史（正处于发病期）	●			●			●		
^	未开展福利工作（丰容、训练等）			●	●					●
^	对环境中新事物的适应接触时间超过10分钟	●			●			●		
^	笼舍使用率（不超过60%）	●			●			●		
^	异常行为（出现如动物注意力降低、长时间离群发呆、乞食、踱步、异食癖、逆呕、自残、拔毛、攻击等）	●			●			●		
^	肢体（残疾，影响正常生活）	●				●		●		
^	躯体（不匀称，有异样膨隆等）	●			●			●		
^	被皮（无光泽、脱毛、瘙痒等）	●			●			●		
^	血液循环系统（可视黏膜苍白或发绀）	●			●			●		
^	消化系统（取食、反刍、饮水、排便等异常）	●			●			●		
^	泌尿生殖系统（产道有脓性分泌物、排尿等异常）	●			●			●		
^	呼吸系统（鼻腔有分泌物，呼吸不对称，呼吸方式等异常）	●			●			●		
^	运动系统（活动异常，出现如圈卧、跛行、强迫运动、共济失调、痉挛等异常运动）	●			●			●		

094

续表

健康评估体系	具体描述	健康影响因素评估							
		近期	远期	不确定	致病	致残	致命	重要因素	主要因素	次要因素
种群管理	无种群规划	●		●	●					●
	种群不合理（雌雄比例不合理等）	●		●		●				●
	动物未标识	●		●						●
	近亲产子	●		●						●
	族群中处于弱势地位	●		●						●
	繁殖年龄内单独饲养或在族群内无法参与繁殖	●		●						●
	有家族性疾病（免疫缺陷或遗传病）	●		●						●
场馆安全及展出保障	场馆位置不佳（在饲养单位中所处地理位置）	●		●	●					●
	场馆条件无法满足动物要求（面积、高度、温度、湿度、通风、光照、遮阴、巢窝、垫料、水域、栖架、躲避物、喷淋等）	●		●	●					●
	制度和各种应急流程不健全	●		●			●	●		
	安全隐患（无法保障动物、保育员、游客安全）	●		●			●	●		
	展示因素（存在问题：游客噪声、游客投喂、展示时间不合理等）	●		●	●					●
	有害生物（流浪动物、黄鼠狼、老鼠等）	●		●	●					●
营养健康	无法保证动物能获取足够食物	●			●				●	
	未定期称量饲料	●		●						●
	每日未记录饲料的采食情况	●		●	●					●

续表

健康评估体系	具体描述	健康影响因素评估							
		近期	远期	不确定	致病	致残	致命	重要因素	主要因素	次要因素
营养健康	无法保证饲料在加工和投喂期间干净卫生			●	●					●
	未按照营养需求提供饲料配方		●		●				●	
	无法保证投喂方式满足动物自然行为			●	●					●
防疫	未按规程进行检疫			●	●					●
	未按规程接种疫苗			●	●					●
	未开展传染病监测			●	●					●
	未按规程保证环境卫生			●	●					●
	未按规程进行消毒			●	●					●
	未按规程进行驱虫			●	●					●
健康检查	每年未定期进行体检			●	●					
	粪常规（寄生虫、潜血、酮体、胆红素等）异常	●			●			●		
	尿常规（蛋白、潜血、糖、胆红素等）异常	●			●			●		
	粪便或尿皮质醇等异常		●		●				●	
	血常规（白细胞、红细胞、血红蛋白等指标）异常	●			●			●		
	血液生化（肝功、肾功、离子等指标）异常	●			●			●		
	影像学（X光和B超）检查异常	●			●			●		
	特殊检查（肿瘤标记物、病理学等）异常	●			●			●		

第四节 圈养野生动物健康评估报告

健康评估报告是健康评估人员将通过健康史收集、临床健康和心理健康评估以及健康检查所获得的结果进行归纳、整理和分析后形成的书面报告,是动物档案的重要组成部分。健康评估报告既可以对动物的信息进行存档,又可为制定动物健康护理措施提供原始资料。

一、圈养野生动物健康评估结果

把评估过程中发现的异常项目及异常结果汇总在一起,并比较分析、确定影响圈养野生动物健康的风险因素:重要因素、主要因素、次要因素。评估结果采用PSE护理诊断公式[即Problem(健康问题)+Symptoms or Signs(症状或体征)+Etiology(原因)]陈诉法描述。

二、圈养野生动物健康评估结论

汇总分析评估结果,结合动物临床表象,总结受评个体、群体的健康状况,得出动物健康评估结论:健康(健康率)、亚健康(亚健康率)、病弱(病弱率)。

三、圈养野生动物健康评估报告

以表格形式撰写圈养野生动物个体健康评估报告(表2-10)和圈养野生动物群体健康评估报告(表2-11)。

表2-10 圈养野生动物个体健康评估报告

动物种类		饲养地点	
呼名		芯片号码	
性别		年龄	

一、评估内容
　　　　健康史□　临床健康□　心理健康□　体检□

二、健康评估结果
　　　　肥胖□　偏胖□　合适□　偏瘦□　消瘦□
　　　　肢体残缺□　行为问题□
　　其他健康问题描述（采用PSE公式陈诉法描述）：

重要因素：

主要因素：

次要因素：

三、健康评估结论
　　　　健康□　亚健康□　病弱□

　　　　　　　　　　　　　　　　　　　　　主管兽医：
　　　　　　　　　　　　　　　　　　　　　　年　月　日

表2-11 圈养野生动物群体健康评估报告

_____动物园　　　　报告编号：_____

动物种类		饲养地点	

一、动物群体基本情况

　　群体数量与参加被评估数量比例、性别比例、年龄结构、平均寿命、出生率、死亡率、迁入率、迁出率、遗传病史以及群发病史等情况。

二、健康评估结果

　　　　　　　　健康问题描述（采用PSE公式陈诉法描述）：

重要因素：

主要因素：

次要因素：

三、健康评估结论

　　　　　健康率____% 亚健康率____% 病弱率____%

　　　　　　　　　　　　　　　　　　　　　　　主管兽医：
　　　　　　　　　　　　　　　　　　　　　　　　年　月　日

四、圈养野生动物健康评估报告撰写要求

健康评估报告是健康评估结果重要体现形式,是动物档案的重要组成部分。书写完整而规范的健康评估报告是每个临床兽医人员(健康管理主体)必须掌握的一项临床基本功,需明确健康评估报告书写的基本要求。

(一)内容客观真实

健康评估报告必须客观真实地反映动物的健康状况,内容要完整、真实,要对收集的有关资料,依据动物的实际情况进行客观描述。

(二)用词准确,格式规范

健康评估报告要用标准语言、规范格式书写,使用通用的医学术语描述,避免使用俗语和地方习语;通用的外文缩写和无正式中文译名的症状、体征、疾病名称等可以用外文书写;度量单位一律使用国家统一规定的名称和标准。书写内容力求精练、具有逻辑性,重点突出、条理清晰,不重复。

(三)及时报告,字迹清晰

评估是对动物某个时间点或时间段健康状况的诊断,要及时完成健康评估报告,以保证报告的时效性。健康评估报告书写要求字迹工整,不得采用刮、粘、涂、擦等方式掩盖或去除原来的字迹。如果必须修改,应用同色笔双线画在错字上,再作修改,并签全名和注明时间,要求保持原报告清晰可辨。署名处要求签全名以明确责任,实习期和试用期兽医书写的报告,须经主管兽医审阅、修改并签名。

五、电子化动物健康评估管理记录

随着现代科技的发展，电脑已成为基本的办公工具，网络已覆盖所有领域，包括兽医业务管理。电脑记录、网络管理病例也是基本的野生动物病例管理方式。中国动物园协会曾于2015年研发了网络版的兽医管理系统平台，供协会会员单位使用，做到野生动物病例信息共享。同时，许多动物园也研发了动物业务电子化管理系统，进行信息化办公。采用电子化系统进行动物健康评估，保存、管理、传输和重现资料和信息，是未来的一种管理趋势，也是满足新时代动物园管理的需要。

第三章 CHAPTER 3

圈养野生动物个体健康标准

第一节　小熊猫健康标准

小熊猫（*Ailurus fulgens*）属哺乳纲、食肉目、小熊猫科、小熊猫属。世界自然保护联盟（International Union for Conservation of Nature, IUCN）红色名录濒危物种，国家Ⅱ级重点保护动物。

一、体况评估

成年小熊猫体长45~60cm，尾长30~35cm，体重参考值见表3-1。野生小熊猫寿命8~10岁，圈养最大年龄为21岁。

表3-1　小熊猫的体重

年龄	均值(kg)	标准差(kg)	最小值(kg)	最大值(kg)	样本数(次)	动物数(只)
0~1日龄	0.113	0.0206	0.066	0.135	10	9
6~8日龄	0.2049	0.054	0.127	0.335	18	14
0.9~1.1月龄	0.4596	0.1241	0.2742	0.706	42	23
1.8~2.2月龄	0.8558	0.2476	0.49	1.59	42	23
2.7~3.3月龄	1.415	0.255	0.82	1.96	48	25
5.4~6.6月龄	2.726	0.701	1.55	4.4	42	25
0.9~1.1岁	4.507	0.551	3.53	5.636	23	16
1.4~1.6岁	5.071	0.957	3.11	7.5	67	38
1.8~2.2岁	6.161	1.548	4.091	9.3	95	34
2.7~3.3岁	6.447	1.575	3.72	9.7	160	42
4.5~5.5岁	6.375	1.522	3.3	10.57	274	57
9.5~10.5岁	7.297	2.158	3.65	12.3	224	35
14.5~15.5岁	5.169	0.562	4.13	6.591	55	9

注：数据来自国际物种信息系统。

小熊猫体况评分（Body Condition Scoring, BCS）标准可通过检查其脂肪沉积和骨骼情况，采用5分制系统进行评价。

BCS1消瘦：走动时肋骨可视，无可触及的脂肪；腰椎明显且有少量肌肉；腹部皱褶明显，无可触及的脂肪。

BCS2偏瘦：体重过轻；肋骨触及有少量脂肪覆盖；腰椎明显，肋弓后腰部明显；腹部少量脂肪。

BCS3合适：身体体型匀称；可观察到肋弓后腰部，肋弓触及有轻度脂肪覆盖；腹部脂肪少量。

BCS4偏胖：肋骨不容易触及，有过多脂肪覆盖；腰部不易辨认；腰部和腹部脂肪垫可辨但不明显；腹部明显变圆、无皱褶。

BCS5肥胖：肋骨由于脂肪大量覆盖而不能触及；腰部、面部和四肢脂肪大量沉积；腹部膨大，无法看到腰部，腹部脂肪过度沉积。

二、种群管理

（一）个体标识

1. 芯片法
位置于肩胛之间的颈背部皮下进行芯片注射。

2. 其他方法
（1）打耳标法：耳标直径1.5cm左右，位置为耳廓中部，稍偏向边缘处，方便相关工作人员快速直观识别。

（2）脸部扫描法：即通过不同的脸部特征进行识别。

（3）声音识别法：通过发出声波的不同进行识别。前者应用简单普遍，后两者要使用的设备较多，在饲养群体较多时使用较好。

（二）种群

小熊猫是一种独栖兽类。生态学家观察野外小熊猫生活情况，发现除母幼群以及繁殖季节可能出现配对小熊猫一起觅食外,成年小熊猫一年中绝大多数时间都过着独栖生活。因此,圈养条件下群养小熊猫数量不宜过多,否则容易出现打斗现象,特别是发情季节。小熊猫发情期为1月至3月,妊娠期约118~137天,平均126.5天。野外幼仔出生季节的平均温度为13.5℃~14℃,最高温度为18.5℃~19℃。小熊猫通常1胎产1~2仔,初生幼仔体长约20cm,体重100~150g,约21~30日龄开始睁眼,1周岁达性成熟,1岁半体成熟。

三、场馆安全及展出保障

(一)场馆要求

1. 内舍

面积为10~20m^2,需要设置比动物数多1个的巢箱,群养时巢箱最好分不同层次放置,便于其选择和繁殖时使用。同时,应设有高低错落的栖架,便于竹叶悬挂和水果等食物的放置。内舍可铺设水泥或其他无毒材料地面。

2. 运动场

野外小熊猫巢域面积为0.9~3.5km^2,核域面积约为0.26km^2,圈养小熊猫运动场面积应不少于40m^2,在条件允许的情况下越大越好。运动场须设置高低不同的栖架,还可以结合运动场实际情况设置绳梯、云梯等设施供其攀爬休憩。运动场围墙高度不能低于2m。参观廊道与运动场间宜设1.5m宽的隔障沟或种植绿篱,可防止游客与小熊猫直接接触。地面要铺设草坪或者种植草。

3. 通道设置

内舍和运动场间要有一个通道或者开口,供动物自由进出。

（二）环境要求

1. 温湿度

最适环境温度为5℃~25℃，冬季温度最好保持在0℃以上，夏季温度控制在30℃以下。环境湿度不高于80%，宜控制在55%~70%之间。

2. 采光与通风

采光以自然光最好，夏季避免暴晒和阳光直射。通风采用自然通风，可以设置窗户或通风口。

（三）展示要求

运动场要种植草和树木，不宜在强阳光下活动。展示面最多两面朝向游客，便于小熊猫逃避干扰。最好离猫科、犬科动物展馆有一定距离。

（四）其他要求

小熊猫在野外善于攀爬，可在其生活环境中不定期地进行一些环境丰容，如搭建栖架、绳梯等。通过食物丰容增加采食难度，采用气味丰容提高其探究行为等，使小熊猫的采食、移动、探究、修饰等积极行为增加，借以提高动物健康水平。

四、营养健康

（一）饲料日粮

在野外，竹叶是小熊猫全年最重要的食物来源（占80%~98%），其在春、秋季亦采食新笋及植物浆果等。圈养小熊猫日粮以竹叶、竹笋为主，添加少量苹果、窝窝头等精饲料。圈养条件下，要控制精饲料投喂量，每只不超过150g。由于地域的差异性，各动物园小熊猫的日粮配方不完全相同,但总体的热量、蛋白量要保证。小熊猫日粮配方表可参见表3-2。小熊猫哺乳期及非哺乳期日均营养摄入量见表3-3。

表3-2 小熊猫日粮配方

饲料配方	饲料名	用量(g)	营养测算	营养成分	含量
	竹子	500		粗蛋白	17.17%
	苹果/桃	200		粗脂肪	2.27%
	胡萝卜	250		粗纤维	22.46%
	杂食窝头	100		能量	6608.20kJ
	葡萄	200			
	冬笋	500			

体重:5~9kg。
注:数据来自Wei等(1999)进行的分析。

表3-3 哺乳与非哺乳小熊猫的日均营养摄入量

	干物质(g)	粗蛋白(g)	粗脂肪(g)	半纤维素(g)	纤维素(g)	木质素(g)	粗灰分(g)
哺乳期	606.9	100.56	25.37	224.01	144.20	37.99	40.24
非哺乳期	623.8	103.36	26.07	230.24	148.21	39.05	41.36

注:数据来自Wei等(1999)进行的分析。

(二)饲喂管理

因小熊猫保留了食肉目动物消化道较短的特性,竹叶及竹笋通过小熊猫胃肠道的时间非常短,竹叶通过时间为3.5小时左右,竹笋通过时间为2.5小时左右。圈养小熊猫饲料一般每天分2~4次投喂,可在早晨及傍晚投放足量竹叶,上下午分两次饲喂窝头、苹果、牛奶等精饲料,同时长期保持有干净的饮水提供。保育员要做好日常动物采食、活动、大小便等情况的记录,出现异常情况及时上报。

五、防疫

（一）检疫

新引进的小熊猫一定要进行检疫，检疫期为30天。首先了解新引进小熊猫的基本信息、来源地、发病史、疫苗接种情况等。其次常规检查，体况、被毛、四肢、大小便以及采食情况是否正常。同时还要进行寄生虫及相关传染病的检查，若出现虫卵阳性，则进行3个疗程的驱虫，驱虫结束一周后再次进行检查，直至寄生虫检查阴性。采集粪便、分泌物等样本进行犬瘟、犬细小病毒的检查。做好隔离饲养圈舍以及大小便、剩余食物的消毒处理。

（二）消毒

1. 常规消毒

定期对小熊猫饲养场地、用具、出入口进行消毒，按季节不同，选择不同的杀细菌、杀病毒或广谱消毒药物，并应交叉使用消毒药物。消毒频次及要求详见表3-4。

表3-4 常规消毒计划表

季节	笼舍（次/月）	用具（次/周）	出入口（次/日）
冬、夏	1	1	1
春、秋	2	2	1

冬、夏（12至2月、7月、8月），春、秋（3至6月、9至11月）。
注：数据来自杭州动物园。

2. 临时消毒

小熊猫驱虫后、动物死亡后以及动物引进前，均需按兽医要求进行消毒。当园区内有传染病或可疑传染病、附近有重大传染病发生时，需按兽医和有关部门的要求进行预防性消毒。

（三）疫苗接种

目前，没有针对小熊猫的特异性犬瘟热和犬细小病毒病疫苗。国内主要使用荷兰英特威（Intervet）公司生产的犬瘟热弱毒疫苗，比较安全、免疫效果良好。但在接种时，要严格控制疫苗剂量（推荐1/3头份），绝对不可超出剂量使用。成都大熊猫繁育研究基地、成都动物园等机构，多年来一直采用军事医学科学院军事兽医研究所生产的犬用五联弱毒疫苗（狂犬病、犬瘟热、犬细小病毒、犬副流感和犬传染性肝炎）或犬用六联弱毒疫苗（狂犬病、犬瘟热、犬细小病毒、犬副流感、犬冠状病毒和犬传染性肝炎）对所圈养的所有大熊猫、小熊猫以及其他食肉目易感动物进行免疫预防，未发生大熊猫或小熊猫犬瘟热病例，也从未出现不良反应。

六、健康检查

（一）巡诊

是临床兽医日常工作的重要内容，包括观察动物的采食、活动、粪便、被毛、精神、动物外观等。

1. 生理指标

呼吸频次为18~32次/分钟，心率为120~150次/分钟。体温可参见表3-5。

表3-5　小熊猫的体温

性别	均值（℃）	标准差（℃）	最小值（℃）	最大值（℃）	样本数（次）	动物数（只）
雄性	38.0	1.4	36	40	121	60
雌性	37.9	1.4	36	40	132	69
全部	37.9	1.4	36	40	254	126

注：数据来自国际物种信息系统。

2. 粪便

小熊猫正常竹叶便为暗绿色长梭形，精饲料便较软，呈现不同饲料的颜色，根据采食量及个体差异，排便量在420~1600g不等。

（二）寄生虫普查和驱虫

每年春（3至5月）、秋（9至11月）两季进行寄生虫的普查、驱虫工作，若普查未检出虫卵应进行预防性驱虫；若检出虫卵需针对性进行治疗性驱虫，并在驱虫后进行复查，甚至多次驱虫及复查，直至虫卵检查阴性。

（三）专项检查

每年至少进行1次血液、B超等专项检查，检查最好通过正强化行为训练进行，必要情况下也可通过化学保定进行。

1. 化学保定

使用较多的有舒泰、氯胺酮、复方氯胺酮、陆眠宁、异氟烷、七氟烷等（参考表3-6）。常用复合麻醉："舒泰+陆眠宁"（2.5~3mg/kg+2.5~3mg/kg），起效时间5~18分钟，维持时间75分钟左右，苏醒时间35分钟。

表3-6 小熊猫化学保定药物信息表

项目	雄性（n=7, X±SD）	雌性（n=9, X±SD）	全部（n=16, X±SD）
体重（kg）	5.97±0.48	5.79±0.77	5.87±0.64
陆眠宁剂量（mg/kg）	2.91±0.77	2.95±1.03	2.93±0.90
陆眠宁用量（mg）	17.14±3.93	16.67±5.00	16.88±4.43
氯胺酮剂量（mg/kg）	8.92±1.16	8.81±1.81	8.85±1.51
氯胺酮用量（mg）	52.86±4.88	50.00±5.59	51.25±5.32
诱导时间（分钟）	6.57±5.00	6.22±3.93	6.38±4.27
维持时间（分钟）	23.29±5.22	17.33±6.89	19.94±6.75
苏醒时间（分钟）	22.86±10.93	25.44±9.70	24.31±9.98

注：数据来自杭州动物园。

2. 血液学指标

小熊猫的血常规、尿常规、血液生化指标参考范围参见表3-7至表3-11。

表3-7 圈养健康小熊猫血常规指标

检查项目	单位	雄性(n=8) 检查值(X±SD)	雌性(n=9) 检查值(X±SD)	全部个体(n=17) 检查值(X±SD)	变化范围
白细胞计数(WBC)	$\times 10^9$/L	7.28±2.47	9.02±3.15	8.20±2.90	4.60~15.30
中性粒细胞(NEUT)	%	46.60±8.41	48.62±8.38	47.67±8.19	33.9~57.70
淋巴细胞(LYM)	%	49.46±9.41	49.13±8.17	49.29±8.49	34.9~63.00
单核细胞(MON)	%	2.98±1.13	2.12±0.52	2.52±0.94	0.9~4.70
血红蛋白(HGB)	g/L	138.63±32.94	131.22±14.14	134.71±24.27	72~166
红细胞计数(RBC)	$\times 10^{12}$/L	8.76±1.56	8.77±0.93	8.76±1.23	6.09~10.37
红细胞比容(HCT)	%	40.91±9.69	39.24±4.33	40.03±7.15	20.40~49.30
平均红细胞体积(MCV)	fL	43.90±4.66	44.82±1.10	44.39±3.22	33.50~47.60
平均血红蛋白含量(MCH)	pg/cell	14.83±1.58	14.91±0.54	14.87±1.11	11.80~16.50
平均血红蛋白浓度(MCHC)	g/L	338.75±1.18	334.00±5.36	336.24±8.66	319.00~352.00
红细胞分布宽度(RDW)	%	14.83±1.20	14.52±0.78	14.66±0.98	13.10~16.20

续表

检查项目	单位	雄性(n=8) 检查值(X±SD)	雌性(n=9) 检查值(X±SD)	全部个体(n=17) 检查值(X±SD)	变化范围
血小板计数(PLT)	$\times 10^9$/L	550.13±254.72	733.3±230.02	646.59±252.5	203.00~1114.00
血小板压积(PCT)	%	0.36±0.15	0.46±0.13	0.41±0.14	0.12~0.65
平均血小板体积(MPV)	fL	6.53±0.47	6.72±0.34	6.63±0.41	5.80~7.30
血小板分布宽度(PDW)	%	15.51±0.20	15.63±0.29	15.58±0.25	15.10~16.00

注：数据来自杭州动物园。

表3-8 圈养健康小熊猫血液生化指标

检查项目	单位	雄性(n=8) 检查值(X±SD)	雌性(n=9) 检查值(X±SD)	全部个体(n=17) 检查值(X±SD)	变化范围
谷丙转氨酶(ALT)	U/L	79.75±27.47	61.67±418	70.18±35.56	21.00~131.00
谷草转氨酶(AST)	U/L	72.5±21.16	56.56±25.04	63.94±23.97	36.00~119.00
L-γ-谷氨酰基转移酶(GGT)	U/L	3.63±2.20	2.89±1.17	3.24±1.71	1.00~8.00
碱性磷酸酶(ALP)	U/L	19.50±4.81*	23.89±10.54*	21.82±8.41	12.00~39.00
总蛋白(TP)	g/L	75.55±6.43	74.20±5.69	74.84±5.89	65.40~83.30
白蛋白(ALB)	g/L	25.30±3.52	25.28±1.94	25.29±2.70	17.60~28.30

续表

检查项目	单位	雄性(n=8) 检查值(X±SD)	雌性(n=9) 检查值(X±SD)	全部个体(n=17) 检查值(X±SD)	变化范围
球蛋白（GLB）	g/L	50.25±7.65	48.92±6.33	49.55±6.79	42.00~52.90
总胆红素（TBIL）	μmol/L	1.04±0.46	0.66±0.27	0.84±0.41	0.30~2.0
直接胆红素（DBIL）	μmol/L	0.36±0.17	0.34±0.09	0.35±0.13	0.10~0.70
间接胆红素（IBIL）	μmol/L	0.68±0.35*	0.31±0.20*	0.48±0.33	0.10~1.30
淀粉酶（AMY）	U/L	1834.00±666.12	1480.33±460.96	1646.76±577.47	767.00~3228.00
尿素氮（BUN）	mmol/L	7.76±1.93	7.78±3.36	7.77±2.70	3.57~15.87
肌酐（CR）	μmol/L	86.13±11.34	86.78±6.30	86.47±8.73	70.00~110.00
尿酸（UA）	μmol/L	79.25±29.75	52.78±21.70	65.24±28.43	3.00~145.00
果糖胺（GSP）	mmol/L	2.54±0.18	2.54±0.33	2.54±0.26	1.97~3.14
葡萄糖（GLU）	mmol/L	6.57±1.02	6.70±1.42	6.64±1.21	4.82~8.67
钾（K）	mmol/L	4.63±0.32	4.71±0.25	4.67±0.28	4.11~5.11
钠（Na）	mmol/L	135.75±1.67	134.33±2.45	135.00±2.18	130.00~138.00
氯（Cl）	mmol/L	98.63±1.85	98.89±2.57	98.76±2.19	96.00~104.00
钙（Ca）	mmol/L	1.98±0.05	1.98±0.10	1.98±0.08	1.81~2.08
磷（P）	mmol/L	1.17±0.24	1.24±0.16	1.21±0.20	0.72~2.76
镁（Mg）	mmol/L	1.01±0.11	1.04±0.09	1.02±0.10	0.79~1.25
甘油三酯（TG）	mg/dL	0.44±0.13	0.39±0.12	0.42±0.12	0.21~0.70

续表

检查项目	单位	雄性(n=8) 检查值(X±SD)	雌性(n=9) 检查值(X±SD)	全部个体(n=17) 检查值(X±SD)	变化范围
载脂蛋白A1（APOA1）	g/L	0.12±0.05	0.12±0.04	0.12±0.04	0.03~0.19
载脂蛋白B（APOB）	g/L	0.07±0.03	0.07±0.03	0.07±0.03	0.00~0.11
高密度脂蛋白胆固醇（HDL-C）	mg/dL	3.32±1.00	3.63±0.47	3.48±0.76	1.12~4.58
低密度脂蛋白胆固（LDL-C）	mg/dL	1.57±0.72	2.13±0.58	1.86±0.69	0.69~3.36
肌酸激酶（CK）	U/L	218.38±70.04	301.67±151.45	262.47±124.30	133.00~612.00
肌酸激酶同工酶（CK-MB）	U/L	237.68±119.29	187.63±72.02	211.18±97.38	105.00~388.70
α-羟基丁酸脱氢酶（HBDH）	U/L	105.50±32.19	85.67±23.07	95.00±28.69	63.00~153.00
乳酸脱氢酶（LDH）	U/L	279.75±98.64	226.78±66.99	251.71±85.11	153.00~400.00
脂蛋白(a)[LP(a)]	mg/dL	0.73±0.32	0.68±0.27	0.70±0.29	0.30~1.20
甘氨酰脯氨酸氨基转肽酶（GPDA）	U/L	93.63±32.54	104.22±19.61	99.24±26.17	51.00~136.00
总胆固醇（TC）	mmol/L	4.90±1.36	5.57±0.81	5.25±1.12	2.37~7.31

*表示雄性与雌性间差异显著，$p<0.05$。
注：数据来自杭州动物园。

表3-9 小熊猫血常规检查结果对比

检查项目	单位	Burrell C (n=48) X±SD	Burrell C (n=48) 变化范围	Wolff MJ (n=50) 平均值	Wolff MJ (n=50) 变化范围	黄淑芳 (n=8) X±SD	黄淑芳 (n=8) 变化范围	徐素慧 雄性 X±SD	徐素慧 雄性 变化范围	徐素慧 (雄性n=8, 雌性n=20) 雌性 X±SD	徐素慧 雌性 变化范围	徐素慧 (n=15) X±SD	徐素慧 (n=15) 变化范围
白细胞计数（WBC）	×10⁹/L	7.85±1.89	4.56~12.40	6.75	3.10~14.20	7.06±2.61	3.50~12.70	11.7±2.43	7.97~13.80	11.60±2.40	7.24~15.76	11.86±3.89	7.97~15.76
中性粒细胞（NEUT）	%	44.93±11.41	24.00~69.00	44.30	13.00~87.00	50.35±10.03	35.00~66.20	38.73±13.92	17.00~59.00	31.1±10.27	16.40~48.80	35.59±15.89	19.69~51.48
淋巴细胞（LYM）	%	49.00±13.07	25.00~74.00	49.60	9.00~82.00	42.60±11.17	26.60~63.00	41.93±10.80	27.00~61.00	45.51±12.80	28.60~62.50	41.28±15.37	25.91~55.65
单核细胞（MON）	%	4.81±2.87	0.00~11.00	3.20	0.00~13.00	7.05±2.72	2.72~10.80	16.39±6.89	3.20~25.50	10.07±9.92	1.10~24.50	13.25±11.68	1.58~24.93
血红蛋白（HGB）	g/L	125.26±12.48	110.00~150.00	135.00	96.00~174.00	130.75±14.4	106.00~149.00	144.25±11.30	126.00~159.00	134.13±21.34	87.00~149.00	141.07±19.69	121.37~160.76
红细胞计数（RBC）	×10¹²/L	8.48±0.86	7.33~10.33	8.80	4.80~12.80	10.02±1.18	8.06~11.64	8.80±1.64	6.81~10.99	9.32±1.37	6.35~10.80	9.73±1.30	8.43~11.02
红细胞比容（HCT）	%	38.73±3.60	31.60~45.90	41.50	29.00~54.00	40.55±3.44	35.80~44.30	32.51±12.31	16.30~45.50	40.14±5.54	28.10~45.40	41.63±5.26	36.38~46.89
平均红细胞体积（MCV）	fL	45.10±2.07	42.20~49.70	47.00	39.00~55.00	40.69±2.15	37.20~44.50	41.29±3.36	35.60~44.60	43.13±2.03	39.40~46.20	42.97±1.61	41.36~44.57
平均红细胞血红蛋白含量（MCH）	pg/cell	14.62±0.46	13.80~15.60	15.00	13.00~18.00	13.05±0.56	11.90~13.60	14.25±1.25	14.20~15.25	14.39±1.16	12.90~14.35	14.55±0.90	13.64~15.45
平均红细胞血红蛋白浓度（MCHC）	g/L	325.19±12.87	292.00~349.00			322.5±13.54	301.00~337.00	378.40±58.17	319.00~460.00	333.63±22.30	310.00~367.00	338.27±15.20	323.07~353.47
红细胞分布宽度（RDW）	%					14.23±0.75	13.40~15.20	16.40±1.70	13.70~18.00	15.44±1.30	14.10~18.00	14.64±1.35	13.29~15.99

续表

检查项目	单位	Burrell C (n=48) X±SD	Burrell C (n=48) 变化范围	Wolff MJ (n=50) 平均值	黄湫芳 (n=8) X±SD	黄湫芳 (n=8) 变化范围	徐素慧 (雄性n=8, 雌性n=20) 雄性 X±SD	徐素慧 (雄性n=8, 雌性n=20) 雄性 变化范围	徐素慧 (雄性n=8, 雌性n=20) 雌性 X±SD	徐素慧 (雄性n=8, 雌性n=20) 雌性 变化范围	徐素慧 (n=15) X±SD	徐素慧 (n=15) 变化范围
血小板计数 (PLT)	$\times 10^9$/L	432.78±132.21	165.00~599.00		331.88±209.88	80.00~658.00	737.00±79.68	652.00~810.00	508.63±139.06	352.00~738.00	550.67±182.79	367.88~733.45
血小板压积 (PCT)	%				0.19±0.13	0.027~0.361						
平均血小板体积 (MPV)	fL				6.48±0.77	5.50~7.40	5.96±0.47	5.60~6.50	6.58±0.72	5.90~7.90	6.01±0.55	5.45~6.56
血小板分布宽度 (PDW)	%				15.69±0.62	15.00~16.80						

注：数据来自杭州动物园。

表3-10 小熊猫血生化检查结果对比

检查项目	单位	Burrell C (n=48) X±SD	Burrell C (n=48) 变化范围	Wolff MJ (n=50) X±SD	Wolff MJ (n=50) 变化范围	黄湘芳 (n=8) X±SD	黄湘芳 (n=8) 变化范围	徐素慧 雄性 X±SD	徐素慧 雄性 变化范围	徐素慧 (雄性n=8,雌性n=20) 雌性 X±SD	徐素慧 雌性 变化范围	徐素慧 (n=15) X±SD	徐素慧 (n=15) 变化范围	李代芳 变化范围
谷丙转氨酶 (ALT)	U/L	115.00±59.69	40.00~319.00	54.10	9.00~165.00	35.67±14.18	13.00~48.00	74.71±65.14	36.00~118.00	81.75±18.09	22.00~154.00	73.72±24.65	49.08~98.37	31.00~158.00
谷草转氨酶 (AST)	U/L	84.31±21.89	53.00~144.00	61.50	34.00~183.00	62.44±12.72	44.00~78.00	83.57±19.93	49.00~101.00	73.25±20.80	51.00~137.00	74.61±20.14	54.47~94.75	47.00~197.00
L-γ-谷氨酰基转移酶 (GGT)	U/L	—	—	—	—	1.22±0.83	0.00~2.00	1.06±0.40	0.00~3.00	1.56±0.36	1.00~4.00	3.83±3.27	0.56~7.10	0.00~22.00
碱性磷酸酶 (ALP)	U/L	21.79±12.08	4.00~55.00	26.60	1.00~102.00	14.56±5.81	6.00~24.00	—	—	—	—	40.67±23.89	16.78~64.56	9.00~87.00
总蛋白 (TP)	g/L	68.21±5.67	58.50~78.80	72.00	58.00~95.00	75.54±6.27	68.10~88.70	85.40±6.11	78.00~92.00	79.60±3.97	74.00~104.00	93.50±5.76	77.74~89.26	73.00~102.00
白蛋白 (ALB)	g/L	38.28±2.29	33.40~42.40	42.30	20.00~66.00	25.04±1.00	23.90~26.70	34.86±2.34	32.00~39.00	30.75±2.19	29.00~39.00	30.61±2.72	27.89~33.33	32.00~47.00
球蛋白 (GLB)	g/L	29.58±5.05	19.90~39.30	—	—	2.84±3.02	—	—	—	—	—	—	—	36.00~59.00
总胆红素 (TBIL)	μmol/L	0.70±0.29	0.14~1.33	4.10	1.71~17.10	2.84±3.02	0.30~9.30	2.70±1.04	0.50~5.00	1.44±0.53	0.50~5.60	2.53±2.11	0.42~4.64	0.50~4.50
直接胆红素 (DBIL)	μmol/L	—	—	—	—	1.70±2.19	0.20~6.90	1.12±1.10	0.60~2.60	1.16±1.02	0.10~2.70	2.28±1.74	0.54~4.01	0.10~2.50

续表

检查项目	单位	Burrell C (n=48) X±SD	Burrell C (n=48) 变化范围	Wolff MJ (n=50) X±SD	Wolff MJ (n=50) 变化范围	黄淑芳 (n=8) X±SD	黄淑芳 (n=8) 变化范围	徐素慧(雄性n=8,雌性n=20) 雄性X±SD	徐素慧(雄性n=8,雌性n=20) 雄性变化范围	徐素慧(雄性n=8,雌性n=20) 雌性X±SD	徐素慧(雄性n=8,雌性n=20) 雌性变化范围	徐素慧 (n=15) X±SD	徐素慧 (n=15) 变化范围	李代芳 变化范围
间接胆红素(IBIL)	μmol/L	—	—	—	—	1.14±1.37	0.00~4.10	—	—	—	—	—	—	—
淀粉酶(AMY)	U/L	1019.38±191.51	630.00~1443.00	—	—	1289.56±311.34	1045~1834	1454.40±266.15	1122.00~1850.00	1579.00±420.02	1122.00~2393.00	—	—	—
尿素氮(BUN)	mmol/L	9.93±2.50	5.14~15.90	4.16	2.00~9.15	8.21±2.05	5.82~11.26	6.40±0.73	4.90~7.30	7.59±1.50	4.00~10.20	7.37±1.48	5.86~8.84	2.50~9.00
肌酐(CR)	μmol/L	72.72±10.23	49.00~95.90	97.24	35.36~159.12	67.67±6.00	58.00~73.00	64.00±22.91	48.00~108.00	83.05±14.72	56.00~112.00	75.41±21.83	53.58~97.24	53.00~131.00
尿酸(UA)	μmol/L	—	—	—	—	30.78±16.39	13.00~61.00	106.43±45.48	67.00~169.00	106.00±24.12	47.00~137.00	103.33±32.41	70.92~135.74	—
葡萄糖(GLU)	mmol/L	6.84±1.11	4.86~8.97	6.44	2.83~15.61	4.44±0.92	2.10~5.04	7.54±1.10	6.10~9.40	7.72±2.28	4.00~13.22	8.37±2.63	5.74~11	3.00~11.00
钾(K)	mmol/L	4.91±0.37	4.08~5.66	5.10	4.10~6.90	4.05±0.47	3.18~4.58	5.67±0.69	4.90~7.00	5.38±0.69	4.20~6.57	5.83±0.92	4.91~6.75	4.20~7.00
钠(Na)	mmol/L	132.88±2.23	128.10~137.20	138.20	126.00~150.00	130.86±1.35	129.00~133.00	132.10±43.67	129.00~139.00	131.53±4.21	124.00~137.00	122.53±3.31	119.21~125.84	135.00~147.00
氯(Cl)	mmol/L	100.31±2.72	94.90~105.60	—	—	96.86±2.41	93.00~100.00	98.57±3.10	95.00~103.00	94.86±3.28	90.00~101.00	87.95±3.37	84.56~91.32	93.00~105.00
钙(Ca)	mmol/L	2.03±0.17	1.68~2.37	2.30	1.73~2.95	2.23±0.17	1.95~2.45	2.29±0.10	2.16~2.48	2.27±0.19	2.00~2.51	3.03±0.18	2.85~3.21	2.10~2.73
磷(P)	mmol/L	1.41±0.41	0.53~2.34	1.58	0.65~2.87	1.57±0.29	1.24~1.97	1.55±0.32	1.15~2.19	1.74±0.59	0.95~3.28	2.49±0.62	1.87~3.10	0.61~2.98
镁(Mg)	mmol/L	1.12±0.10	0.90~1.37	—	—	1.09±0.06	1.00~1.15	—	—	—	—	—	—	—

续表

检查项目	单位	Burrell C (n=48) X±SD	Burrell C (n=48) 变化范围	Wolff MJ (n=50) X±SD	Wolff MJ (n=50) 变化范围	黄淑芳 (n=8) X±SD	黄淑芳 (n=8) 变化范围	徐素慧(雄性n=8,雌性n=20) 雄性 X±SD	徐素慧(雄性n=8,雌性n=20) 雄性 变化范围	徐素慧(雄性n=8,雌性n=20) 雌性 X±SD	徐素慧(雄性n=8,雌性n=20) 雌性 变化范围	徐素慧 (n=15) X±SD	徐素慧 (n=15) 变化范围	李代芳 变化范围
甘油三酯(TG)	mg/dL	0.49±0.17	0.28~1.02	—	—	48.11±21.87	23.00~96.00	0.88±0.42	0.55~1.66	0.73±0.17	0.63~3.06	2.31±1.43	0.89~3.74	0.26~1.00
肌酸激酶(CK)	U/L	256.39±93.95	90.00~484.00	—	—	164.67±90.95	72.00~331.00	328.80±184.24	154.00~648.00	331.75±137.80	113.00~608.00	350.33±129.07	221.26~479.40	—
肌酸激酶同工酶(CK-MB)	U/L	—	—	—	—	215.89±139.54	85.00~520.00	320.29±188.93	141.00~675.00	282.88±110.53	187.00~537.00	306.00±109.60	196.40~415.60	—
α-羟基丁酸脱氢酶(HBDH)	U/L	—	—	—	—	147.89±80.08	85.00~288.00	200.43±114.22	114.00~431.00	165.50±47.21	91.00~420.00	203.17±118.35	84.82~321.52	—
乳酸脱氢酶(LDH)	U/L	—	—	—	—	379.89±219.49	201.00~765.00	455.43±194.71	299.00~760.00	298.88±95.90	155.00~1028.00	367.50±221.74	145.76~589.24	—
总胆固醇(TC)	mmol/L	6.29±1.29	3.77~9.05	7.27	4.37~12.21	339.11±23.00	296.00~378.00	5.07±0.92	4.16~6.75	6.84±1.46	5.81~9.98	—	—	4.23~22.96

注：数据来自杭州动物园。

表3-11 小熊猫血液学指标参考值

检查项目	单位	均值	标准差	最小值	最大值	样本数（份）	动物数（只）
白细胞计数（WBC）	$\times 10^3/\mu L$	7.281	2.952	2.2	20.2	404	193
红细胞计数（RBC）	$\times 10^6/\mu L$	8.39	1.18	5.23	13	286	141
血红蛋白（HGB）	g/dL	12.3	1.7	7	16.6	364	181
红细胞比容（HCT）	%	38.8	5.3	25	57	441	204
平均红细胞体积（MCV）	fL	46.3	5	32.6	75.3	278	139
平均红细胞血红蛋白含量（MCH）	pg/cell	15	1.7	9.5	26.4	273	137
平均红细胞血红蛋白浓度（MCHC）	g/dL	31.8	3.1	18.9	46	357	178
血小板计数（PLT）	$\times 10^3/\mu L$	590	227	207	1258	63	44
有核红细胞（NRBC）	/100 WBC	1	1	0	3	35	23
网织红细胞（RC）	%	1.2	0.9	0	3.5	20	11
中性分叶核粒细胞（NSG）	$\times 10^3/\mu L$	3.808	2.444	0.038	18.2	379	181
淋巴细胞（LYM）	$\times 10^3/\mu L$	3	1.837	0.053	16.2	380	181
单核细胞（MON）	$\times 10^3/\mu L$	0.261	0.233	0	2.304	341	164
嗜酸性粒细胞（EOS）	$\times 10^3/\mu L$	0.155	0.217	0	2.304	246	141

续表

检查项目	单位	均值	标准差	最小值	最大值	样本数（份）	动物数（只）
嗜碱性粒细胞（BAS）	$\times 10^3/\mu L$	0.138	0.111	0	0.628	162	92
中性杆状核粒细胞（NST）	$\times 10^3/\mu L$	0.132	0.361	0	3.03	103	58
红细胞沉降率（ESR）	mm/Hr	1	2	0	4	4	2
钙（Ca）	mg/dL	9	0.8	6.8	12	350	169
磷（P）	mg/dL	4.7	1.2	2	8.6	317	163
钠（Na）	mEq/L	134	5	121	148	302	148
钾（K）	mEq/L	4.3	0.7	2.4	8.1	307	154
氯（Cl）	mEq/L	103	5	82	119	277	133
碳酸氢盐（BC）	mEq/L	16	4.2	8.3	28	65	27
二氧化碳（CO_2）	mEq/L	17.2	3.8	9	28.9	77	45
渗透浓度/渗透压（OSM）	mOsm/L	250	86	31	306	16	11
铁（Fe）	$\mu g/dL$	146	82	26	438	55	18
镁（Mg）	mg/dL	2.27	0.33	1.8	3.13	35	23
尿素氮（BUN）	mg/dL	27	9	9	72	374	182
肌酐（CR）	mg/dL	0.9	0.2	0.4	1.9	365	180
尿酸（UA）	mg/dL	1.2	0.9	0	6.4	119	58
总胆红素（TBIL）	mg/dL	0.2	0.2	0	1.1	313	154
直接胆红素（DBIL）	mg/dL	0	0.1	0	0.4	37	25
间接胆红素（IBIL）	mg/dL	0.1	0.2	0	0.6	36	24

续表

检查项目	单位	均值	标准差	最小值	最大值	样本数（份）	动物数（只）
葡萄糖（GLU）	mg/dL	123	37	42	318	373	181
总胆固醇（TC）	mg/dL	190	55	0	363	315	159
甘油三酯（TG）	mg/dL	42	25	0	185	145	77
低密度脂蛋白胆固醇（LDL-C）	mg/dL	67	0	67	67	1	1
高密度脂蛋白胆固醇（HDL-C）	mg/dL	29	0	29	29	1	1
肌酸激酶（CK）	IU/L	324	392	38	2594	142	82
乳酸脱氢酶（LDH）	IU/L	474	628	36	3735	146	73
碱性磷酸酶（ALP）	IU/L	27	22	4	163	324	165
谷丙转氨酶（ALT）	IU/L	69	58	7	452	331	163
谷草转氨酶（AST）	IU/L	71	38	23	290	345	173
γ-谷氨酰转肽酶（γ-GT）	IU/L	4	3	0	15	124	66
淀粉酶（AMY）	U/L	914	651	0	3480	116	79
脂肪酶（LPS）	U/L	155	113	21	665	32	25
总蛋白/比色法（TP）	g/dL	6.7	0.8	4.9	9.1	346	170
球蛋白/比色法（GLB）	g/dL	3.4	0.8	1.6	6.3	293	156

续表

检查项目	单位	均值	标准差	最小值	最大值	样本数（份）	动物数（只）
白蛋白/比色法（ALB）	g/dL	3.2	0.4	2.2	4.9	293	154
纤维蛋白原（FIB）	mg/dL	205	103	0	500	42	16
球蛋白/电泳法（GLB）	g/dL	1.1	0.2	1	1.3	2	2
白蛋白/电泳法（ALB）	g/dL	3.6	0.4	2.5	4	13	6
α-球蛋白/电泳法（α-GLB）	mg/dL	1.6	0	1.6	1.6	2	2
α1-球蛋白/电泳法（α1-GLB）	mg/dL	464.7	540	0.4	1008	4	3
α2-球蛋白/电泳法（α2-GLB）	mg/dL	483.6	561.7	1.1	1054	4	3
β-球蛋白/电泳法（β-GLB）	mg/dL	400.4	690.8	1.3	1198	3	3
皮质醇（COR）	μg/dL	15.6	12.9	4	34	4	4
睾酮（T）	ng/mL	0.047	0.021	0.03	0.07	3	3
孕酮（P）	ng/dL	0.157	0.078	0.07	0.22	3	3
总三碘甲腺原氨酸（TT3）	ng/mL	60.6	44.7	0.5	139	10	10
总甲状腺素（TT4）	μg/dL	2	0.8	0.7	3.3	17	13

注：数据来自国际物种信息系统。

第二节　华南虎健康标准

华南虎（*Panthera tigris Amoyensis*）属哺乳纲、食肉目、猫科、豹属、虎种，中国特有亚种。华南虎背部的毛色以橘黄色为主，其中略带赤色。背毛相对于东北虎来说较短。尾部的斑纹较深和宽，体侧有菱形条纹。整体的毛色相对比较浓艳。华南虎与孟加拉国虎具有高度的相似性，但是在头骨和皮毛特征上存在差异，华南虎的裂齿和臼齿比孟加拉国虎短，由于颅骨区域与眼眶之间的距离较近，眼眶后突更大。华南虎是亚洲大陆上体形最小的虎，也是几个虎亚种中个体最小的之一。

一、体况评估

成年雄性华南虎体长在2.3m左右，体重在150kg左右；雌性华南虎体长在1.8m左右，体重在120kg左右，尾长0.8~1m左右。

华南虎体况评分BCS标准可通过检查以下3个方面来确立：①骨骼，包括肋骨、脊柱和髋骨。视诊检查是否显露，触摸是否棱角突出。②皮下脂肪和肌肉。主要触诊肩部、肋骨部和脊柱部位，感知脂肪厚度及肌肉紧实度。③腰部和腹部轮廓。视诊检查腰部轮廓是否明显、腹围大小以及腹部皮肤皱褶是否可见，采用5分制系统进行评价。

BCS1消瘦：骨骼显露，尤其肋骨、腰椎视诊明显；肩胛骨和髂骨边缘非常清晰。

BCS2偏瘦：肋骨显露较少，触诊易触及肋骨，有少量脂肪；腰椎较明显，肋弓后腰部轮廓较明显；腹部少量脂肪。

BCS3合适：体型匀称，肋骨不显露，但可触及，有轻度脂肪覆盖；

可观察到肋弓后腰部轮廓；腹部少量脂肪。

BCS4偏胖：肋骨不易触及，脂肪中度覆盖；腰部轮廓不易辨认；腹部明显变圆，腹部出现中等大小脂肪垫。

BCS5肥胖：肋骨无法触及，覆盖大量脂肪；面部、腹部、腰部、四肢大量脂肪蓄积；腹部膨大；无法观察到腰部轮廓。

二、种群管理

（一）个体标识

1. 芯片法

于肩胛之间的颈背部皮下进行芯片注射。

2. 外形识别法

可依据虎面部及条纹进行特征描述，作为识别个体的依据。

（二）种群

基于展出和繁殖考虑，成年华南虎多为单独饲养，同时也要注意相邻笼舍之间的"隔障"，否则在繁殖季节，成年个体间的嗅觉、听觉和视觉会彼此影响。一般情况下，一只雄性与多只雌性交配繁殖，其种群数量会快速增加。需留种用雌性群体应至少为亚成体。若种群中亲缘关系较近，可通过引入亲缘关系较远的个体，来进行种群调整，从而避免近亲繁殖。

交配完成后，雌性集中饲养。在分娩前2~4个星期，雌虎被隔离饲养，避免其他动物和工作人员干扰，保持笼舍安静和安全。雌虎产下幼仔后，单独饲养2~3个月。幼虎在1~2岁时与母虎分开，幼虎在1岁龄后，母虎会驱离幼虎，其最长忍受时间不会超过2年。建议幼虎与母虎的分离应逐步推进，刚开始白天分离，晚上则让幼虎睡在母虎身边，最后将幼虎与母虎彻底分离。

华南虎一年四季都可以交配，但常在11月到次年4月。每一发情周期的交配时间多为3~7天，高峰2~3天，怀孕期约为103~108天。产仔数通常为每窝2~3只，偶有4只。出生时幼仔体重为1.0kg左右。

三、场馆安全及展出保障

（一）场馆要求

华南虎展区应包括室外展区和室内笼舍两个区域，笼舍需要加强安全措施。

1. 运动场

饲养两只虎的运动场面积不低于300m^2，每多出一头就要增加20m^2。大多数动物园展区都使用金属网作为隔障，新建展区多采用电网结合玻璃或壕沟方式作为隔障，游客视线好，也可以制造出类似野外生存环境的"沉浸式"展出景观。采用金属网隔障，高度至少要达4.5m，网丝直径5mm，网格大小75mm×50mm，并设有高1m、倾斜度45°的内反扣。采用隔离沟，应保证宽至少8m、深1.8m，有水，沟旁的墙应光滑。注意电网不应作为第一屏障。

2. 内舍

每一只虎都必须有单独的笼舍，面积至少3m×4m，笼舍内要有水源和木踏板。每一间内舍都应有独立的通向运动场通道，方便控制动物进出内舍和运动场。笼舍之间设串门，门要足够大，以便虎可以舒适地通过。该门可由坚固的双层金属网制成，以便给动物提供社交机会，使动物互相认识熟悉，又可以防止它们互相伤害。

3. 挤压笼

应配备挤压笼，可方便进行串笼、疫苗接种或注射治疗。

4. 踏板和巢箱

笼舍中应设有一个凸起的架子或平台（踏板）供它们休息。对于临近分娩的雌性个体,需要提供一个或多个铺满干草的巢箱。

5. 地面

内舍地面用水泥,运动场地面应用土质,地面上增加铺垫物。华南虎场馆的铺垫物有多种,室外首选天然垫材,例如土、草、覆盖物和落叶等,这些铺垫物都可以单独使用或组合在一起使用,应该每天清理。

(二)环境要求

在自然界中,华南虎通常用气味标记领地边界,圈养条件下也有标记行为。应在展区内种植草、灌木和树木用于动物遮阴、做标记及提供躲藏处,或提供其他的可移动附属设施定期来改变它们日常行走的路径。还可以利用巨石架高作为休息区域。南方地区动物园,夏季保证有遮阳的地方、水池和冲淋降温设施。北方地区动物园,展区和笼舍中都应设地暖系统等来保持温度。

四、营养健康

(一)饲料日粮

在野外,华南虎通常会吃掉猎物的骨头、脂肪、内脏和其他部分。而在圈养条件下,动物园普遍使用肌肉作为主要食物,且通常以肉碎的形式饲喂。肌肉富含氨基酸和矿物质(如:钠、钾、铁、硒、锌),但是一些B族维生素(如:烟酸、B_6和B_{12})、钙(钙:磷比例为1:15至1:30左右)、锰和脂溶性维生素等含量却很少。因此每天还应提供一些带骨头的肉、肝脏,偶尔饲喂整个动物尸体,这样能够保障营养平衡。一只成年虎每日维持基本所需的能量=140kcal(体重kg)$^{0.75}$。

要根据饲养环境和生理需求来添加维生素和矿物质。如果饲喂混合肉粮，应添加1%的钙（干物质），相当于每公斤肉含有7g钙（17.5g碳酸钙，含40%钙）；如果是肌肉，还需要按标准添加维生素A和维生素E。应保障动物饮用水的供给。

（二）饲喂管理

一般应分开饲喂，以防打斗，同时也便于精确掌握个体的进食量。冬季饲料量应增加10%~20%，夏季减少10%~20%。哺乳期根据个体实际情况增加。

五、防疫

（一）消毒

笼舍的水泥地面，应每日清洗，定期消毒，一般应等待水泥地面干了之后才将动物串入。原木、玩具、丰容球和取食器同样需要按时间表清洗消毒。

（二）疫苗接种

根据动物发生的疫病情况接种疫苗，可选择接种犬瘟热、犬细小病毒病、狂犬病、猫鼻气管炎、猫疱疹病毒、杯状病毒、猫泛白细胞减少症（猫传染性粒细胞减少症）等疫苗，尽可能选择灭活疫苗。

检疫期动物，要了解来源单位疫苗接种情况，是否在有效保护期内。建议在装运前至少两周或检疫后2~4周接种。

六、健康检查

（一）巡诊

巡诊是动物健康的重要措施。通过保育人员及临床兽医日常巡诊观察，观察动物的摄食、活动、行为、动物间关系、粪便、被毛、精神等情况，初步判定其健康状态，是否有异常现象。

1. **整体外观**

是监测动物健康的一个重要指标，任何外观变化都应该注意并保持关注，包括咳嗽、打喷嚏、呼吸急促、反胃、呕吐或跛行，可见的肿块或从眼睛、耳、鼻、阴茎或外阴流出的非正常排泄物或分泌物。

2. **定期称重**

体重是动物健康的重要指标，定期称重是健康管理重要措施。根据体重变化，了解动物的健康状况，体重过轻可能是营养不足、口腔疾病、肿瘤或肺结核，也可能是动物正遭受过度压力的一个信号。过肥，应及时调整饲喂量，避免肥胖和由此产生的健康问题。

3. **生理指标**

正常体温为37.0~38.5℃，心率为60~90次/分钟，呼吸为20~30次/分钟。

4. **尿液**

呈淡黄褐色至黄褐色。

（二）寄生虫普查和驱虫

每年春季（4至5月）、秋季（9至10月）取每只华南虎的新鲜粪便，检查寄生虫虫卵。根据检查结果，进行驱虫，阳性者要根据检出虫卵的结果选择驱虫药物。华南虎预防性驱虫的首选药物是甲苯咪唑与阿苯达唑。

1. 预防性驱虫

甲苯咪唑或阿苯达唑，剂量均为5mg/kg，喂服，每日1次，连服3至5日。环境不能彻底消毒时，建议定期进行预防性驱虫。

2. 治疗性驱虫

根据实验室检查结果或临床发现的寄生虫，确定驱虫药物种类和剂量，必要时可考虑联合用药，用药后检查粪便，直到虫卵阴性。

3. 注意事项

驱虫应尽量避开妊娠期、哺乳期；驱虫给药安排在上午；感染动物完成驱虫后，要再次进行粪便检查，以检查驱虫效果；驱虫工作应与消毒工作结合进行，于投药3天后连续进行3天兽舍消毒；对发病体弱动物，原则上应暂缓驱虫，待病愈后再行驱虫，特殊情况时可小剂量、多次给药。

（三）专项检查

每年至少进行1次，包括血液、X光、B超等专项检查。对照以往血液检查结果，撰写检查报告。血常规和血液生化参考数值见表3-12和表3-13。

表3-12 华南虎血常规指标参考值

检查项目	单位	参考值	检查项目	单位	参考值
白细胞计数（WBC）	$\times 10^9$/L	7.6~15.9	嗜酸性粒细胞（EOS）	%	0~2.6
淋巴细胞（LYM）	%	6.6~25.7	嗜碱性粒细胞（BAS）	%	0~0.9
单核细胞（MON）	%	0~2.9	红细胞计数（RBC）	$\times 10^{12}$/L	5.6~8
中性粒细胞（NEUT）	%	71.0~92.3	血红蛋白（HGB）	g/L	109~174.5

注：数据来自上海动物园。

表3-13 华南虎血液生化指标参考值

检查项目	单位	参考值	检查项目	单位	参考值
尿素氮（BUN）	mmol/L	8.5~15.2	总胆红素（TBIL）	μmol/L	1.7~3.5
肌酐（CR）	μmol/L	136.3~234.3	乳酸脱氢酶（LDH）	IU/L	18.6~87.6
尿酸（UA）	μmol/L	48~118	总胆固醇（TC）	mmol/L	4.2~7.1
葡萄糖（GLU）	mmol/L	5.0~10.8	甘油三酯（TG）	mmol/L	0.38~0.58
总蛋白（TP）	g/L	61.3~79	磷（P）	mmol/L	1.0~1.8
白蛋白（ALB）	g/L	12.2~43.2	钾（K）	mmol/L	3.6~4.9
球蛋白（GLB）	g/L	21.7~48.4	钠（Na）	mmol/L	125~150
谷丙转氨酶（ALT）	IU/L	26~77	氯（Cl）	mmol/L	110~125
谷草转氨酶（AST）	IU/L	12~65	钙（Ca）	mmol/L	2.4~3.8
碱性磷酸酶（ALP）	IU/L	47~73	淀粉酶（AMY）	IU/L	200~2148

注：数据来自上海动物园。

第三节 豹健康标准

豹（*Panthera pardus*）属哺乳纲、食肉目、猫科、豹属的大型肉食性动物。体形似虎，但明显较小。视、听、嗅觉均很发达。头小尾长，四肢短健，前足5趾，后足4趾，爪灰白色，能伸缩。生活于森林、灌丛、湿地、荒漠等环境，其巢穴多筑于浓密树丛、灌丛或岩洞中。营独居生活，常夜间活动。捕食各种有蹄类动物，秋季亦采食甜味浆果。食物缺乏时，也于夜晚潜入村屯盗食家禽家畜。分布非常广泛，跨越亚洲、非洲的许多地区，从喜马拉雅山脉到撒哈拉大沙漠都有分布。

一、体况评估

豹体长100～150cm，体重参见表3-14。

表3-14 豹的体重

年龄（岁）	均值（kg）	标准差（kg）	最小值（kg）	最大值（kg）	样本数（次）	动物数（只）
0.9～1.1	34.7	8.02	25.4	49.9	13	11
1.8～2.2	38.99	7.38	27.2	55.39	26	20
2.7～3.3	38.39	8.43	27.1	51.2	15	14
4.5～5.5	42.1	10.35	24.2	61.3	20	19
9.5～10.5	44	10.44	24.9	68.1	44	31
14.5～15.5	41.49	13	23.36	66.82	18	15
19.0～21.0	39.14	8.14	28.5	52.7	16	13

注：数据来自国际物种信息系统。

豹体况评分BCS是通过观察和触摸脊柱（主要是椎骨脊突和腰椎横突）上脂肪层的情况，采用5分制体系对其状况进行评价的方法。详见图3-1。

	BCS1消瘦：身体机能衰弱，运动机能几乎丧失，所有肋骨清晰可见，肩胛骨与髋骨明显突出，眼眶凹陷，眼球瞪出；触诊时，可摸到明显的骨骼结构。若不及时改善饮食，很有可能因过于虚弱而死。
	BCS2偏瘦：肋骨隐约可见，腹部内凹，四肢纤细，运动机能正常，身段敏捷，可清楚观察到肩胛骨与髋骨；触摸身躯，可摸到较厚的表皮，也可清楚摸到骨骼结构。可适当增加日粮摄入与营养。
	BCS3合适：不易看到肋骨，躯干与四肢健壮有力，肌肉线条分明，运动机能很好，活泼好动；触摸身躯，可摸到发达的肌肉组织，需稍用力才可摸到骨骼结构。无需调整饮食。
	BCS4偏胖：看不到肋骨，身上覆盖一层脂肪，运动机能正常，腹下脂肪堆积；触摸身躯，触感较软，不容易摸到骨骼。需要注意控制饮食，并适当增加运动量，帮助减脂。
	BCS5肥胖：完全看不到肋骨，躯干肥硕，四肢粗壮，运动机能差，全身各处脂肪堆积，几乎看不到脖子；触摸身躯，触感软，完全摸不到骨骼。必须控制饮食，增加运动量，帮助减脂。

图3-1 豹体况评分体系

二、种群管理

（一）个体标识

芯片标记，出生后2~3月龄内进行。位置于肩胛之间的颈背部皮下进行芯片注射，用阅读器扫描芯片位置，检查是否正常，并及时做好标记记录，填写《活体标记野生动物信息表》，将标记代码条形码粘贴于活体标记野生动物个体信息表上，再登陆"中国野生动植物及其产品数码标识系统活体标记野生动物专栏"，进行电子注册备案。

（二）种群

在圈养条件下，豹昼出夜息，在2至2.5岁时性成熟，雌豹可在2.5至3岁时生育，雄豹则在3.5至4岁时繁殖，每次发情为多次频繁的交配。野生雌豹的生育年龄可持续到16岁。猫科动物是诱发性排卵，在发情期内经过数次的交配来激发排卵。

豹全年均可发情和繁殖，环境对豹发情有影响。在北方地区，雌豹一般会在春季3、4月发情，发情期约为7~14天，交配后怀孕期为90~106天。通常情况下每两年生育一胎，每胎1~4只，多产2只，也有一胎生下6只小豹的记录（人工环境）。若幼仔死亡，那么当年就会继续生育第二窝。在圈养条件下，由于幼仔被转移走进行人工育幼，曾有出现过一年繁殖三窝的记录。小豹在出生后8~10周开始吃一些肉食，4个月后就完全断奶。断奶的小豹会一直跟随母豹学习捕猎，大概在12~18个月后小豹将会逐渐独立生活。刚独立的小雌豹会继续留在妈妈的领地附近一段时间，而小雄豹则会逐渐扩散出去，直到建立自己的领地。

在野外，豹没有固定的巢穴，生育时母豹会找到巢穴产子。在哺乳期，母豹将小豹藏匿在树洞、石缝等隐蔽的巢穴里，母豹会外出打猎，然后尽快回来照顾小豹。这时期，母豹会极度谨慎，一旦它感受到了威胁或者干扰，便会将幼仔转移到新的巢穴。

三、场馆安全及展出保障

(一)场馆要求

豹的跳跃能力极强,场馆设计需要重点考虑安全操作,最大限度地增加丰容设施,以提高动物福利。

1. 隔障方式

常用封顶笼舍、壕沟、电网等方式隔障。用壕沟,宽至少8m,深1.8m,且需要注水,隔障沟靠近游客边的墙要光滑,高度不低于3m,墙的顶部应设置1m高、倾斜度45度的向内反扣。用金属网,网顶高至少4.5m,网丝直径5mm,网格大小为75mm×50mm,侧网四周至少向地下延伸1m(图3-2)。

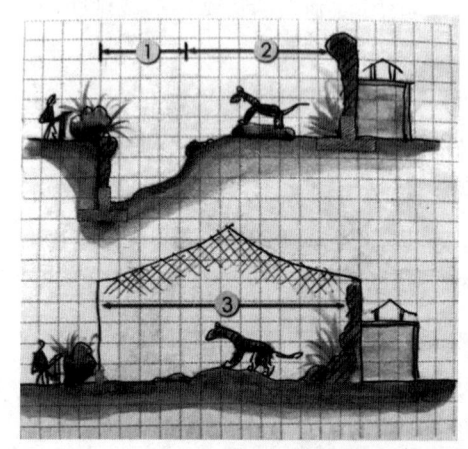

①隔障沟:无效的活动空间。
②活动区:有效的活动空间。
③封顶网笼:网笼内均为有效活动空间。

图3-2 隔障沟与封顶网笼占地面积的差异

设计时,要保障活动面积满足需要、通风良好,进行必要的丰容,满足动物福利需求。

2. 笼舍

封顶笼舍的高度不应低于5m,而且上层空间必须为动物提供攀爬和休息的设施，使动物栖息的位置高于游客视线，以减少来自游客的视觉压力（图3-3）。

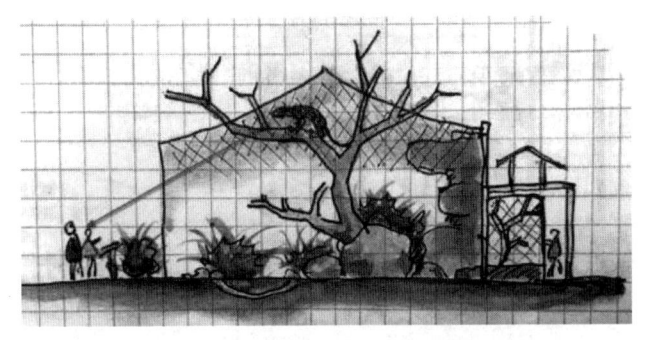

图3-3 豹栖息位置高于游客视线

（二）环境要求

1. 丰容

良好的环境能够提高豹的福利，是保持健康的保障。

（1）环境丰容：豹喜欢攀爬，展区中要设置足够数量的栖架，满足豹日常活动，又方便游客观看动物。展区内要放置一些大树干，以供豹攀爬和磨爪。同时，丰容设施不能靠近任何围栏或者壕沟，以防豹逃脱。适宜的植被能够增加环境丰富程度，提升展区的展示效果，可种植一些杂草，特别是春季换毛时期，豹会啃食杂草帮助排出舔舐到体内的毛发，但必须避免种植有毒植物，以免豹误食中毒。

可以使用灵活方便可拿进拿出的玩具球或装着食物的玩具桶等丰容设备，也可提供一些磨爪用的木头，这不仅鼓励动物的自然行为，防止指甲向内生长，还有助于保持笼舍的自然景观形象。

（2）食物丰容：可将肉块悬挂在高处，让豹想办法通过自己的努力去采食，抑或是将食物藏匿于几处小洞内、岩石的夹缝中，增加豹寻找食物的难度与乐趣。还可以定期投喂活体动物，如活鸡、活兔等，锻炼豹的捕猎本领。

（3）声音与气味丰容：可在场地的四周各处设置音箱设备，间断并无序的随机播放某些动物的声音,或一些脚步声、树枝的断裂声、风声等,吸引豹的注意。还可收集草食动物的粪便和尿液,装在数个气味箱中,随机放置在室外场,以及适合游客观看的位置(图3-4),这样不仅能诱导豹本能的觅食行为,还增添了游客的观赏体验。但需注意及时清除干净使用完的丰容粪便。

图3-4　气味箱放置于最佳参观位置

2. 温度需求

豹喜欢栖息于温暖的环境中,南方地区的笼舍中只要有遮阳的栖架与水池,就能基本满足豹的环境需求。北方地区的展区和兽舍中必须配备供暖设施以保证豹的温度需求。

(三)其他要求

豹也很喜欢土、干草、落叶、木屑等柔软的铺垫物,可单独使用也可组合使用。豹不需要踏板,喜欢趴卧在架子上休息,所以除了室外活动区,室内要设有栖架供它们休息。

四、营养健康

(一)饲料日粮

圈养条件下,大部分动物园使用纯肌肉作唯一的食物。肌肉富含氨基酸、矿物质（如：钠、钾、铁、硒、锌）和一些B族维生素（如：烟酸、B_6和B_{12}），但是钙（钙：磷比例为1∶15至1∶30左右）、锰、脂溶性维生素（维生素D、维生素E、维生素A）等物质在肌肉中含量都很少，容易引发严重的骨营养代谢疾病。部分动物园使用肉粮，能够改善营养。但是，仅食用较软的食物容易引起口腔疾病，长时间采食不需要咀嚼或撕扯的肉粮易形成牙菌斑和牙结石，继而引发牙龈炎、牙齿松动、口腔脓疮。建议豹类饲料结构需综合考虑，要提供一些连着骨头的肉块，投喂活体动物或者整个动物的尸体更好。还应适时添加维生素A和维生素E，或每周饲喂一次动物肝脏来补充维生素A。保障充足的饮水是必须的。

此外，对雄性、雌性及不同发育时期、不同季节的个体，在日粮搭配上要有区别，如雄性个体可在鸡架供应上予以增加，雌性个体在猪肝和牛肉上予以增加。冬季饲料量应增加10%~20%。豹日粮构成可参见表3-15。

表3-15　豹日粮构成

营养构成	雄性（%）	雌性（%）
食盐	0.3	0.3
矿物质	0.2	0.2
多维片	0.3	0.3
骨粉	0.2	0.2
猪肝	10	15
牛肉	10	15
鸡肉	20	20
鸡骨架	59	49
总计	100	100

注：数据来自福州市动物园。

1. 幼豹

进行人工育幼时，早期阶段使用的人工配方奶成分要尽可能与母乳相似。随着小豹的成长，可以在奶粉中加入少量的鱼肝油或者维生素，并逐渐增加用量。2月龄时便可以慢慢引导它们采食肉糜和奶，随着时间推移，逐渐增加生肉量直至与成年豹一样。

2. 哺乳母豹

哺乳期间应增加能量和营养摄入。在野外，为了满足幼豹成长的需求，母豹必须大幅提高它捕猎的成功率。而在圈养条件下，动物园要根据母豹不同阶段的需求提供不同的饮食配方。在哺乳期间可取消停食日，增加肉量并适当补充复合维生素、乳酸钙和代乳品等方法补充母豹对营养的需求。

（二）饲喂管理

要将大块肉切割成肉块，方便饲喂，投喂的方式可以多种多样。可以把食物藏起来，让豹多花点时间去找到食物。或者将食物悬挂到高处，让豹想办法去获取。天气炎热的时候，可以尝试把肉冷冻起来，可以做成肉冰棍，让豹花费更多的时间和精力来获得食物。但不宜饲喂太多冷冻肉块，会使豹出现胃肠道方面问题。在炎热的夏季，肉类饲料要进行冷冻储存，饲喂前在冷藏环境下解冻肉，直到完全解冻。饲喂时间要固定，不能吃完的肉要及时取出。

五、防疫

（一）消毒

1. 常规性消毒

一般冬季两周一次，其他季节每周一次。按照消毒操作规程，配制好消毒液，对消毒区域进行药物喷洒或浸泡20~30分钟，冲洗掉

（土质地面不用）残留的消毒药。消毒后，工作人员需做好消毒记录。兽医需对消毒效果的评价和消毒技术进行指导，制定消毒工作安全应急预案。

2. 临时性消毒

发生传染病时，需要对环境进行全面的消毒。患病治疗期间每天对所处环境消毒1次。疫情结束后，对环境再进行1次终末消毒。新笼舍使用前，要进行全面的消毒。驱虫后，对笼舍进行一次消毒。

3. 消毒方法

根据需要消毒的环境和对象，选择合适的消毒方法，如浸泡、喷洒、火焰、紫外线照射等，消毒范围内不得有动物，保障操作人员的安全。

4. 消毒剂选择与使用

根据需要消毒的环境和对象，选择合适的消毒剂，保障有效、安全、经济。消毒剂必须定期更换、轮换使用。

5. 人员防护

消毒时要规范操作，操作人员要了解消毒药的特性，掌握知识、技能、消毒设备的使用、所用消毒剂的配制方法与注意事项。消毒前穿戴好防护服，佩戴胶皮手套、防护镜、口罩等防护用品。消毒过程中，不随意出入消毒区域，禁止无关人员进入消毒区域。

（二）疫苗接种

根据饲养单位动物疫病发生情况，选择使用疫苗。大部分动物园接种猫瘟热、犬瘟热疫苗、狂犬病。常采用猫三联苗、犬四联苗和狂犬病疫苗对豹进行程序化免疫。豹免疫程序见表3-16。

表3-16 豹免疫程序

周龄	疫苗	免疫疾病	间隔日期	备注
4~6	猫三联苗	猫泛白细胞减少症、猫传染性鼻气管炎、杯状病毒病	首免后间隔21天	首年免疫共3次/次年后每年1次
8~10	犬四联苗	犬瘟热、腺病毒2型感染、副流感、细小病毒病	首免后间隔21天	首年免疫共3次/次年后每年1次
15~16	狂犬病疫苗	狂犬病	一年一次	每年注射

注：数据来自福州市动物园。

六、健康检查

（一）巡诊

1. 行为观察

每日观察豹的行为及变化，及时发现异常，采取必要的措施。豹日活动行为见表3-17。

表3-17 豹主要日活动行为表

时间段	主要行为	行为表现
5时—8时	交流行为	醒来舔毛整理，在室内走动，舔水，隔门与其他豹子相互闻嗅，在听到保育员进来的动静时，在门口左右踱步。
8时—11时	修饰行为	来到外场展示区四处走动，攀爬架子，闻嗅，舔毛，整理自身，有时靠近展出面的玻璃与游客进行近距离互动。
11时—14时	休息	春夏季喜欢在植被覆盖阴凉处俯卧或者侧卧休息，秋冬季喜欢在阳光直晒的栖架上趴卧休息。
14时—16时	探究行为	四处走动，攀爬栖架，闻嗅，舔毛，整理自身。

续表

时间段	主要行为	行为表现
16时—17时	采食行为	在笼舍门口周围不断徘徊,还会趴在能够看到保育员活动范围的围墙上观察保育员的活动,等候投喂食物,笼舍门打开时会迅速地跑回室内间进行采食。
17时—5时	休息	进食完,舔爪舔毛整理自身,然后隔门与其他豹子相互闻嗅,时常吼叫,但大部分时间都在室内栖架上睡觉休息。

注:资料来自福州市动物园。

2. 外观

观察动物有无受伤、活动是否正常,观察精神状况,是否精神沉郁,趴卧不动,对外界反应迟钝,或者精神是否过于亢奋、嚎叫或呻吟。

3. 生理指标

一般呼吸频率为30~40次/分钟,体温见表3-18。

表3-18 豹的体温

性别	均值(℃)	标准差(℃)	最小值(℃)	最大值(℃)	样本(次)	动物(只)
雄性	38.2	1.8	36	40.5	114	54
雌性	38.5	2.2	35	41	135	64
全部	38.4	2.0	35	41	249	114

注:数据来自福州市动物园。

4. 粪便与尿液

观察粪便的形状、颜色,是否太干燥,或者有无拉稀,有无夹杂杂质,比如毛发、草、碎骨头或者其他杂物。观察尿液的颜色是否正常,有无过多泡沫,气味是否正常。粪便评价参考详见图3-5。

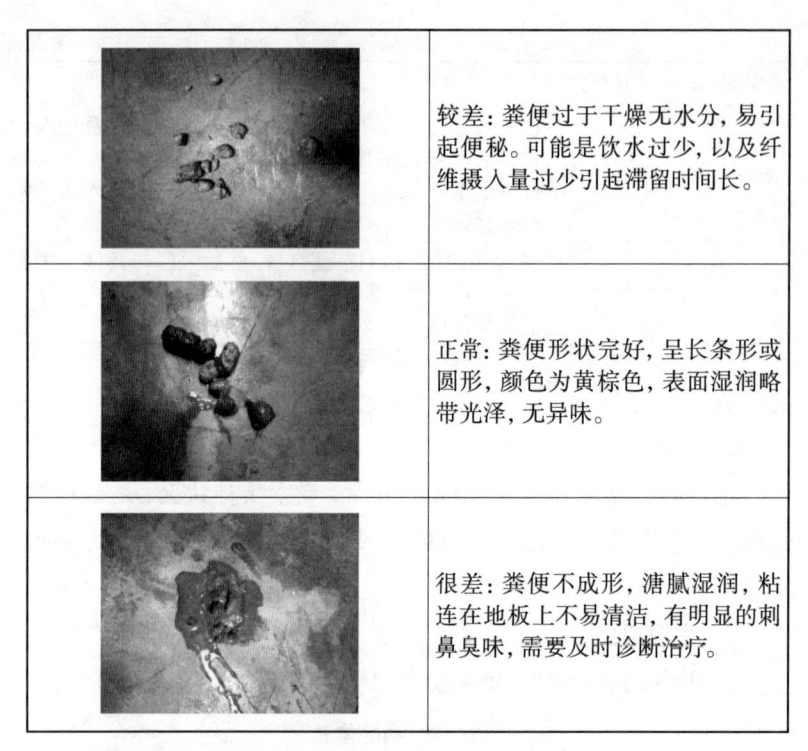

	较差：粪便过于干燥无水分，易引起便秘。可能是饮水过少，以及纤维摄入量过少引起滞留时间长。
	正常：粪便形状完好，呈长条形或圆形，颜色为黄棕色，表面湿润略带光泽，无异味。
	很差：粪便不成形，溏腻湿润，粘连在地板上不易清洁，有明显的刺鼻臭味，需要及时诊断治疗。

图3-5 不同粪便状况的评价参考

（二）寄生虫普查和驱虫

每年春季（4至5月）、秋季（9至10月）检查粪便寄生虫，每天采集1份，每份10~20g，连续采3天，进行检查。若虫卵检查结果为阳性，则须实施治疗性驱虫，并跟踪检查，直到再次检查为阴性。若结果为阴性，则需要进行预防性驱虫。

1. 治疗性驱虫

根据检查结果，确定使用的驱虫药种类以及制定驱虫方案。常用的驱虫药有：驱线虫用阿苯达唑（8~10mg/kg）、甲苯咪唑（8~10mg/kg）或左旋咪唑（2~3mg/kg）；驱绦虫用吡喹酮（20~25mg/kg）；驱吸虫用三氯苯唑（5~10mg/kg）。必要时可考虑联合用药。

2. 预防性驱虫

选用阿苯达唑、左旋咪唑、甲苯咪唑以及吡喹酮等药物进行轮换用药，投喂，1日1次，连服3日。

3. 注意事项

安排在上午给药；感染动物完成驱虫治疗后，要再次采集粪便送检，以检查驱虫效果；驱虫工作应与消毒工作结合进行，于投药3日后连续对兽舍消毒3日；驱虫应该尽可能避开繁殖期。对于生病体弱的动物个体，原则上应暂缓驱虫，待病愈后再驱虫，或可小剂量、多次给药。

（三）专项检查

根据健康管理计划，每年至少进行1次健康检查，包括血液、X光和B超等检查。豹的血常规、尿常规、血液生化指标参考范围参见表3-19至表3-22。

检查时，要保障操作人员的安全，6月龄以上动物要在化学保定下完成，操作需严格按照《动物园动物化学保定操作规程》进行。

表3-19 豹血常规指标参考范围

检查项目	单位	参考范围	检查项目	单位	参考范围
白细胞计数（WBC）	$\times 10^9$/L	7.30~15.3	血小板计数（PLT）	$\times 10^{12}$/L	204~480
红细胞计数（RBC）	$\times 10^{12}$/L	5.1~11.5	淋巴细胞（LYM）	%	6.5~18.3
血红蛋白（HGB）	g/L	128~158	中性粒细胞（NEUT）	%	81.7~93.6
平均红细胞体积（MCV）	fL	43.5~68.2	红细胞比容（HCT）	%	27~59
平均红细胞血红蛋白含量（MCH）	pg/cell	14.2~17.9	红细胞分布宽度（RDW）	%	16~18
平均红细胞血红蛋白浓度（MCHC）	g/L	281.8~327.2			

注：数据来自张振兴等，2009。

表3-20 豹血液生化指标参考范围

检查项目	单位	参考范围	检查项目	单位	参考范围
钠（Na）	mmol/L	149~156	谷丙转氨酶（ALT）	U/L	32~55
钾（K）	mmol/L	3.5~4.4	谷草转氨酶（AST）	U/L	24~35
氯（Cl）	mmol/L	109~117	碱性磷酸酶（ALP）	U/L	15~53
钙（Ca）	mmol/L	2.3~2.5	总蛋白（TP）	g/L	70.2~81.2
镁（Mg）	mmol/L	0.7~1	白蛋白（ALB）	g/L	33.9~38
尿素氮（BUN）	μmol/L	12.2~18.7	球蛋白（GLB）	g/L	32.9~42.3
尿酸（UA）	μmol/L	7.2~18	白蛋白/球蛋白（A/G）	—	0.87~1.13
肌酐（CR）	μmol/L	139~190	总胆红素（TBIL）	μmol/L	0.64~4.72
α-羟基丁酸脱氢酶（HBDH）	U/L	35~147	直接胆红素（DBIL）	μmol/L	0.08~0.86
肌酸激酶（CK）	U/L	249~699	间接胆红素（IBIL）	μmol/L	0.01~3.57
乳酸脱氢酶（LDH）	U/L	85~289			

注：数据来自张振兴等，2009。

表3-21 豹尿常规指标参考范围

检查项目	单位	参考范围	检查项目	单位	参考范围
酸碱度（PH）	—	4.5~6.5	酮体（KET）	mg/L	—
亚硝酸盐（NIT）	—	—	总胆红素（TBIL）	μmol/L	—
葡萄糖（GLU）	mmol/L	—	尿胆素原（URO）	μmol/L	—
总蛋白（TP）	g/L	—	尿比重（SG）	-	1.003~1.030
隐血（BLD）	mg/L	—	白细胞计数（WBC）	CEL/μL	—

注：数据来自张振兴等，2009。

表3-22 豹血液学指标参考值

检测项目	单位	均值	标准差	最大值	最小值	样本数（份）	动物数（只）
白细胞计数（WBC）	$\times 10^3/\mu L$	12.95	3.954	4.86	28.9	434	174
红细胞计数（RBC）	$\times 10^6/\mu L$	8.23	1.37	4.5	13.3	352	146
血红蛋白（HGB）	g/dL	12.4	1.6	8.6	18	369	154
红细胞比容（HCT）	%	37.2	5.2	23.4	52	436	174
平均红细胞体积（MCV）	fL	45.8	5.6	29.3	73.2	341	144
平均红细胞血红蛋白含量（MCH）	pg/cell	15.3	1.7	10.1	24.6	337	139
平均红细胞血红蛋白浓度（MCHC）	g/dL	33.4	2.8	23.7	42.9	358	151
血小板计数（PLT）	$\times 10^3/\mu L$	374	124	128	786	85	43
有核红细胞（NRBC）	/100 WBC	0	0	0	1	40	24
网织红细胞（RC）	%	0	0	0	0.1	21	12
中性分叶核粒细胞（NSG）	$\times 10^3/\mu L$	9.783	3.45	0.806	25.1	404	163
淋巴细胞（LYM）	$\times 10^3/\mu L$	1.788	1.069	0.158	9.51	406	164
单核细胞（MON）	$\times 10^3/\mu L$	0.409	0.362	0	3.648	346	152
嗜酸性粒细胞（EOS）	$\times 10^3/\mu L$	0.598	0.577	0	4.225	348	154
嗜碱性粒细胞（BAS）	$\times 10^3/\mu L$	0.146	0.357	0	2.295	60	45
中性杆状核粒细胞（NST）	$\times 10^3/\mu L$	0.925	1.443	0	8.38	142	71

续表

检测项目	单位	均值	标准差	最大值	最小值	样本数（份）	动物数（只）
红细胞沉降率（ESR）	mm/Hr	40	11	30	58	5	5
钙（Ca）	mg/dL	10	0.6	8.3	12.3	402	156
磷（P）	mg/dL	5.4	1	3	9.2	386	153
钠（Na）	mEq/L	152	4	140	162	370	148
钾（K）	mEq/L	4	0.4	2.9	5.2	385	156
氯（Cl）	mEq/L	119	5	105	135	365	145
碳酸氢盐（BC）	mEq/L	15.3	3.1	8	22	36	22
二氧化碳（CO_2）	mEq/L	15.5	3.2	9	25	125	67
渗透浓度/渗透压（OSM）	mOsmol/L	319	11	298	339	26	20
铁（Fe）	μg/dL	122	47	52	230	51	23
镁（Mg）	mg/dL	1.71	0.53	0.61	3.16	28	18
尿素氮（BUN）	mg/dL	34	10	16	79	419	170
肌酐（CR）	mg/dL	2.4	0.7	0.8	5.9	410	162
尿酸（UA）	mg/dL	0.2	0.2	0	1	175	84
总胆红素（TBIL）	mg/dL	0.2	0.1	0	0.8	384	157
直接胆红素（DBIL）	mg/dL	0.1	0.1	0	0.2	107	63
间接胆红素（IBIL）	mg/dL	0.1	0.1	0	0.5	105	61
葡萄糖（GLU）	mg/dL	129	44	52	309	413	166
总胆固酯（CHOL）	mg/dL	175	60	73	441	410	165
甘油三酯（TG）	mg/dL	27	14	0	79	226	99
肌酸激酶（CK）	IU/L	420	492	43	4170	215	106
乳酸脱氢酶（LDH）	IU/L	128	101	20	592	224	94

续表

检测项目	单位	均值	标准差	最大值	最小值	样本数（份）	动物数（只）
碱性磷酸酶（ALP）	IU/L	29	27	0	155	383	155
谷丙转氨酶（ALT）	IU/L	50	35	8	229	354	161
谷草转氨酶（AST）	IU/L	37	23	5	205	406	165
γ-谷氨酰转肽酶（γ-GT）	IU/L	3	3	0	13	189	97
淀粉酶（AMY）	U/L	917	411	220	2850	136	76
脂肪酶（LPS）	U/L	18	14	0	62	74	42
总蛋白/比色法（TP）	g/dL	7.4	0.6	5.5	9.6	340	146
球蛋白/比色法（GLB）	g/dL	3.9	0.7	2.3	6.4	300	137
白蛋白/比色法（ALB）	g/dL	3.4	0.4	2.3	4.6	301	137
纤维蛋白原（FIB）	mg/dL	0	0	0	0	1	1
皮质醇（COR）	μg/dL	24	0	24	24	1	1
总三碘甲腺原氨酸（TT3）	ng/mL	108.2	29.6	66	162	11	6
总甲状腺素（TT4）	μg/dL	2.4	0.9	0.9	4.9	40	23

注：数据来自国际物种信息系统。

第四节　豺健康标准

豺（*Cuon alpinus*）属于哺乳纲、食肉目、犬科。大小似犬，比狼略小，被毛红棕色，群居性，耐热、耐寒，是典型的山地动物，栖息地生境多种多样，以山地、丘陵为主。

一、体况评估

成年豺体长85~130cm，尾长45~50cm，体重10~20kg。

豺的体况评分BCS可采用5分制评分体系评估，主要检查3个方面：①肋骨评价。豺覆有被毛，使得视觉评价非常困难，如果可能的话，将双手拇指放于豺脊柱，伸展双手于肋弓，试着感受肋骨。②轮廓评价。检查豺外形轮廓，观察肋弓后腹部。③头顶检查。从头顶角度观察豺，看是否能观察到肋骨后腰部。多数体型匀称的豺有沙漏样外观。

BCS1消瘦：肋骨、腰椎、骨盆骨和所有骨骼突起明显；无可触及的脂肪；肌肉量明显缺少。

BCS2偏瘦：体重过轻；肋骨容易触及且可视；腰椎上部可视；骨盆骨突起；无可触及的脂肪；腰部和腹部皱褶明显。

BCS3合适：肋骨可触及且无过多脂肪覆盖；从上观察腰部容易看出；侧面观察腹部收起。

BCS4偏胖：肋骨可触及，脂肪覆盖过多；从上观察腰部可辨出，但不显著；腰区和尾根脂肪沉积明显；腹部皱褶可能看得见。

BCS5肥胖：肋骨由于覆盖过多脂肪无法触及或施加一定压力可触及；胸部、脊柱和尾根脂肪过度沉积；腰部和腹部皱褶缺失；颈部和四肢脂肪沉积；腹部明显膨大。

二、种群管理

（一）个体标识

多采用芯片法，于肩胛之间的颈背部皮下进行芯片注射。

（二）种群

豺是社群性动物，在野外豺群通常为5~12只个体为一群，也曾发现过40余只的超大群体。动物园须尽可能饲养数量合适的豺群，避免单只饲养，从而达到较好的展示效果，让动物表达更多的社群行为。

豺的行为来源于本能和后天的学习。在野生状态下豺群会共同捕猎、共同御敌、共同哺育幼仔，这些都是幼年豺学习的过程。圈养状态下，投喂活食时，母豺也会为幼仔进行捕猎示范。另外豺会出现"藏食"行为，在群养情况下表现更加明显，在投喂食物后，群体中的强者在占有的食物吃不完时，会将之藏在兽舍外的角落或坑穴中。而长期单独饲养的个体，由于食物充足，且不会被抢夺，藏食行为会逐渐减弱。

豺群的包容性很强，容易接受新的个体，更有报道称2013年在印度奥利萨邦的Debrigarh野生动物保护区，发生过一只孤狼在豺群附近徘徊，而豺群与孤狼互相接近，并彼此嗅闻对方的情况。为了避免近亲繁殖，野生豺会将自己成年的幼仔赶出豺群，让它们加入别的豺群。除此之外，豺群也会和其他豺群汇合，形成更大的族群。

三、场馆安全及展出保障

（一）场馆要求

在野外，豺群体领地可达12~84km^2，能够适应沙漠外的多种类型栖息地，攀爬、跳跃能力较强，会游泳，多在地面活动，奔跑速度可达50km/h。目前还没有豺的场地标准，为了保障福利，动场面积不宜过小，要有遮阴、躲避物等设施。群养豺在发情期、繁殖期、育幼期等特殊时期会有一定的攻击性，要设计串间保证保育人员的安全。

（二）隔障方式

豺为犬科动物，能游泳、善跳跃，前爪的抓刨和牙齿的撕拽能力较强，常用封顶网笼或玻璃展窗隔障，能够提供较好的展示视野。

（三）地面设计

豺的运动场地面可选用松软土地、树皮、树叶、垫草等铺垫物，同时要保证良好的排水性和地面干燥，有利于豺的健康。笼舍地面部为水泥地面，并进行粗糙处理，地面过于光滑易造成动物跑动过程中摔倒，引起运动损伤；同时趾甲在光滑地面的跑动磨损度不够，造成趾甲过度生长，从而影响豺的正常运动。

（四）温度和光照需求

豺在野外分布极为广泛，对温度的适应性极强，在我国西南、西北均有分布，几乎不需要特殊的保温措施。但是，北方地区室内需要取暖设备，冬季对于豺的育幼会存在一定的影响；炎热地区的夏季，需要在运动场地内提供遮阴、喷淋等设施，防止中暑。豺由于对温度没有明显的要求，所以常年能够接受阳光的照射，因此人工辅助照明并非必要，仅需方便工作人员的相关操作即可。

四、营养健康

（一）饲料日粮

野外状况下，豺的食物以大、中型有蹄类为主，也捕食啮齿类，偶尔捕食灵长类。此外还有豺采食果实等植物性食物的记录。圈养状态下，以牛肉、鸡架为主，也可配以羊排、鸡蛋、犬粮等食物，隔日饲喂。应尽量避免饲喂煮熟后的禽骨，易造成胃肠道黏膜划伤。圈养豺饲料营养及饲料配方,见表3-23和表3-24。

表3-23　豺饲料营养成分

营养成分	含量
粗蛋白	64.71%
粗脂肪	41.12%
能量	16028.33kJ

注:数据来自《圈养野生动物饲料配方指南》。

表3-24　豺饲料配方

饲料名称	用量(g)
牛肉	250
鸡架	250
羊排	1500

注:数据来自《圈养野生动物饲料配方指南》。

(二)饲喂管理

豺在饲喂时应补充维生素A和维生素D,同时饲喂带骨头的牛肉和羊肉,若饲喂不带骨肉,则需补充钙质。另外,豺有隐藏食物的习惯,夏季肉类食物易腐败变质,应及时清理防止动物生病,还要考虑到动物心理等方面因素,避免动物产生长期的挫败感。

五、防疫

(一)消毒

1. 常规性消毒

主要对水槽、饲料槽、兽舍等消毒,在每年的5月1日至9月30日之间，每天用清水冲洗，每周消毒1次；在每年的10月1日至第二年4月30日之间每两周消毒1次；食用的水果、蔬菜随时用随时消毒，用浓度0.1%的高锰酸钾泡20分钟后，用清水冲干净残余药物；制作饲料所用器械，每天需消毒1次。送料器具每日用热水清洗1次，每周消毒1次。

2. 临时性消毒

有传染性疾病发生时，应对疫点及周围环境进行全面消毒，消毒的频率、范围根据发病时的情况，参照相应的管理条例进行确认；动物进入新的笼舍或一段时间内没有使用的笼舍需进动物时，该笼舍要先消毒，后进动物；旧动物笼箱使用前必须先消毒；感染寄生虫动物驱虫后，其兽舍和运动场必须连续消毒3日；患病动物治疗期每天对所处环境消毒1次，治疗结束后进行1次全面消毒。

3. 注意事项

根据实际情况选择适当的消毒器具和消毒药，并根据要求配制好消毒药；清除环境中的有机物，包括粪、尿、干草等；按要求均匀喷洒药物；喷洒完药物后，保持浸泡20分钟；冲洗掉（土质地面不用）残留的消毒药。

按要求配制消毒液；使用消毒液之前要摇动药桶，混匀后再用；喷洒药液时必须全面，不可有漏喷的地方；一般情况下，消毒范围内不得有动物；水果、蔬菜等消毒后，必须冲洗干净才能投喂动物。

（二）疫苗接种

豺可以患多种传染病，如犬瘟热、犬细小病毒、传染性肝炎、传染性喉气管炎和肠炎、副流感、冠状病毒病、钩端螺旋体、狂犬病等，目前没有豺专用的疫苗，常用适于犬用的"犬二联""犬四联""犬六联""犬八联""狂犬灭活苗"等疫苗，能够起到较好的防护作用。

六、健康检查

（一）巡诊

1. 食欲和精神

貉的食欲和精神状况是个体健康情况的最明显指征。每天早上巡视观察兽舍是否存在剩余饲料，判断动物的取食情况，同时检查动物活动、步态等情况，综合进行判断。发现有精神沉郁等状况时，及时汇报，继续观察。

2. 生理指标

呼吸15~35次/分钟，心率60~90次/分钟。体温参考值见表3-25。

表3-25　貉的体温

性别	均值（℃）	标准差（℃）	最小值（℃）	最大值（℃）	样本数（次）	动物数（只）
全部	38.2	2.5	36	40	9	5

注：数据来自国际物种信息系统。

3. 粪便和尿液

貉的尿液淡呈黄色，清亮，排尿8~12次/天。貉的粪便与其他犬科动物无明显差异，为软硬适中的条状物，能明显区分软便、稀便，另外要仔细观察是否有明显血便情况。

（二）寄生虫普查和驱虫

每年春季（4至5月）、秋季（9至10月）取新鲜粪便检查寄生虫虫卵，重点检查绦虫、钩虫、蛔虫、球虫等。春季应同时检查体外寄生虫情况。

根据检查结果，如果检查虫卵呈阳性，要实施治疗性驱虫，并且需要进行追踪性检查，阴性个体要进行预防性驱虫。根据所选药物的说明书确定剂量，并进行投药。阿苯达唑是广谱驱虫的首选药物。

驱虫应尽量避开妊娠期、哺乳期；驱虫给药安排在上午，主治兽医要对喂药动物进行密切监视；感染动物完成驱虫后，要再次进行粪便检查，以检查驱虫效果；驱虫工作应与消毒工作结合进行，于投药3日后连续进行连续3日兽舍消毒；对发病体弱动物，原则上应暂缓驱虫，待病愈后再行驱虫。特殊情况时可小剂量、多次给药。

（三）专项检查

根据健康管理计划，定期进行检查，可根据个体情况确定检查内容和项目。血常规和血液生化数值可参照表3-26。

表3-26 豹血液学指标参考值

检测项目	单位	均值	标准差	最小值	最大值	样本数（份）	动物数（只）
白细胞计数（WBC）	$\times 10^3/\mu L$	9.087	2.765	5.65	15.3	12	8
红细胞计数（RBC）	$\times 10^6/\mu L$	10.51	1.6	7.64	12.4	9	8
血红蛋白（HGB）	g/dL	15.6	2	12.3	18.2	12	8
红细胞比容（HCT）	%	46.4	7.7	32.5	55.6	12	8
平均红细胞体积（MCV）	fL	44.6	7.3	26.2	51.2	9	8
平均红细胞血红蛋白含量（MCH）	pg/cell	14.5	1.2	13.1	16.1	9	8
平均红细胞血红蛋白浓度（MCHC）	g/dL	34.2	5.8	29.3	50.2	12	8
血小板计数（PLT）	$\times 10^3/\mu L$	541	0	541	541	1	1
网织红细胞（RC）	%	0.6	0.6	0.1	1	2	1

续表

检测项目	单位	均值	标准差	最小值	最大值	样本数（份）	动物数（只）
中性分叶核粒细胞（NSG）	$\times 10^3/\mu L$	5.784	1.629	4.03	9.11	10	6
淋巴细胞（LYM）	$\times 10^3/\mu L$	1.99	0.952	0.735	3.43	10	6
单核细胞（MON）	$\times 10^3/\mu L$	0.231	0.147	0.063	0.452	10	6
嗜酸性粒细胞（EOS）	$\times 10^3/\mu L$	0.268	0.145	0.075	0.41	9	6
中性杆状核粒细胞（NST）	$\times 10^3/\mu L$	0.086	0.039	0.058	0.113	2	2
红细胞沉降率（ESR）	mm/Hr	0	0	0	0	2	1
钙（Ca）	mg/dL	10	0.2	9.6	10.4	7	3
磷（P）	mg/dL	4.7	1	3.2	6.2	7	3
钠（Na）	mEq/L	149	3	145	153	7	3
钾（K）	mEq/L	4.5	0.2	4.3	4.8	7	3
氯（Cl）	mEq/L	115	3	111	121	7	3
碳酸氢盐（BC）	mEq/L	17.5	2.2	15.1	20	5	2
尿素氮（BUN）	mg/dL	35	12	22	60	9	5
二氧化碳（CO_2）	mg/dL	1.1	0.2	0.8	1.5	9	5
尿酸（UA）	mg/dL	0.3	0	0.3	0.3	1	1
渗透浓度/渗透压（OSM）	mg/dL	0.1	0.1	0	0.2	7	3
铁（Fe）	mg/dL	136	39	95	193	7	3

续表

检测项目	单位	均值	标准差	最小值	最大值	样本数（份）	动物数（只）
镁（Mg）	mg/dL	221	58	150	296	7	3
甘油三酯（TG）	mg/dL	85	13	76	94	2	1
肌酐（CR）	IU/L	148	50	75	192	5	2
乳酸脱氢酶（LDH）	IU/L	52	0	52	52	1	1
碱性磷酸酶（ALP）	IU/L	41	15	25	71	7	3
谷丙转氨酶（ALT）	IU/L	82	45	16	139	9	5
谷草转氨酶（AST）	IU/L	49	19	25	79	9	5
γ-谷氨酰转肽酶（γ-GT）	IU/L	3	1	2	3	2	1
淀粉酶（AMY）	U/L	1184	363	654	1556	7	3
脂肪酶（LPS）	U/L	230	84	162	371	5	2
总蛋白/比色法（TP）	g/dL	6.3	0.3	5.8	6.7	7	3
球蛋白/比色法（GLB）	g/dL	2.9	0.3	2.6	3.5	7	3
白蛋白/比色法（ALB）	g/dL	3.4	0.3	3.1	4	7	3

注：数据来自国际物种信息系统。

第五节 亚洲象健康标准

亚洲象（*Elephas maximus Linnaeus*），别名印度象、大象、亚洲大象，属哺乳纲、长鼻目、象科、亚洲象属，国家一级保护动物。是亚洲现存的最大陆生动物，象牙长达1 m，是雄象上颌突出口外的门齿，也是强有力的防卫武器。象的眼小耳大，耳朵向后可遮盖颈部两侧。四肢粗大强壮，前肢5趾，后肢4趾。尾短而细，皮厚多褶皱，全身被覆稀疏短毛。野生亚洲象现已较少，在东南亚一些国家驯养的家象、役象较多。中国的野生象仅分布于我国云南省南部与缅甸、老挝相邻的边境地区，数量十分稀少，屡遭猎杀，破坏十分严重。

一、体况评估

亚洲象头顶为最高点，成年体长5~6m，身高2.1~3.6m，体重见表3-27。

表3-27 亚洲象的体重

年龄	均值(kg)	标准差(kg)	最小值(kg)	最大值(kg)	样本数(次)	动物数(头)
0~1日龄	122.3	22.6	68.18	171	13	10
6~8日龄	137.4	20.3	117.3	181.4	8	4
0.9~1.1月龄	155	13.9	118.2	173.9	16	6
1.8~2.2月龄	192.7	12.8	158	206.8	13	4
2.7~3.3月龄	232	11.5	207.7	248.2	17	3
5.4~6.6月龄	325.2	23.3	277.3	363.2	14	3
0.9~1.1岁	402.3	125.9	236.4	560.5	19	5
1.8~2.2岁	840.9	238.1	424.5	1364	9	4

续表

年龄	均值(kg)	标准差(kg)	最小值(kg)	最大值(kg)	样本数(次)	动物数(头)
4.5~5.5岁	1769	287	1123	2073	21	5
9.5~10.5岁	2192	235	1600	2836	90	12
14.5~15.5岁	3217	836	1734	5018	35	14
19.0~21.0岁	3322	580	1990	4814	120	21

注:数据来自国际物种信息系统。

在健康评估实际工作中,为便于操作,亚洲象的体况评分BCS采用5分制。

BCS1消瘦:皮肤可见凹陷;头部有火山口凹陷;至少可见1~2根肋骨。

BCS2偏瘦:头部火山口凹陷几乎不可见;肋骨不可见;盆骨和肩胛骨可见突出,肩胛两侧凹陷或髂骨前和肩胛骨后凹陷。

BCS3合适:头部火山口凹陷不可见;肋骨不可见;盆骨和肩胛骨不可见;脊椎可见。

BCS4偏胖:看不到明显骨骼;颈下有较厚皮褶;在躯干上的皮肤没有皱纹结构。

BCS5肥胖:看不到明显骨骼;前腿、躯干以及颈下具有非常厚(>3 cm)皮褶结构。

另外,目前行业内多采用斯里兰卡帕拉代尼亚大学Shanmugasundaram Wijeyamohan等人制定的体况评分BCS10分制体系进行评价,该体系通过对各个性别和所有年龄阶段的野生和圈养象体况观察后所制定。主要观察和测量内容:①肋间肌凹陷程度,有几根肋骨凸显。②胸骨和骨盆骨是否明显可见。③肩胛骨和髂骨边缘显露程度。④额峭结构,有无火山口形状及程度。⑤脊柱旁两侧组织是否凹陷。⑥颈下,前腿和躯干之间。⑦皮褶结构,肛门下V型皮褶测量。常规测量如身高、体长、颈围、胸围、腹围以及影像记载对比。通过以上内容定期检查和记录，能够真实反映亚洲象个体的体况。

BCS1：肋间隙之间可见凹陷（肋间凹陷），可以轻易地计数出5根以上的肋骨；胸骨和骨盆骨均明显可见，肩胛骨和髂骨的边缘清晰可见；脊柱骨非常明显，在肩胛骨后方的脊柱颅侧缘末端可见一个较深凹陷；额部可见较深凹陷的额嵴，环绕着颞部区域形成火山口样表现。

BCS2：肋间隙之间的凹陷并不深，但是仍可见明显的凹陷表现（肋间凹陷）；肋骨清晰可见，极易清晰观察并计数5根肋骨；胸骨和骨盆骨明显可见，肩胛骨和髂骨边缘非常清楚；脊柱骨非常明显，在肩胛骨后方的脊柱颅侧缘末端可见一个较深的凹陷，但凹陷内可见一定程度肌肉充盈；额部可见较深凹陷的额嵴，且环绕着颞部区域形成火山口样的较深凹陷表现。

BCS3：肋间隙不容易观察到；但有1~2根肋骨仍然明显；肩胛骨的颅侧缘不明显，但是尾侧缘仍然可见；可见骨盆骨，髂骨的颅侧缘仍然明显可见，沿髂骨的颅侧缘边缘可观察到一个腔洞样结构；脊柱骨仍然明显可见，但是肩胛骨后方的脊柱颅侧缘末端的凹陷已几乎填满；头部的火山口样凹陷表现浅平，可以容易观察到额嵴结构。

BCS4：看不到肋骨结构；但是仍可见到肩胛骨和骨盆骨；在肩胛骨的尾侧缘和髂骨的前缘可见凹陷；仍然可以清楚地观察到肩峰处凹陷；脊柱骨仍然明显；头部的火山口样凹陷表现非常浅平，但仍可容易地见到额嵴结构。

BCS5：可见胸骨和骨盆骨结构；肩峰的凹陷已不可见；在肩胛骨的尾侧缘和髂骨的前缘可见凹陷；头部的火山口样凹陷已几乎完全填满，但仍可见到额嵴结构。

BCS6：胸骨和骨盆骨均可见，但骨骼边缘几乎观察不到；在肩胛骨的后缘和髂骨的前缘已经没有孔洞样结构或凹陷；脊柱骨在躯体后部表现连贯一致；头部已经看不到火山口样凹陷，但仍可见额嵴结构。

BCS7：胸骨和骨盆骨均不明显，只有在动物行走时才能观察到骨性结构；脊柱骨在躯干部位稍微可见；在前额观察不到凹陷区域，可见额嵴结构。

BCS8：即使大象在移动时仍观察不到骨性结构；在颈下可见厚的皮褶结构；在躯干上的皮肤没有皱纹结构。

BCS9：比体况8级的大象更胖；前腿、躯干以及颈下具有非常厚的（约3~4cm）皮褶结构。

BCS10：异常肥胖；在颈下具有非常厚的皮褶卷，测定皮褶厚度可能达到5cm。

并在可见判断的骨骼结构基础上，还设定了二分式检索表的次级评定系统（见表3-28），以求最小化可能造成的混淆，特别是在对野外环境下的大象进行评分。在判断2个体况评级上遇有不同情况时，建议采用更高评级的判定。

表3-28 大象体况评分二分式检索表

等级	体况描述	评定等级
Ⅰ	a. 皮肤可见凹陷，可见部分骨骼	至Ⅱ
	b. 骨骼不可见	至Ⅸ
Ⅱ	a. 肋骨可见	至Ⅲ
	b. 肋骨不可见	至Ⅴ
Ⅲ	a. 超过5根以上的肋骨可见	体况评级1级
	b. 5根或是少于5根肋骨可见	至Ⅳ
Ⅳ	a. 最多可见5根肋骨	体况评级2级
	b. 可见1~2根肋骨	体况评级3级
Ⅴ	a. 肩胛骨和骨盆骨仍可见到	至Ⅵ
	b. 肩胛骨和骨盆骨不可见	至Ⅷ
Ⅵ	a. 肩峰处可见凹陷	体况评级4级
	b. 肩峰处未见到凹陷	至Ⅶ

续表

等级	体况描述	评定等级
Ⅶ	a. 在肩胛骨后和髂骨前可见凹陷	体况评级5级
	b. 在肩胛骨后和髂骨前未见凹陷	体况评级6级
Ⅷ	a. 脊柱可见	体况评级7级
	b. 脊柱不可见	至Ⅸ
Ⅸ	a. 未见到骨性结构	体况评级8、9、10级

注：数据来自斯里兰卡帕拉代尼亚大学Shanmugasundaram Wijeyamohan等人。

二、种群管理

（一）个体标识

芯片法，注射于尾根左侧皮肤皱褶处。

（二）种群

大象是群居性的动物，其行为来源于本能和后天学习。圈养管理时，动物园要尽可能饲养数量合适的象群，以保障大象的福利。同时也保护了它们学习"象群文化"的自然行为。

野生象群以家庭单位活动，由1头成年雄象和几头雌象组成。动物园要有稳定象群体，确保象群中的个体每天至少有16小时相处时间，雌象可以合在一起饲养。根据日常工作需求，饲养设备应具有隔离区域，但绝对不能让常在一起的雌象彼此分开时间过长。

象群中雌象稳定的关系，有益于大象群体的发展。圈养环境中，雌象如果有机会目睹其他雌性生产分娩过程，将会增加它们以后产仔的成功率。家庭群体对于幼年象成长过程中社会关系的形成很重要，不同体型的大象通过玩耍就可以了解彼此间实力差距，随后彼此间会进行适度的接触。

在野外，公象在母象群中长大，在性成熟后，它们会自己离开或被母象赶出象群，公象会在母象群附近组成单身公象群，雄性亚洲象一生中30%的时间是在象群中度过的。年轻的公象会表现出特别喜欢与成年公象为伴，对成年公象"英雄崇拜"，所以，公象群中宜有一只成年公象，这样象群中的攻击行为会降到最低，群体中年轻公象性成熟年龄也会提前。圈养条件下，雄性亚洲象6岁可以成功繁殖后代，非洲象8岁可以繁殖后代。而野外的公象25岁才成年繁殖后代。

三、场馆安全及展出保障

（一）场馆要求

大象是大型草食动物，在设计饲养展示环境时，需要考虑体重大（5.5t）、肩高（3.1m）、鼻子长（能够到的高度6.1m）等特点，保障安全。

1. 圈舍

每只大象的内舍面积不低于60m^2，对于长有长牙或怀孕、哺乳幼子的大象，面积不低于100m^2，屋顶高度最低处不能低于6.1m，操作道的宽度不低于4.1m，栏杆的高度不低于2.5m、直径不低于10cm、间距不大于40cm。墙壁和栏杆上安置一些直径20cm左右粗木。内舍地面需要进行特殊处理，常用的方法是在水泥凝固之前用毛刷处理，既保证足够平整，又保证在潮湿状态下大象不会滑倒。地面过于粗糙易导致大象蹄底损伤，而且不利于打扫和冲刷。

2. 运动场

适于2只大象的室外运动场面积不低于800m^2，每增加一只成年个体，面积需要增加25%。运动场必须保证排水性能良好，要有沙土、泥浴坑、遮阴篷、水池、蹭痒桩等丰容设施。水池最低的要求是成年个体可以舒适地侧躺在里面时,有一半以上的躯干处于水面下。蹭痒桩高度从200cm到350cm不等,直径不低于40cm。

3. 隔障方式

大象运动场常用的隔障措施有栏杆、壕沟、电网等。壕沟深度不低于2m,宽度不少于3.5m,底部硬质地面。可在壕沟边缘(运动场侧)设置电网。游客侧栏杆不低于2m,防止游客翻越。

(二)环境要求

1. 温度需求

大象适宜的温度15℃~25℃。运动场要提供遮阳棚、挡风挡雨棚、洗浴水池等条件,大象可以在没有雨雪的天气到室外自由活动,但是当气温降到10℃时,要允许大象随时进入到内舍。北方的室内要有取暖设备,大象室内温度不低于15℃。

2. 光照需求

室内以自然光照为主,必要时可以用日光灯补充。在任何状态下提供充足的照明,以保证保育员的操作安全。从照明到黑暗需要过渡,以免对动物造成应激。

(三)其他要求

雄性大象发情期情绪变化很大,安全操作尤为重要。拴脚链是安全保障的必要措施,要坚持训练,保证治疗、检查等必要时能够拴上脚链。行为训练是必须的工作任务,要用科学、规范的方法进行训练。大象的记忆力超强,日常操作中,尽量不要采取过于强的负面刺激,不要有明显的偏颇行为,这些行为都容易给大象留下不好的印象,并引起"意外"伤害。清扫、串笼、饲喂等操作,必须谨慎,应两人协同操作。

四、营养健康

(一)饲料日粮

在野外,亚洲象以嫩树枝、叶、野果、嫩竹及其他植物为主要食物,有时也盗食农作物。在动物园,亚洲象的粗饲料主要以青草、干草等为主,每日都应充分供应,并保质保量,同时补充应季的水果、蔬菜和精饲料。在北方动物园,在冬季主要喂干草等;夏季多喂青绿饲料,如鲜芦苇、青草、青苜蓿、苏丹草,条件允许时,青草足量;水果、蔬菜和精饲料,要根据体重和性别提供,5t重的成年雄象的精料7~8kg,3t重成年雌性亚洲象日粮颗粒料为5~6kg。冬季没有青草时,给予胡萝卜、白菜、苹果等多汁饲料,每只每日20~30kg,精饲料、水果、蔬菜分上下午两次喂食。

(二)饲喂管理

饲喂干草时,应先开捆检查是否霉变,并清除其内杂物(铁钉、铁丝等);饲喂青草时,要切除根,挑拣出腐烂变质部分;西瓜、南瓜等瓜类饲料喂前要洗净和消毒、要剖切检查,以防变质中毒。每天及时清除吃剩的草、料。食物转换季节,要逐渐过渡,防止出现应激性便秘、腹泻等。

五、防疫

(一)消毒

1. 常规性消毒

象水槽、兽舍等,在每年5月1日至9月30日之间,每天用清水冲洗,每周消毒1次;在每年10月1日至次年4月30日之间每两周消毒1次;食用的水果、蔬菜随时用随时消毒，用浓度0.1%的高锰酸钾泡20分钟后，用清水冲干净残余药；制作饲料所用器械，每天需消毒1次。送料器具每日用热水清洗1次，每周消毒1次。

2. 临时性消毒

有传染性疾病发生时，对疫点及周围环境进行全面消毒，消毒的频率、范围根据发病时的情况，参照《动物园消毒操作指南》；动物进入新的笼舍或一段时间内未使用的笼舍需进动物时，该笼舍要先消毒，后进动物；旧动物笼箱使用前必须先消毒；感染寄生虫动物驱虫后，其兽舍和运动场必须连续消毒3日；患病动物治疗期每天对所处环境消毒1次，治疗结束后进行1次全面消毒。

3. 注意事项

必须按要求配制消毒液；使用消毒液之前要摇动药桶，混匀后再用；喷洒药液时必须全面，不可有漏喷的地方；消毒范围内不得有动物；水果、蔬菜等消毒后，必须冲洗干净才能投喂动物。

（二）疫苗接种

大象有结核病、疱疹病毒病、痘病、魏氏梭菌病等疫病发生，但是国内目前尚没有适宜的疫苗接种。

六、健康检查管理

（一）巡诊

1. 行为观察

观察行为是健康管理的重要措施，观察身体姿势、取食、饮水、排粪、撒尿、起卧等，及与保育员的互动行为。关注排粪量的减少或增加（腹泻）以及粪和尿的性质改变。粪团表面发亮（好似包裹了玻璃纸）意味着便秘。象兴奋或发怒时粪团很快会变松软。

亚洲象对疼痛极为敏感，蹄部、关节、腿部肌肉等损伤时，行走步态改变、跛行，甚至强直。非疼痛性疾病也会导致步态的改变（如关节强直、形态结构缺陷和肢体变形）。因此，要重视对象步态细微变化的认识，因为这种步态变化可能预示着更为严重的疾病。用于马匹跛行诊断的基本原理也适用于象，唯一例外是象前肢疼痛着地时不抬头。检查人员必须留意某只脚触地的时间。

2. 生理指标

心率为25~35次/分钟，呼吸为4~8次/分钟，兴奋时超过15次/分钟，直肠温度与同直肠内膜接触是否紧密相关，体温参见表3-29。

表3-29 亚洲象的体温

性别	均值（℃）	标准差（℃）	最小值（℃）	最大值（℃）	样本数（次）	动物数（头）
雄性	36.3	1	36	37	3	2
雌性	36.1	0	36.1	36.1	1	1
全部	36.3	0.9	36	37	4	3

注：数据来自国际物种信息系统。

3. 尿

象尿液呈稻草色至琥珀色，清亮至浑浊，浑浊度取决于尿内存在的结晶。尿比重为1.019（1.010~1.035），与饲料成分、饮水量有关，缺水24~96小时对尿比重无明显影响。排尿频率8~12次/天。

（二）寄生虫普查和驱虫

每年春、秋2次寄生虫检查。如果实验室检查虫卵呈阳性，须实施治疗性驱虫，并且需要进行追踪性检查和治疗。

1. 具体操作

每年春季（4至5月）、秋季（9至10月）取每头象新鲜粪便，检查寄生虫虫卵。根据检查结果，阴性者进行预防性驱虫，阳性者要根据虫卵的种类选择驱虫药物。近几年，阿苯达唑是驱虫的首选药物。

（1）预防性驱虫：阿苯达唑，剂量为5mg/kg，服药体重=体重－1/3体重。掺入精料中投喂，每日1次，连服3日。

（2）治疗性驱虫：根据检查虫卵的种类，确定服用驱虫药种类和剂量，通常以线虫为主的用药是阿苯达唑，剂量为5~8mg/kg，必要时可考虑联合用药。

2. **注意事项**

驱虫方案要报兽医主管同意；驱虫应尽量避开妊娠期、哺乳期；安排在上午给药，主治兽医要对喂药动物进行密切监视；感染动物完成驱虫后，要再次进行粪便检查，以检查驱虫效果；驱虫工作应与消毒工作结合进行，于投药3日后连续进行3日兽舍消毒；对发病体弱动物，原则上应暂缓驱虫，待病愈后再行驱虫。特殊情况时可小剂量、多次给药。

（三）专项检查

根据健康管理计划，进行血液、粪便、尿液检查；触诊耳背侧根部血管，计数心律；由于大象的体形过大、皮肤太厚，不适于进行设备检查。血液学指标参考见表3-30。

表3-30 亚洲象血液学指标参考值

检测项目	单位	均值	标准差	最小值	最大值	样本数	动物数
白细胞计数（WBC）	$\times 10^3/\mu L$	14.44	4.515	5.4	35.2	2369	173
红细胞计数（RBC）	$\times 10^6/\mu L$	3.07	0.56	1.64	6.06	1983	159
血红蛋白（HGB）	g/dL	13.1	2.1	6.8	24.9	2042	172
红细胞比容（HCT）	%	37	5.8	20.3	61.6	2479	177

续表

检测项目	单位	均值	标准差	最小值	最大值	样本数	动物数
平均红细胞体积（MCV）	fL	122.1	13.8	47.1	213.2	1962	157
平均红细胞血红蛋白含量（MCH）	pg/cell	43.1	5	16.6	73.2	1924	158
平均红细胞血红蛋白浓度（MCHC）	g/dL	35.3	3.4	16.9	68.6	2001	168
血小板计数（PLT）	$\times 10^3/\mu L$	432	205	92	1394	629	69
有核红细胞（NRBC）	/100 WBC	1	1	0	3	120	47
网织红细胞（RC）	%	0.2	0.8	0	3.3	19	14
中性分叶核粒细胞（NSG）	$\times 10^3/\mu L$	4.737	2.786	0.291	23.9	1968	153
淋巴细胞（LYM）	$\times 10^3/\mu L$	5.296	3.27	0.196	20.6	1981	153
单核细胞（MON）	$\times 10^3/\mu L$	3.665	2.892	0	9.983	1700	148
嗜酸性粒细胞（EOS）	$\times 10^3/\mu L$	0.604	0.892	0	6.448	1437	135
嗜碱性粒细胞（BAS）	$\times 10^3/\mu L$	0.18	0.118	0	0.832	165	53
嗜苯胺蓝细胞（A）	$\times 10^3/\mu L$	0	0	0	0	5	3
中性杆状核粒细胞（NST）	$\times 10^3/\mu L$	1.276	1.95	0	11.4	416	95
红细胞沉降率（ESR）	mm/Hr	110	11	81	135	33	4
钙（Ca）	mg/dL	10.6	0.9	0	17.9	1498	160
磷（P）	mg/dL	5	1.2	2.3	11.1	989	152
钠（Na）	mEq/L	130	5	99	181	1129	154

续表

检测项目	单位	均值	标准差	最小值	最大值	样本数	动物数
钾（K）	mEq/L	4.6	0.6	3	7.7	1139	160
氯（Cl）	mEq/L	89	4	77	103	998	152
碳酸氢盐（BC）	mEq/L	26.5	6.2	18	65	96	38
二氧化碳（CO_2）	mEq/L	24.9	4	15	40.8	357	74
渗透浓度/渗透压（OSM）	mOsmol/L	263	25	0	325	133	23
铁（Fe）	μg/dL	63	25	0	158	117	33
镁（Mg）	mg/dL	2.27	1.77	0	22.3	138	43
尿素氮（BUN）	mg/dL	13	4	4	38	1567	163
肌酐（CR）	mg/dL	1.6	0.4	0.7	3.3	1521	164
尿酸（UA）	mg/dL	0.2	0.3	0	3.4	301	62
总胆红素（TBIL）	mg/dL	0.2	0.2	0	1.2	1034	158
直接胆红素（DBIL）	mg/dL	0.1	0.1	0	1.3	296	80
间接胆红素（IBIL）	mg/dL	0.1	0.1	0	0.6	286	78
葡萄糖（GLU）	mg/dL	92	21	33	223	1568	166
总胆固醇（TC）	mg/dL	46	17	0	189	791	139
甘油三酯（TG）	mg/dL	59	41	10	329	838	90
肌酸激酶（CK）	IU/L	224	182	23	1714	662	127
乳酸脱氢酶（LDH）	IU/L	645	686	46	4769	600	96
碱性磷酸酶（ALP）	IU/L	134	61	0	450	1478	160
谷丙转氨酶（ALT）	IU/L	8	9	0	112	974	135
谷草转氨酶（AST）	IU/L	22	11	4	97	1491	164
γ-谷氨酰转肽酶（γ-GT）	IU/L	7	5	0	33	459	108

续表

检测项目	单位	均值	标准差	最小值	最大值	样本数	动物数
淀粉酶（AMY）	U/L	3114	2417	0	9866	284	78
脂肪酶（LPS）	U/L	17	18	0	102	103	42
总蛋白/比色法（TP）	g/dL	8.1	0.8	5.2	12.1	1531	155
球蛋白/比色法（GLB）	g/dL	4.9	0.9	2.5	8.6	938	144
白蛋白/比色法（ALB）	g/dL	3.3	0.5	1.9	5.1	947	145
纤维蛋白原（FIB）	mg/dL	367	182	0	909	298	76
球蛋白/电泳法（GLB）	g/dL	2.7	2.7	0	9	13	7
白蛋白/电泳法（ALB）	g/dL	4.1	0.5	3.5	4.9	5	4
α-球蛋白/电泳法（α-GLB）	mg/dL	167.3	288.1	0.7	500	3	3
α1-球蛋白/电泳法（α1-GLB）	mg/dL	0.8	0.1	0.6	1	8	7
α2-球蛋白/电泳法（α2-GLB）	mg/dL	0.8	0.2	0.5	1.1	8	7
β-球蛋白/电泳法（β-GLB）	mg/dL	0.8	0.6	0.3	1.4	3	3
皮质醇（COR）	μg/dL	2	1	0.5	5.4	36	5
睾酮（T）	ng/mL	20.34	27.95	0.57	40.1	2	2
孕酮（P）	ng/dL	23.35	60.44	0.02	448	579	14
总三碘甲腺原氨酸（TT3）	ng/mL	111.2	17.5	89.9	139	12	2
游离三碘甲状腺原氨酸（FT3）	pg/mL	2.3	1	0.8	3.7	11	2
总三碘甲腺原氨酸摄取量（TT3）	%	28	2	26	29	2	2
总甲状腺素（TT4）	μg/dL	11.3	1.8	7.2	14.8	23	11

续表

检测项目	单位	均值	标准差	最小值	最大值	样本数	动物数
维生素E(VE)	μg/mL	0	0	0	0	3	3
维生素E,α (VE,α)	μg/dL	12	14	0	42	13	5

注：数据来自国际物种信息系统。

第六节 长颈鹿健康标准

长颈鹿（*Giraffa camelopardalis*）属哺乳纲、鲸偶蹄目、反刍亚目、长颈鹿科、长颈鹿属。长颈鹿科由两个现存的属和两个物种长颈鹿和霍加狓组成，都原产于非洲大陆。长颈鹿有9个亚种，每个亚种均可由特定的地理范围、皮毛图案和皮毛颜色所识别，亚种间栖息地重叠，野外会杂交。是最大的反刍动物和最高的哺乳动物，面临的主要威胁是食肉动物猎食、偷猎、栖息地改变。

一、体况评估

成年长颈鹿高4~5.5m，体重见表3-31。

表3-31 长颈鹿的体重

年龄	均值(kg)	标准差(kg)	最小值(kg)	最大值(kg)	样本数(次)	动物数(只)
0~1日龄	64.48	11	33.18	86	86	83
0.9~1.1月龄	80.92	13.02	65	112	9	4
1.8~2.2月龄	108.4	4.7	105	116.4	5	1
4.5~5.5岁	752	56.1	667	854	22	5
9.5~10.5岁	782.2	60.4	626	820	9	3

注：数据来自国际物种信息系统。

长颈鹿体况评分BCS标准常用5分制（美国动物园和水族馆协会，AZA）和8分制（欧洲动物园和水族馆协会，EAZA）两种。在健康评估工作中推荐使用AZA长颈鹿体况评估5分制系统。

BCS1消瘦：颈部和肩部消瘦，骨骼结构很容易看到，无脂肪；马肩隆部消瘦，骨骼结构很容易看到，无脂肪；腰部和背部消瘦，棘突很容易辨认；髋结节和坐骨结节非常突出；肋部瘦削，肋间距宽而凹陷。

BCS2偏瘦：脖子细，围长减小；马肩隆部瘦，骨骼结构明显；腰部和背部棘突无法单独辨识，但脊柱仍然突出，横突隐约可见；髋结节呈圆形，但仍然明显，坐骨结节可稍微辨识；肋骨仍然可见，但触摸起来可辨识脂肪。

BCS3合适：脖子粗，肩部平坦；马肩隆有脂肪沉积，骨骼结构可见性降低；背部向马肩隆倾斜；尾根周围有脂肪，臀部平坦；肋骨不可见，但触摸可辨别。

BCS4偏胖：脖子粗，脂肪沉积明显，肩部略圆；马肩隆部脂肪沉积明显；腰部和背部出现脂肪沉积，背部看起来更平坦；臀部丰满；肋骨不可见，脂肪沉积可能明显。

BCS5肥胖：沿颈部脂肪明显，脂肪膨隆，脖子粗，颈部无缝融入肩部，肩部呈圆形；马肩隆部脂肪沉积，使马肩隆眼观更平坦，不易辨识；背宽而平坦，片状脂肪；臀部/大腿非常圆润；肋部出现明显的脂肪沉积。

二、种群管理

（一）个体标识

使用芯片法，注射在尾根左侧皮肤皱褶处。

（二）种群

长颈鹿是群居动物,群中成年雌性长颈鹿都愿意照顾其他雌性同伴的后代。而成年雄性长颈鹿则会为争夺交配权而打斗。长颈鹿全年可繁殖,雌性2岁性成熟,但雄性通常在7岁时才能繁殖。妊娠期15个月左右,多单胎,哺乳期持续6到12个月。长颈鹿幼仔出生时的平均身高为1.8m左右,长得非常快,第1个月就可长高23cm,主要是在颈部部分。在出生后6个月内,可以长高100cm,第2年生长速度会减慢到每月只长高2cm。雌性长颈鹿繁殖年龄可持续到20岁左右。

三、场馆安全及展出保障

（一）场馆要求

长颈鹿场馆的设计、建设需要充分考虑其身高、腿长、脖子长等特点。

1. 兽舍

内舍面积不小于50m^2,室内高度不低于6.5m,室内地面应防滑。串门的高度、宽度要保证动物顺利进出。

2. 运动场

与室内平面处于同一水平,可略低是室内,尽量减少进出门的坡度,适合饲养2只的面积不小于500m^2,每增加一只,至少增加25%的面积。地面要保证良好的排水功能;要有硬地面给蹄部提供以足够的摩擦;要种植高大乔木,乔木树杈、丰容等设施要严格进行安全评估,乔木周围要有保护围网,并网眼间隙不大于3cm,以避免长颈鹿把舌头和角探入。

3. 隔障方式

运动场常用栏杆与壕沟隔障,围栏高度不低于3m,壕沟深度不低于1m、宽度不低于4m,内侧为硬质斜坡,坡度不大于30度。并应注意防止长颈鹿把脖子伸出去接触到游客。

(二)环境要求

1. 温度

长颈鹿怕冷,一般温度低于10℃时应保证长颈鹿能进入室内饲养空间。北方地区的场馆内要设置取暖设施,室内保持在15~20℃。

2. 光照

长颈鹿室内饲养环境照明基本上以自然光照为主,必要的时候用人工照明补充,保证保育员的操作安全。

四、营养健康

(一)饲料日粮

长颈鹿为食枝叶动物,以各种枝叶为主食且选择性强,野生环境食谱超过100种植物,常食植物有使君子科(灌木、柳树和终端属等)和含羞草亚科(合欢属和金合欢属)。长颈鹿耐渴,可以隔3天喝1次水,但是仍需通过枝叶和露水获取部分水分。

圈养条件下,北方夏季主要饲喂鲜桑叶,冬季是玻璃叶、槐树叶、苜蓿粉等,补充颗粒料、豆类或豆科牧草混合干草。饲料营养成分为粗蛋白含量10%~14%、脂肪含量2%~5%、淀粉含量低于5%和纤维含量至少25%组成。严格控制高蛋白食物,高蛋白食物易在瘤胃内高度发酵,发生瘤胃酸中毒或瘤胃迟缓,长期可导致代谢性疾病的发生。饲料中添加适量的墨鱼骨粉和微量元素及盐砖供舔舐,提供24小时清洁饮水。长颈鹿日常饲料种类见表3–32。

表3-32 长颈鹿日常饲料表

饲料种类	平均每头量(kg)	饲料种类	平均每头量(kg)	饲料种类	平均每头量(kg)
紫荆叶	14.444	苹果	0.0556	橙子	0.0222
山紫甲	3.3333	南瓜	0.0222	大葱	0.0333
小叶榕	13.333	颗粒料	0.4444	姜	0.0111
桑叶	4.1667	苜蓿草	3.3333	熟黄豆	0.0278
胡萝卜	0.0556	洋葱	0.0278		

注：数据来自广州动物园。

（二）饲喂管理

新鲜枝叶每天先进行修剪，去除杂草和异物，修剪整齐后捆绑挂起一部分，剩余部分枝叶类饲料留下多次给予，可延长采食时间，这是为了更接近野外长颈鹿一天大部分时间均在寻找和采食枝叶的习性。颗粒料和水果一般可每天分2次给予，总量控制。由于个体之间采食速度差异，可给每头长颈鹿设置一个料盘以定点投喂，并有保育员监督避免动物抢食。

五、防疫

（一）消毒

1. 常规性消毒

水槽、饲料槽、兽舍等每天用清水冲洗，按制度要求消毒；食用的水果、蔬菜随时用随时消毒，用浓度0.1%的高锰酸钾泡20分钟后，用清水冲干净残余药；制作饲料所用器械，每天消毒1次。送料器具每日用热水清洗1次，每周消毒1次。

2. 临时性消毒

有传染性疾病发生时,对疫点及周围环境进行全面消毒,消毒的频率、范围根据发病时的情况,参照相应的管理条例执行;动物进入新的笼舍或一段时间内没有使用的笼舍时,该笼舍要先消毒,后进动物;旧动物笼箱使用前必须先消毒;寄生虫感染的动物驱虫后,其兽舍和运动场必须连续消毒3日;患病动物治疗期每天对所处环境消毒1次,治疗结束后进行1次全面消毒。

3. 消毒操作

根据情况选择适当的消毒器具和消毒药,并根据要求配制好消毒药;清除环境中的有机物,包括粪、尿、干草等;按要求均匀喷洒药物;喷洒完药物后,保持浸泡20分钟;冲洗掉(土质地面不用)残留的消毒药。

4. 注意事项

必须按要求配制消毒液,切勿浓度过高或过低;使用消毒液之前要摇动药桶,混匀后再用;喷洒药液时必须全面,不可有漏喷的地方;消毒范围内不得有动物;水果、蔬菜等消毒后,必须冲洗干净才能投喂动物。

(二)疫苗接种

长颈鹿曾患过魏氏梭菌病、结核病、口蹄疫、蓝舌病等。曾使用自家灭活魏氏梭菌疫苗进行过接种,但因为疫苗接种副作用,易造成局部脓肿坏死。没有接种其他疫苗记录。

六、健康检查

（一）巡诊

1. 行为观察

长颈鹿是反刍动物，大部分时间在站立、行走和采食，排便、分娩时都处于站立姿态。成年雄性之间会经常打架，是正常行为。圈养的长颈鹿夜间卧地休息；雄性之间常隔栏绕颈；经常出现舔舐墙壁、柱子、树干等行为，推测与饲料中粗纤维不足或环境相关因素有关。

2. 体重

体重检查在长颈鹿的健康评估中非常重要，根据体重的不同可以评估幼鹿生长发育状况、妊娠期的母鹿体况和胎儿发育情况以及老龄长颈鹿的体况评估等。青年鹿，特别是6月龄内的幼鹿体重增长显著，孕中后期母鹿体重稳定增加，老龄鹿体重稳定或逐步下降，如发现体重持续大幅度下降则需密切关注。

3. 生理指标

成年长颈鹿的静息心率约为60次/分钟，平静状态下长颈鹿的收缩压、舒张压范围分别是180~120mmHg到140~90mmHg，每分钟呼吸12~20次，静息潮气量大约是4L，体温可参见表3-33。

表3-33 长颈鹿的体温

性别	均值（℃）	标准差（℃）	最小值（℃）	最大值（℃）	样本数（次）	动物数（只）
雄性	38.2	2.3	36	41	15	11
雌性	37.2	1.1	37	39	12	8
全部	37.7	2	36	41	27	19

注：数据来自国际物种信息系统。

4. 粪便

长颈鹿正常粪便为粒状散落地下，暗褐色或草褐色，表面干净无黏液。如粒状粪便有黏液或者变成糊状或团粪，则是纤维饲料不足或消化异常。

（二）寄生虫普查和驱虫

每年春、秋两季检查寄生虫虫卵，根据检查结果进行驱虫。如果阴性，要进行预防性驱虫，如果实验室检查呈阳性，须实施治疗性驱虫，要根据虫卵的种类选择驱虫药物，并且需要进行追踪性检查和治疗。常用药物有阿苯达唑、伊维菌素和左旋咪唑等，根据感染虫种选择药物，同时，也要注意轮流用药，以减少耐药性的产生。

（三）专项检查

根据计划进行观察和实验室检查。长颈鹿体型大，难于接近，可通过正强化行为训练达到颈静脉穿刺采血。长颈鹿血常规和血液生化数值结果见表3-34。

表3-34　长颈鹿血液学指标参考值

检测项目	单位	均值	标准差	最小值	最大值	样本数	动物数
白细胞计数（WBC）	$×10^3/\mu L$	12.57	4.776	3.5	34.3	479	240
红细胞计数（RBC）	$×10^6/\mu L$	10.53	2.42	4.55	18.7	350	174
血红蛋白（HGB）	g/dL	11.9	1.8	6.2	18.8	376	188
红细胞比容（HCT）	%	34.5	5.8	19.9	53	550	253
平均红细胞体积（MCV）	fL	34.1	8.4	16.6	87.3	346	172
平均红细胞血红蛋白含量（MCH）	pg/cell	11.7	2.7	6	32.2	340	167

续表

检测项目	单位	均值	标准差	最小值	最大值	样本数	动物数
平均红细胞血红蛋白浓度（MCHC）	g/dL	34.8	3.5	16.8	57.8	373	186
血小板计数（PLT）	$\times 10^3/\mu L$	420	171	87	1144	93	62
有核红细胞（NRBC）	/100 WBC	1	1	0	4	36	27
网织红细胞（RC）	%	0	0	0	0	4	4
中性分叶核粒细胞（NSG）	$\times 10^3/\mu L$	9.199	4.237	0.742	30.4	446	226
淋巴细胞（LYM）	$\times 10^3/\mu L$	2.31	1.442	0.134	8.77	451	229
单核细胞（MON）	$\times 10^3/\mu L$	0.407	0.368	0.035	2.561	370	196
嗜酸性粒细胞（EOS）	$\times 10^3/\mu L$	0.404	0.399	0	2.465	266	126
嗜碱性粒细胞（BAS）	$\times 10^3/\mu L$	0.286	0.22	0	1.476	255	137
嗜苯胺蓝细胞（A）	$\times 10^3/\mu L$	0	0	0	0	1	1
中性杆状核粒细胞（NST）	$\times 10^3/\mu L$	0.855	195	0.035	8.33	181	85
钙（Ca）	mg/dL	10	1.8	5.8	17.6	404	207
磷（P）	mg/dL	9.4	2.6	3.2	18.8	372	190
钠（Na）	mEq/L	145	4	132	158	381	198
钾（K）	mEq/L	4.8	0.6	3.2	7.1	379	197
氯（Cl）	mEq/L	104	6	82	120	358	184
碳酸氢盐（BC）	mEq/L	19	5.7	9.5	28	11	9

续表

检测项目	单位	均值	标准差	最小值	最大值	样本数	动物数
二氧化碳（CO_2）	mEq/L	22.2	4.5	12	36	138	86
渗透浓度/渗透压（OSM）	mOsmol/L	297	9	285	321	20	15
铁（Fe）	μg/dL	93	70	1	359	28	19
镁（Mg）	mg/dL	2.33	0.6	0.7	3.96	63	36
尿素氮（BUN）	mg/dL	20	7	5	63	417	212
肌酐（CR）	mg/dL	1.8	0.5	0.8	4	373	194
尿酸（UA）	mg/dL	1	0.5	0.2	4	175	73
总胆红素（TBIL）	mg/dL	1	0.9	0	4.1	377	200
直接胆红素（DBIL）	mg/dL	0.2	0.2	0	1	113	81
间接胆红素（IBIL）	mg/dL	1	0.9	0	3.5	102	74
葡萄糖（GLU）	mg/dL	138	59	0	337	434	217
总胆固醇（TC）	mg/dL	31	18	0	90	278	134
甘油三酯（TG）	mg/dL	40	25	8	205	245	100
低密度脂蛋白胆固醇（LDL-C）	mg/dL	20	5	16	23	2	2
高密度脂蛋白胆固醇（HDL-C）	mg/dL	18	7	11	24	3	3
肌酸激酶（CK）	IU/L	1356	1677	82	8500	198	125
乳酸脱氢酶（LDH）	IU/L	864	650	171	3952	235	107

续表

检测项目	单位	均值	标准差	最小值	最大值	样本数	动物数
碱性磷酸酶（ALP）	IU/L	522	476	34	2150	388	197
谷丙转氨酶（ALT）	IU/L	13	11	0	62	237	147
谷草转氨酶（AST）	IU/L	96	55	25	443	393	202
γ-谷氨酰转肽酶（γ-GT）	IU/L	61	82	5	531	207	133
淀粉酶（AMY）	U/L	63	78	0	363	124	72
脂肪酶（LPS）	U/L	106	243	3	1396	35	16
总蛋白/比色法（TP）	g/dL	7.4	1.4	3.9	11.9	312	192
球蛋白/比色法（GLB）	g/dL	4.2	1.4	1.6	9.5	280	174
白蛋白/比色法（ALB）	g/dL	3.1	0.5	2	4.6	282	176
纤维蛋白原（FIB）	mg/dL	230	181	0	800	135	71
球蛋白/电泳法（GLB）	g/dL	5.9	11.3	0.2	26	5	5
白蛋白/电泳法（ALB）	g/dL	3.4	0.1	3.3	3.4	2	2
α-球蛋白/电泳法（α-GLB）	mg/dL	1	0	1	1	1	1
α1-球蛋白/电泳法（α1-GLB）	mg/dL	0.5	0.2	0.2	0.7	4	4
α2-球蛋白/电泳法（α2-GLB）	mg/dL	0.7	0.2	0.5	0.9	4	4

续表

检测项目	单位	均值	标准差	最小值	最大值	样本数	动物数
β-球蛋白/电泳法（β-GLB）	mg/dL	0.6	0.3	0.2	1.3	22	8
孕酮（P）	ng/dL	172.4	394.2	11.6	1066	7	4
总三碘甲腺原氨酸（TT3）	ng/mL	1.6	1.7	0.4	2.8	2	2
总甲状腺素（TT4）	μg/dL	5	3.1	2.8	7.2	2	2
维生素E，γ（VE，γ）	μg/dL	0	1	0	1	2	2

注：数据来自国际物种信息系统。

第七节 白犀健康标准

白犀（*Ceratotherium simum*）属哺乳纲、奇蹄目、犀科、白犀属的大型草食性动物，又称方吻犀、宽吻犀等。体形硕大且威武，分布于非洲赤道南北的丛林及草原地带。白犀视力很差，听觉和嗅觉灵敏，性情温和。

一、体况评估

成年白犀体长3.4~4.2m，肩高1.65~2.05m，体重见表3-35。

表3-35 白犀的体重

年龄（岁）	均值（kg）	标准差（kg）	最小值（kg）	最大值（kg）	样本数（次）	动物数（只）
2.7~3.3	1376	60	1272	1461	13	2

注：数据来自国际物种信息系统。

白犀体况评分BCS可通过评估5个部位的情况：①颈部：犀牛的头颈部向前下方，有一套复杂的肌肉群，包括斜方肌、夹肌、菱形肌、锯肌，它可以帮助犀牛进食时很好地移动头部，而当犀牛走路或奔跑时，它又可以帮助犀牛抬起头部并平衡前肢。体况佳的犀牛颈部会呈现出一圈一圈、厚厚的皮肤褶，成年雄犀的比雌犀的厚。体况好的犀牛颈部肌肉也很发达。当犀牛体况下降时，颈部的褶子就会变窄，肩胛骨前方的肌肉部位会凹陷，以致肩胛骨前沟显现出来，颈椎也会突出。②肩部：肩胛骨是肩部标志性的骨头。体况好的犀牛，肩胛骨由冈上肌、冈下肌、三角肌、斜方肌以及皮下脂肪层覆盖。当犀牛体况变差时，圆实的肩部就会变得扁平。体况更糟糕时，肩胛骨的棘状突以及边缘都会变锐，肩胛骨前后的肌肉会凹陷。体况好的犀牛肋骨部表面有厚厚的皮肤褶覆盖，尤其是在肩部和肘部后面。当皮下脂肪层变薄时，肋骨显现，随着体况进一步变糟，肋骨更加显而易见。③脊柱：体况好的犀牛背部脊柱区域看起来比较圆实，并且肋骨与棘状突之间布满着肌肉与脂肪。体况差的犀牛背部棘状突显而易见，这是因为背最长肌大量消耗，背部凹陷，倘若继续恶化下去，犀牛肋骨都清晰可见。④臀部：骨盆部的骨头小隆起物有髋结节、骶结节、坐骨结节以及股骨大转子，它们分布在臀部肌肉以及股二头肌周围，它们也是犀牛体况评定的标志。体况好的犀牛臀部圆实，骨突起点会被覆盖住。一旦犀牛开始消瘦，臀部很快就会凹陷，骨突起点也显而易见。体况好的犀牛腹部饱满，反之腹部则会往内收，并且腹侧的皮肤褶显而易见。⑤尾根部：通过观察尾根部皮下脂肪的情况可以看出一头犀牛的体况。当犀牛体况变糟糕时，尾根部周围区域会变窄，有骨感，是向上扬的，而不是向下坠。采用5分制体系进行评估。

BCS1消瘦：颈部又扁又窄，项韧带可见，颈沟明显；肩部平坦略显瘦，肩胛骨嶙峋，肩胛骨和肋骨明显；明显可见很深的脊柱沟，脊柱棘突突出；臀部凹陷，骨盆突出，尾部略瘦；肚腹收缩，腹部侧面皱褶可见。

BCS2偏瘦：颈部滚圆，颈沟略微可见，肩部平坦；肩胛骨和肋骨可见；脊柱沟可见，棘突可见。臀部略凹陷，盆骨可见，尾部较窄；肚腹略收缩，腹部侧面皱褶略微可见。

BCS3合适：颈部肌肉圆润，颈沟不可见，肩部平坦；肩胛骨、肋骨被皮肤皱褶覆盖；脊柱骨干稍微突出，棘突略微可见；臀部圆润，盆骨略微可见，尾骨圆润；肚腹饱满，侧面皱褶仔细看略见。

BCS4偏胖：颈部粗，肌肉滚圆，肩部滚圆；肩胛骨、肋骨被皮肤覆盖；脊柱骨干稍微突出，棘突略微可见；臀部圆润，盆骨不可见，尾骨滚圆；肚腹饱满，侧面皱褶看不到。

BCS5肥胖：颈部很粗，肌肉滚圆，肩部肌肉滚圆；肩胛骨、肋骨被皮肤皱褶很好地覆盖；脊柱骨干滚圆，棘突被覆盖；臀部滚圆，盆骨被覆盖，尾骨滚圆；肚腹饱满且结实，侧面皱褶看不到。

二、种群管理

（一）个体标识

采用芯片法，于尾根部左侧皮肤皱褶处注射进行标记。

（二）种群

在野外，每群3~5只或10~15只，通常母犀牛与小犀牛成群活动，成年雄犀牛独居；喜树荫和泥水浴；日间活动以食草为主，有固定地点排便的习性。母犀牛一般6~8岁达到体成熟，公犀牛9~10岁左右达到体成熟，白犀没有固定的发情期，全年均可以交配。未成年的白犀可以成群的饲养在一起，但因其成年后打斗比较厉害，容易造成伤害，因此圈养白犀，小种群只能饲养1只成年的雄性犀牛。

三、场馆安全及展出保障

(一)场馆要求

在设计白犀饲养展示环境时,保障安全是重中之重。圈养白犀要有单独的饲养空间,包括内外笼舍,成年雄性白犀很难同群饲养,合群一定要考虑动物的安全性,要有应急预案。

1. 内舍

采用砖混建筑,圈舍及过道用钢管焊接连接隔离,过道宽度不低于2m,成年犀牛每只单独圈舍,每间圈舍大约50m², 设有食槽、饮水槽,圈舍之间、圈舍与过道、运动场之间设有串门,便于饲养管理、串笼操作。

2. 运动场

设有水池、料槽、泥坑、遮阳棚等基本设施,种植乔木,大部分为泥土地面,食槽附近进行部分硬化,便于清洗及消毒。泥浴坑的大小应根据成年犀牛的体型设置,需要定期对泥浴坑内的泥土进行更换,另外,运动场内也需要设置木桩、大型石材等供犀牛蹭痒的丰容设施。白犀圈舍设置见表3-36。

表3-36 白犀圈舍设置

环境条件	室内笼舍	室外活动场
面积	48m²×7	2500m²×2
隔离隔障高度	1.75m	1.3m
地面	斜坡水泥地面	泥土地及部分楼板地面
丰容设施	—	大块的鹅卵石、泥坑
防暑降温设施	棚顶吊扇、过道通风窗户	遮阳棚
御寒设施	暖通设施	—

注:数据来自杭州野生动物世界。

3.隔障方式

圈舍周边游客参观侧应设置隔障,包括玻璃墙、围栏、壕沟等,保证游客不能接触到犀牛。玻璃墙、围栏高度不低于2m,壕沟深度不低于2m,宽度不低于3m,动物一侧的壕沟坡度不超过30度。内舍隔障栏应采用钢管制作,直径为25~30cm,钢材厚度8mm,插入地面(或混凝土)应大于1m,地面上高度不低于1.75m,间距不大于30cm,根据饲养动物年龄适当调整。

(二)环境要求

1. 温度需求

白犀怕冷,内舍适宜温度为18~25℃,当内舍温度低于15℃时应提供加热设备,保持温度不低于18℃,局部区域温度可达到22℃。外舍温度低于15℃时,内外舍之间的通道应打开,确保白犀可自由选择进出内舍。动物园应根据地域差异采用适合的保温和降温措施。

2. 光照需求

应为动物提供光照。可通过侧窗、天窗等充分利用自然光;采用非自然光时,应按照昼夜节律提供人工光照。

四、营养健康

(一)饲料日粮

1. 粗饲料

主要以草为主,足量供给,并保质保量。白犀在冬季主喂干草,以苜蓿草、羊草为主;夏季多喂青绿饲料,如黑麦草、苏丹草、高丹草、野生的杂草等。日量为15~25kg,最多可给60kg(减少精饲料)。

2. 精饲料

由玉米、大豆、高粱、小麦、糠麸、盐、钙粉等制作成配方料。日量6~8kg，分上、下午2次饲喂，根据性别、年龄、体重大小调整。

3. 果蔬类

冬季没有青饲料时补充胡萝卜、苹果、包心菜等水果蔬菜类，以补充维生素。

（二）饲喂管理

白犀是大型草食动物，性情温顺，正常情况时虽没有攻击性，但室内清扫等操作时还要串笼操作。饲喂时应注意饲草的质量，青草要检查是否有变质，变质部分要及时挑拣出来。干草要拆捆、抖落干净尘土、清除杂物后投放。精料要平均分点投放。要保持饮水清洁足量。

五、防疫

（一）消毒

1. 预防性消毒

运动场每年消毒2次，大部分在每年的5月份和10月份进行。内舍每天都进行清水冲洗，冬季每周消毒1次；夏季每周2次；食用的水果、蔬菜随时用随时消毒，用浓度0.1%的高锰酸钾泡20分钟后，用清水冲干净残余药；制作饲料所用器械，每天需消毒1次。送料器具每日用热水清洗1次，每周消毒1次。

2. 临时性消毒

有传染性疾病发生时，对疫点及周围环境进行全面消毒，消毒的频率、范围根据发病时的情况，参照相应的管理条例执行；感染寄生虫的动物驱虫后，其兽舍和运动场必须连续消毒3日；患病动物治疗期每天对所处环境消毒1次，治疗结束后进行1次全面消毒；动物进入新的圈舍或一段时间内没有使用的圈舍时，该圈舍要先消毒，后进动物；旧动物笼箱使用前必须先消毒。

（二）疫苗接种

白犀曾患结核病和魏氏梭菌病。个别动物园曾接种魏氏梭菌灭活疫苗，但没有做效价监测。

六、健康检查管理

（一）巡诊

1. 行为观察

犀牛多数单独活动，性情孤独，不合群，神经质。通常早晚活动，中午休息，怕冷，喜欢在泥塘里洗澡，有固定的排粪地点，便后用后蹄将粪扒开。犀牛发病率低，病情轻时不出现明显症状，疾病的临床诊断很困难，往往只能见到非特异性症状，很多诊断手段无法实施，对治疗极为不利。

2. 生理指标

犀牛心率为70~140次/分钟，情绪稳定时呼吸为20~40次/分钟，体温见表3-37。

表3-37 白犀的体温

性别	均值（℃）	标准差（℃）	最小值（℃）	最大值（℃）	样本数（次）	动物数（只）
雄性	38	0	38	38	1	1
雌性	36.7	1.8	36	38	6	3
全部	36.9	2	36	38	7	4

注：数据来自国际物种信息系统。

3. 尿液

正常向后滋射排尿,尿液浑浊,乳白色,与采食的饲料有直接关系。

(二)寄生虫普查和驱虫

每年春、秋2次检查虫卵,根据检查结果采取驱虫措施。

1. 具体操作

每年春季(4至5月)、秋季(9至10月)进行粪便寄生虫检查。检查阴性,进行预防性驱虫;阳性时,根据虫卵的种类选择驱虫药物。阿苯达唑和伊维菌素均可作为犀牛的常用驱虫药物,需根据季节不同进行调换用药。

(1)预防性驱虫:阿苯达唑,剂量为2.5mg/kg,掺入精料中,一次喂入,预防性给药一次即可。伊维菌素粉,0.2mg/kg,一次喂入,只服一次。

(2)治疗性驱虫:根据实验室检查结果鉴定的虫卵性质和每克粪便虫卵的数量,确定服用驱虫药的种类和剂量,通常以线虫为主的用药是阿苯达唑,剂量为5mg/kg。使用伊维菌素,剂量为0.3mg/kg。

2. 注意事项

驱虫与消毒工作结合进行,投药后连续进行兽舍消毒;对发病体弱动物,原则上应暂缓驱虫,待病愈后再行驱虫;驱虫应尽量避开妊娠期、哺乳期,如果怀孕期给药首选伊维菌素。

(三)专项检查

根据健康管理计划,进行粪便、尿液、血液检查。采集耳部静脉血液较容易,也可采集尾部腹侧静脉,但相对耳部难度略大。血常规和血液生化数值结果见表3-38至表3-40。

表3-38 非洲白犀血常规指标测定值

检测项目	单位	雌犀牛（$\bar{x}\pm S$）	雄犀牛（$\bar{x}\pm S$）
红细胞计数（RBC）	$\times 10^{12}$/L	4.90±0.99*	5.79±1.10
血红蛋白（HGB）	g/L	106.60±23.71	124.50±20.50
红细胞比容（HCT）	L/L	0.31±0.06	0.32±0.13
平均红细胞体积（MCV）	mmol/L	64.08±3.71	61.65±2.90
平均红细胞血红蛋白含量（MCH）	pg/cell	23.20±0.98	22.55±0.64
平均红细胞血红蛋白浓度（MCHC）	g/L	339.80±30.42	349.00±25.46
红细胞宽度变异系数（RRDW-CV）	%	16.94±5.74	13.80±1.27
白细胞计数（WBC）	$\times 10^9$/L	8.52±2.86	9.90±1.13
淋巴细胞（LYM）	$\times 10^9$/L	3.72±1.11	3.45+1.20
中间细胞（MID）	$\times 10^9$/L	0.76±0.30	0.75±0.70
中性粒细胞（NEUT）	$\times 10^9$/L	4.40±2.70	7.80±5.09
淋巴细胞百分比（LYM）	%	416.00±5.55	32.00±21.78
中间细胞百分比（MID）	%	8.58±1.34	9.75±1.48
中性粒细胞（NEUT）	%	50.24±6.55	58.25±20.29
大血小板百分比（LPLT）	%	34.32±2.87*	43.15±5.44
血小板压积（PCT）	L/L	0.098±0.063	0.14±0.05
血小板分布宽度（PDW）	%	38.78±1.28	33.25±5.59

*表示差异极显著（$p<0.05$）。
注：数据来自杭州野生动物世界王宇（2014）。

表3-39 圈养白犀血液生化参数测定值

检测项目	单位	母犀牛（♀） n	母犀牛（♀） Mean±SD	公犀牛（♂） n	公犀牛（♂） Mean±SD
钾（K）	mmol/L	4	4.56±0.24	3	4.82±0.12
钠（Na）	mmol/L	4	134.73±1.76	3	133.70±1.41
氯（Cl）	mmol/L	4	95.90±1.58	3	94.63±1.16
钙（Ca）	mmol/L	4	2.70±0.16	3	2.51±0.20
尿素氮（BUN）	mmol/L	4	4.28±1.42	3	5.77±1.25
肌酐（CR）	μmol/L	4	122.75±17.02	3	121.67±11.59
葡萄糖（GLU）	mmol/L	4	3.18±0.85	3	4.32±0.17
尿酸（UA）	μmol/L	4	43.68±2.49**	3	21.10±2.82
总蛋白（TP）	g/L	4	88.50±11.59	3	75.33±0.58
白蛋白（ALB）	g/L	4	27.00±2.71	3	28.00±1.00
球蛋白（GLB）	g/L	4	61.50±14.20	3	47.33±1.53
谷丙转氨酶（ALT）	U/L	4	17.25±2.50	3	14.33±1.15
谷草转氨酶（AST）	U/L	4	68.25±11.27	3	75.67±8.14
L-γ-谷氨酰基转移酶（GGT）	U/L	4	9.75±1.26	3	11.33±3.06
碱性磷酸酯酶（ALP）	U/L	4	104.25±31.44	3	76.67±37.07
乳酸脱氢酶（LDH）	U/L	4	537.25±77.03	3	530.00±29.10
胆碱酯酶（CHE）	U/L	4	2531.30±202.80	3	2409.3±412.79

**表示差异极显著，$p<0.01$。
注：数据来自杭州野生动物世界。

表3-40 白犀血液学指标参考值

检测项目	单位	均值	标准差	最小值	最大值	样本数	动物数
白细胞计数（WBC）	$\times 10^3/\mu L$	9.15	2.66	3.8	20	268	84
红细胞计数（RBC）	$\times 10^6/\mu L$	5.78	1.23	3.29	9.65	210	66
血红蛋白（HGB）	g/dL	13	2.5	5.9	20.8	218	69
红细胞比容（HCT）	%	34.4	7.1	21	59.4	339	86
平均红细胞体积（MCV）	fL	62	8.1	41	103.3	208	66
平均红细胞血红蛋白含量（MCH）	pg/cell	22.6	2.6	13.1	31.9	208	65
平均红细胞血红蛋白浓度（MCHC）	g/dL	36.6	3.7	27.6	62.1	215	69
血小板计数（PLT）	$\times 10^3/\mu L$	290	95	133	562	79	28
有核红细胞（NRBC）	/100 WBC	1	1	0	2	11	9
中性分叶核粒细胞（NSG）	$\times 10^3/\mu L$	5.28	2.22	1.51	16.8	229	74
淋巴细胞（LYM）	$\times 10^3/\mu L$	2.43	1	0.06	6.49	234	77
单核细胞（MON）	$\times 10^3/\mu L$	0.62	0.48	0.04	3.12	226	76
嗜酸性粒细胞（EOS）	$\times 10^3/\mu L$	0.56	0.58	0.06	4.36	206	69
嗜碱性粒细胞（BAS）	$\times 10^3/\mu L$	0.16	0.36	0.02	2.37	41	23
中性杆状核粒细胞（NST）	$\times 10^3/\mu L$	0.49	0.94	0.04	5.35	77	38

续表

检测项目	单位	均值	标准差	最小值	最大值	样本数	动物数
钙（Ca）	mg/dL	12	0.9	9.2	14.8	216	78
磷（P）	mg/dL	4.4	1.2	1.7	9.3	205	76
钠（Na）	mEq/L	134	4	122	146	205	74
钾（K）	mEq/L	4.5	0.6	3.3	7.7	204	74
氯（Cl）	mEq/L	95	3	84	108	203	74
碳酸氢盐（BC）	mEq/L	21.10	2.6	18	24	7	4
二氧化碳（CO_2）	mEq/L	24.5	4.5	13	36	51	28
渗透浓度/渗透压（OSM）	mOsmol/L	279	9	273	289	3	3
铁（Fe）	μg/dL	149	37	54	288	98	23
镁（Mg）	mg/dL	2.44	0.44	1.75	3.4	21	17
尿素氮（BUN）	mg/dL	16	4	7	34	218	78
肌酐（CR）	mg/dL	1.7	0.7	0.8	6.3	130	68
尿酸（UA）	mg/dL	0.8	0.7	0	4.1	44	28
总胆红素（TBIL）	mg/dL	0.2	0.2	0.1	1.3	186	74
直接胆红素（DBIL）	mg/dL	0	0	0	0.2	57	31
间接胆红素（IBIL）	mg/dL	0.2	0.1	0	0.8	49	26
葡萄糖（GLU）	mg/dL	81	25	0	179	211	76
总胆固醇（TC）	mg/dL	100	36	40	274	188	67
甘油三酯（TG）	mg/dL	51	49	11	395	87	46
肌酸激酶（CK）	IU/L	210	125	51	1325	153	56

续表

检测项目	单位	均值	标准差	最小值	最大值	样本数	动物数
乳酸脱氢酶（LDH）	IU/L	523	299	222	1673	70	38
碱性磷酸酶（ALP）	IU/L	106	71	20	636	206	74
谷丙转氨酶（ALT）	IU/L	12	6	0	42	181	69
谷草转氨酶（AST）	IU/L	64	24	22	175	213	79
γ-谷氨酰转肽酶（γ-GT）	IU/L	16	12	0	79	165	60
淀粉酶（AMY）	U/L	14	12	0	50	79	36
脂肪酶（LPS）	U/L	57	109	1	389	18	15
总蛋白/比色法（TP）	g/dL	8	0.9	5.4	10.6	196	73
球蛋白/比色法（GLB）	g/dL	5.3	0.8	2.5	7.3	135	67
白蛋白/比色法（ALB）	g/dL	3	0.5	1.7	4.5	139	70
纤维蛋白原（FIB）	mg/dL	82	159	0	600	113	33
球蛋白/电泳法（GLB）	g/dL	2.10	0.9	1.3	3	4	3
白蛋白/电泳法（ALB）	g/dL	3.1	0.5	2.6	3.7	4	3
α1-球蛋白/电泳法（α1-GLB）	mg/dL	0.2	0.1	0.1	0.3	6	5
α2-球蛋白/电泳法（α2-GLB）	mg/dL	0.4	0.1	0.4	0.6	6	5

续表

检测项目	单位	均值	标准差	最小值	最大值	样本数	动物数
β-球蛋白/电泳法（β-GLB）	mg/dL	1.9	0.6	0.8	3	11	8
孕酮（P）	ng/dL	0.34	0.46	0	1.53	28	5
维生素E,α（VE,α）	μg/dL	1	0	1	1	2	1
维生素E,γ（VE,γ）	μg/dL	0	0	0	0	3	3

注：数据来自国际物种信息系统。

第八节　河马健康标准

河马（*Hippopotamus amphibius*），属哺乳纲、鲸偶蹄目、河马科，河马属。河马的躯干肥圆呈桶状，除吻部、尾和耳有稀疏的毛外，全身皮肤裸露，呈深灰色与肉红色相间，尾短小，四肢粗短，每足4趾。雄性河马体重一生会不断成长，而雌性河马大多于25岁时达到最大体重。

一、体况评估

成年雄性体长3.0~5.1m，平均体重约1500kg。成年雌性体长2.9~4.3m，平均体重约1300kg。1岁以内河马体重参考范围详见表3-41。

表3-41 河马体重范围

性别	年龄	体重范围(kg)
雄性	0~7日龄	16.5-25
	0.4岁	313.75
	0.8岁	292.75
雌性	0.6岁	216.25
	0.9岁	313

注：数据来自国际物种信息系统。

估算河马体重时，需先估算体长，有条件可直接测量体长，根据体长再估算体重。这里有两个公式：

公式1：体长=$A(1-e^{-B(年龄+C)}+D \times 年龄)$

　　　雄性：A=268　B=0.300　C=1.560　D=7.34×10^{-4}

　　　雌性：A=268　B=0.384　C=1.216　D=6.12×10^{-4}

公式2：体重(kg)=$a[体长(cm)]^b$

　　　a=2.5×10^{-4}　b=2.70。

河马体况评分BCS标准可参考迪斯尼动物王国2005年（Disney's Animal Kingdom 2005）的标准，通过检查其盆骨、尾根、腰部、背部及肋骨情况，采用5分制系统进行评价（图3-6）。

	BCS1瘦弱：骨盆骨突出，尾根周围有较深的凹陷区域；腰部非常窄，横突边缘锐利，观察侧腹部非常凹陷；后背脊柱骨突出，整个脊柱观察到突出而尖锐的脊柱骨；个别肋骨非常突出。
	BCS2偏瘦：骨盆骨可见，但被肌肉轻微覆盖，尾根被肌肉覆盖；腰部狭窄，横突边缘仅有轻微肌肉覆盖，侧腹非常凹陷；脊柱骨明显，但可见被肌肉覆盖；肋骨明显。
	BCS3标准：骨盆骨被肌肉覆盖，触摸可感受到坚硬的压力，尾根周围无凹陷；腰部仅在强大的压力下才能触摸到横突的边缘，侧腹部丰满；脊柱骨被肌肉覆盖，仅在强大的压力下才能触摸到脊柱骨；肋骨不可见，很难触摸到肋骨。
	BCS4偏胖：臀部呈圆形，触摸不到骨盆骨，尾根深入周围的脂肪；脊柱横突被肌肉完全覆盖，不能触摸到，侧腹部非常圆润；脊柱骨触摸不到；肋骨被完全覆盖，观察不到也触摸不到。
	BCS5肥胖：臀部非常圆，触摸不到骨盆骨，尾根脂肪无法进一步沉积；脊柱横突被良好地覆盖，不能触摸到；观察到脊柱骨似脂肪卷之间的轻微凹陷；肋骨被厚厚的脂肪覆盖，观察不到也触摸不到。

图3-6　河马体况评分图

二、种群管理

(一)个体标识

芯片法,于尾根部左侧皮肤皱褶处注射进行标记。也可以通过面部和身体的标记来识别。河马面部、颈部和脚有时会呈现粉红色,它们的身体通常会有疤痕或划痕,这也有助于识别个体。

(二)种群

野外河马集群生活,规模2~50只,在水源缺乏时达到数百只以上。群体内包括公河马、母河马及后代(最多带4只),及一些亚成体,只有母子关系是稳定的,其他成员关系会发生变化。除了母河马带着的幼仔外,其他个体都是单独上岸觅食。成年雄性在水域中占据一定领域,河马在陆地上没有领域性。成年公河马间为争夺交配权会发生激烈的争斗,获胜者占据领域、控制群体。失败者被迫退出,在栖息地的边缘地带独自生活或组成"单身汉"小群。占据领域的时间从几个月到几年不等,最长有20~30年,贯穿了雄性河马的整个成年期。个体各自有较固定的家域,不一定仅限于特定区域内。雄性个体的家域之间一般不重叠,雄性和雌性个体的家域重叠较多。

圈养河马大部分时间都在水里度过,成年后单独饲养。圈养河马性成熟年龄在3~4岁,而野生河马雄性性成熟在6~13岁,雌性在7~15岁。全年繁殖,但2~8月较多。在水中交配,妊娠期227~240天,每胎产1仔,两胎间隔1年。

三、场馆安全及展出保障

(一)场馆要求

圈养河马须具备室内水池和室外水池。

1. 内舍

室内水池面积不低于30~40m²，水泥地面10~20m²，地面有与室外连接的串门和与水池相连接的斜面台阶。

2. 运动场

室外水池面积不低于150m²，水深在1.5~2.5m。水池的边缘应有一定角度的斜坡，其角度不大于25°。水池边有运动场，面积为30~40m²，以供河马吃食和休息。

3. 隔障

内舍水池在游客参观面设立玻璃隔障，运动场水池设立围栏，高度2m，围栏与水池边距离不低于1m，并需防止游客翻越。

（二）环境要求

1. 水池

河马的水池须保持清洁，每周至少换1~2次水，水池的进水和排水需要十分通畅，进水和排水速度都要迅速，因此要有大口径的上、下水及设备，排水管道倾斜角度要大，否则换一次水需要很长时间。

2. 温度

室内应有取暖设备，保持室温不低于15℃，水池内水温保持在15℃~18℃，需注意室温与水温不要相差太大。

（三）其他要求

怀孕后期，要把雄河马分离饲养，为带有幼仔的雌性河马提供独立空间，防止幼仔被雄性河马攻击受伤。定期对水池底去苔、消毒。

四、营养健康

（一）饲料日粮

野外河马白天泡在水里,傍晚出来取食,大约取食6小时,一晚上平均取食40kg。河马日粮大概是体重的1%~1.5%,最多能到2.5%。河马喜欢取食水边的矮草,有时会走几公里找到新的河湖去取食。河马听觉很灵敏,能感知水果落下的声音,嗅觉也很发达,河马除了吃,基本不活动,这样可以节约能量。在圈养条件下,河马以粗饲料为主,夏季喂青苜蓿和青草；冬季喂东北羊草和干苜蓿,并添加胡萝卜等。精饲料每只日粮5~6kg。河马冬季日粮配方见表3-42。

表3-42 河马冬季日粮配方

饲料配方	饲料名称	用量（kg）	营养测算	营养成分	含量
	食草颗粒	5		粗蛋白	14.45%
	胡萝卜	5		粗脂肪	3.01%
	苹果	10		粗纤维	29.32%
	干苜蓿	7.5		能量	387745.00 kJ
	干羊草	20			

参考体重范围在1 000kg~3 000kg。
注：数据来自《圈养野生动物饲料配方指南》。

（二）饲喂管理

要求青、粗饲料干净、鲜嫩、柔软。饲喂前应先检查饲料质量,清除异物,看是否发霉变质,然后再投喂。

五、防疫

（一）消毒

1. 常规性消毒

定期对圈舍内、外及工作人员通道和水池进行消毒。冬季每周消毒1次，夏季为每周2次，水池要去除绿苔。

2. 临时性消毒

疾病高发期等特殊时期，用漂白水或过氧乙酸等消毒药加强消毒1次。

（二）疫苗接种

目前无可推荐接种疫苗。

六、健康检查管理

（一）巡诊

1. 行为

河马平常在水池中活动，不易观察。待河马在地面时可以进行详细检查。观察皮肤是否干燥和破裂，检查是否有伤口或受伤；步态是否正常，是否有四肢跛行、受伤情况；食欲是否正常，河马喜食情况是判断动物体况的良好指标；眼睛是否正常睁开且无异物；粪便是否异常；检查牙齿是否有断裂情况。

2. 生理指标

体温参考值见表3-43。

表3-43　河马的体温

性别	均值（℃）	标准差（℃）	最小值（℃）	最大值（℃）	样本数（次）	动物数（只）
全部	35.5	1	35	36	4	4

注：数据来自国际物种信息系统。

3. 尿液

一般在水中排尿，不易观察到。

（二）寄生虫普查和驱虫

每年春、秋季进行2次粪便寄生虫普查，并使用甲苯咪唑或阿苯达唑等药物进行驱虫。

（三）专项检查

河马是大型草食动物，喜欢在水中活动。根据健康管理计划，通过正强化行为训练检查口腔、眼睛、皮肤和关节、脚指甲和脚表面等。圈养河马应该每年进行至少1次专项检查。

河马的皮肤厚，血管难以观察到，静脉穿刺部位常在尾部。"正常"的血液学参数还相对较少。目前可参考倭河马血液学指标参考值（表3-44）。

表3-44　倭河马血液学指标参考值

检测项目	单位	均值	标准差	最小值	最大值	样本数	动物数
白细胞计数（WBC）	$\times 10^3/\mu L$	13.34	5.007	8.1	26.1	13	13
红细胞计数（RBC）	$\times 10^6/\mu L$	5.69	1.25	3.11	7.25	9	9
血红蛋白（HGB）	g/dL	14	2.3	11.4	17.9	7	7
红细胞比容（HCT）	%	41.6	5.9	34	52.2	13	13

续表

检测项目	单位	均值	标准差	最小值	最大值	样本数	动物数
平均红细胞体积（MCV）	fL	67.7	5.8	58.6	73.9	8	8
平均红细胞血红蛋白含量（MCH）	pg/cell	23.6	2.3	20.1	26.4	6	6
平均红细胞血红蛋白浓度（MCHC）	g/dL	34.5	2.3	32.2	38.6	7	7
有核红细胞（NRBC）	/100WBC	22	23	3	64	6	6
中性分叶核粒细胞（NSG）	$\times 10^3/\mu L$	9.734	5.592	3.4	24.5	12	12
淋巴细胞（LYM）	$\times 10^3/\mu L$	2.457	1.89	0.25	5.2	12	12
单核细胞（MON）	$\times 10^3/\mu L$	0.613	0.682	0.092	2.327	11	11
嗜酸性粒细胞（EOS）	$\times 10^3/\mu L$	0.592	0.443	0.158	1.56	9	9
嗜碱性粒细胞（BAS）	$\times 10^3/\mu L$	0.067	0.058	0	0.109	3	3
中性杆状核粒细胞（NST）	$\times 10^3/\mu L$	0.34	0.375	0.061	1.25	9	9
钙（Ca）	mg/dL	12.6	1.4	9.6	14.3	9	9
磷（P）	mg/dL	8	1.9	5.9	11.4	8	8
钠（Na）	mEq/L	150	4	144	156	5	5
钾（K）	mEq/L	5.4	1.7	4.2	8.4	5	5
氯（Cl）	mEq/L	103	8	94	115	5	5
二氧化碳（CO_2）	mEq/L	23.7	1.5	22	25	3	3
铁（Fe）	μg/dL	40	0	40	40	1	1
尿素氮（BUN）	mg/dL	27	13	10	47	9	9
肌酐（CR）	mg/dL	1.6	0.7	0.8	2.7	9	9

续表

检测项目	单位	均值	标准差	最小值	最大值	样本数	动物数
尿酸（UA）	mg/dL	0.5	0.6	0	1.2	5	5
总胆红素（TBIL）	mg/dL	0.9	0.8	0.3	2.5	7	7
直接胆红素（DBIL）	mg/dL	0.4	0	0.4	0.4	1	1
间接胆红素（IBIL）	mg/dL	0.7	0	0.7	0.7	1	1
葡萄糖（GLU）	mg/dL	155	97	32	342	9	9
总胆固醇（TC）	mg/dL	55	28	21	83	4	4
甘油三酯（TG）	mg/dL	56	37	30	119	5	5
肌酸激酶（CK）	IU/L	247	347	41	767	4	4
乳酸脱氢酶（LDH）	IU/L	480	325	131	867	4	4
碱性磷酸酶（ALP）	IU/L	555	815	36	2178	7	7
谷丙转氨酶（ALT）	IU/L	26	13	8	51	9	9
谷草转氨酶（AST）	IU/L	325	308	24	1070	9	9
γ-谷氨酰转肽酶（γ-GT）	IU/L	75	65	32	189	5	5
淀粉酶（AMY）	U/L	52	21	30	80	4	4
总蛋白/比色法（TP）	g/dL	8.3	1.3	6.3	10.2	7	7
球蛋白/比色法（GLB）	g/dL	4.4	0.9	3.5	5.6	5	5
白蛋白/比色法（ALB）	g/dL	4.6	1	3.6	5.8	5	5

注：数据来自国际物种信息系统。

第九节 南美貘健康标准

南美貘（*Tapirus terrestris*）属于哺乳纲、奇蹄目、貘科、貘属。貘是一种大型草食动物，体型像猪，有一个长而灵活的鼻子。鼻子能做多个方向的运动，便于灵活抓住植物的枝叶。在4种貘中，南美貘的鼻子长度最短。被毛短，颜色为红棕色。圆形突出的臀部上有个短尾巴，前肢有4个脚趾，后肢有3个脚趾，这有助于它们行走在泥泞和松软的地面上。幼年南美貘有条纹状和斑点状的花纹作为保护色。

一、体况评估

南美貘成年后身长约2m，肩高1m，新生仔体重为8~10kg，具体体重参考值见表3-45。寿命20~25年，圈养条件下可达35年。

表3-45 南美貘的体重

年龄	均值（kg）	标准差（kg）	最小值（kg）	最大值（kg）	样本数（次）	动物数（只）
0~1日龄	8.413	2.157	5.1	11.3	10	9
0.9~1.1月龄	20.06	4.04	14.55	25.59	10	5

注：数据来自国际物种信息系统。

圈养南美貘体况评分标准BCS采用墨西哥南部边境学院Jonathan Pérez-Flores等人提出的5分制评分系统。

BCS1消瘦：肋骨非常突出，清晰可见；背部脊背极度隆起；脖子和肩膀的骨外形极度可见；尾根、屁股和骨盆突出。

BCS2偏瘦：肋骨突出；背部脊背隆起；脖子和肩膀瘦削；尾根、屁股和骨盆平坦。

BCS3合适：肋骨不可见；背部脊背可见；脖子和肩膀脂肪中等厚

度；适度的脂肪环绕在尾根，尾根和屁股平坦。

BCS4偏胖：肋骨不可见；背部脊背轻微可见；粗脖子，肩膀稍圆，脂肪沉积明显；脂肪环绕在尾根，屁股圆圆。

BCS5肥胖：肋骨不可见；背部脊背不可见；粗脖子，圆圆的肩膀，脂肪沉积极度明显；过度的脂肪围绕在尾根和屁股，骨盆非常圆、胖。

二、种群管理

（一）个体标识

常使用芯片法，注射在尾根左侧皮下。

（二）种群

南美貘生活在森林中，多独居，且大部分时间在水中度过，4~5岁性成熟，繁殖期不固定，孕期11.5~13个月，每胎1仔。

发情期雄性躁动不安，追逐雌性。雌性发情不明显，受孕后，不再接受爬跨。分娩前2周雌性南美貘外阴出现水肿，偶见黏性分泌物，乳房饱满并出现下垂，用力挤压会有乳汁流出。分娩前24小时，雌性南美貘脾气暴躁，驱赶同类和保育员。临近预产期，将孕兽引至产间内，待产，产间要保持安静。幼仔在出生1~2小时内站立，并尝试去寻找母兽乳头吃奶。若幼仔多次尝试失败，可以人工辅助完成吃奶过程。幼仔初次吃奶整个过程大约持续5~10分钟，在48小时内排出胎粪，在1周龄可跟随母兽啃食颗粒料、青草、果蔬等，2周龄可采食少量的果蔬和树叶。为防止卡住，果蔬需切成小块，并密切观察其采食情况。45日龄幼仔在饲料转换期可添加乳酸菌素片和食母生。幼仔在2周龄可跟随母兽进入水池，首次进入水池有溺水的风险，应适当控制水深。每日可对幼仔进行肛温测量，幼仔肛温在36.7℃~38.1℃之间,平均肛温37.4℃。每周测量体重,新生幼仔体重8.0~10.0kg,幼仔体重增速较快。周增重呈直线增长,前8周平均每周增重3.0~3.9kg。幼仔在出生1个月后可以与大群合群,整个合群过程循序渐进。和其他大型有蹄类一样,成年公貘会驱赶12~18月龄以上的雄性个体。圈舍面积不够大时,雄性幼仔12月龄以后就需要被移出群体之外。

三、场馆安全及展出保障

(一)场馆要求

建议同时设室内和室外展区。

1. 内舍

每个内舍至少3.6m×4.5m,安装一个1.5m宽的平拉门,方便隔离操作。室内地表为水泥不要过分粗糙,以减轻对柔软脚底的磨损。

2. 运动场

白天多数时候,南美貘并不十分活跃,但是仍然需要宽敞的室外空间来活动和繁殖。单个动物运动场面积不低于60m^2,地面应该是夯实的泥土地或者草地。

3. 水池

室外必须有水池,水池坡度应缓,有较宽的出入口和防滑表面。水池足够深,能使背部完全浸入。南美貘经常在水池中排便,活动区域内缺乏水池会减少排便量、增加直肠脱垂的风险。水池需每天清洗换水,并定期清洗消毒。冬季如长期被关在室内,室内应设水池。

(二)环境要求

1. 温度

南美貘怕冷,在北方地区饲养,要考虑使用保暖措施。当室外环境温度低于15℃时,应保证貘可以自由进出。冬季室内温度应保持在22~29℃。貘相对耐热，但当室外温度大于35℃时，应有避暑降温措施。

2. 光照

貘为森林动物，白天需要树荫，建议运动场至少25%的面积设置遮阴。可以种植高大的树木、建设假山等。但需注意南美貘会啃食树皮，需要对外场的树木进行保护。

（三）展示要求

自然环境下，貘擅长游泳和潜水。因此圈养条件下，应提供水池供貘游泳和潜水。还可提供泥塘，貘常常在泥里翻滚，泥有助于降温和预防寄生虫叮咬。南美貘是森林里的独行者，喜欢独处，于黄昏或者夜间活动。在圈养条件下，貘极具攻击性，进出圈舍时，需要小心，应避免游客触摸或投喂。

四、营养健康

（一）饲料日粮

南美貘是食枝叶的草食动物，喜食水果、浆果、各种青草、灌木、嫩枝和树叶等。圈养条件下，食物包括粗饲料、精饲料（浓缩料）和补充料。

1. 粗饲料

包括苜蓿干草，禾本科干草以及新鲜采摘的多叶植物。树叶因地域而异，如榆树叶、槐树叶、女贞树叶、玻璃叶等。

2. 精饲料

适用食枝叶草食动物配合饲料。

3. 补充料

包括水果、植物的根茎、维生素、矿物质等。夏季每天每只成年南美貘喂半个西瓜，分2次投喂。

成年南美貘日粮组成及采食量可参见表3-46。南美貘日粮配方可参见表3-47。

表3-46 成年南美貘日粮组成及采食量

日粮	苹果（kg）	胡萝卜（kg）	香蕉（kg）	颗粒料（kg）	苜蓿草	青草
采食量	0.5	0.5	0.5	1.5	自由采食	自由采食

注：数据来自上海动物园。

表3-47 南美貘日粮配方

饲料配方	饲料名	用量（g）	营养测算	营养成分	含量
饲料配方	西瓜	920	营养测算	粗蛋白	13.99%
	香蕉	1230		粗脂肪	2.34%
	苜蓿颗粒	500		粗纤维	11.74%
	食草颗粒	400		能量	18406.80kJ

注：数据来自《圈养野生动物饲料配方指南》。

（二）饲喂管理

貘的饲养管理工作中清洁卫生很重要，包括室内外的清扫、保洁、水池的清洁、饲料的卫生等。此外，需要定期称重作为饮食管理计划的一部分。

五、防疫

（一）消毒

需要对内外场馆进行定期消毒，并严格按照消毒操作要求进行。

1. 常规性消毒

室内消毒后,需冲洗干净,减少对蹄部的刺激。推荐使用对动物刺激性小的季铵盐类消毒剂,例如百毒杀,其对多数细菌、真菌和藻类有杀灭作用,对亲脂病毒也有一定作用,常规性消毒圈舍地面时按1∶3000倍水稀释使用。有动物在场时不能消毒。

室外如果是水泥地面,并有排水系统,可轮换使用漂白水、过氧乙酸、百胜-30碘酸混合溶液、戊二醛等进行消毒。室外如果是非水泥地面,推荐使用刺激性较小的百毒杀、过氧乙酸等进行环境消毒。室外水池可定期使用漂白水对池壁和水体进行消毒,但需彻底冲洗干净以减少余氯对动物的影响。

2. 临时性消毒

对于突发的疫情和寄生虫病,首先使用火焰对各种耐热的水泥地面和墙面进行大规模的消毒,尤其爆发疥螨病时。日常使用的消毒药物都可用于临时消毒,但需提高消毒浓度,例如疫病消毒时,百毒杀按1∶1000倍稀释使用。

(二) 疫苗接种

有结核病、魏氏梭菌病发生,没有专用的疫苗。

六、健康检查

(一) 巡诊

1. 精神和行为

每日进行巡诊,观察精神、食欲、粪便、活动等。如果出现精神不振、喜卧、食欲减退、寒颤等症状,需要进一步进行专项检查。

2. 体温

体温参考值见表3-48。

表3-48 南美貘的体温

性别	均值（℃）	标准差（℃）	最小值（℃）	最大值（℃）	样本数（次）	动物数（只）
雄性	36.4	1.1	35	37	14	9
雌性	36.2	1.1	35	37	19	13
全部	36.3	1.1	35	37	33	22

注：数据来自国际物种信息系统。

3. 尿液

尿液通常向后喷射，经常是浑浊、不透明，似石灰一样白色的外观，这是正常的。

（二）寄生虫普查和驱虫

1. 体内寄生虫

每年春季（4至5月）、秋季（9至10月）2次粪便检查。对于6月龄以下的南美貘，每个月检查一次粪便寄生虫。

（1）治疗性驱虫。当粪检有寄生虫卵时，依据不同寄生虫的种类，选择驱虫药物，肠道寄生虫感染选择芬苯达唑、甲苯咪唑或阿苯达唑等。原虫，如贾第鞭毛虫和滴虫感染，静脉滴注甲硝唑效果较好，不能够滴注时，也可以口服甲硝唑片剂。感染动物完成驱虫，停药2周后需再次进行粪便检查，以检查驱虫效果。驱虫工作应与消毒工作结合进行，于投药3日后连续进行3日兽舍消毒。

（2）预防性驱虫。粪检无寄生虫卵时，需要进行预防性驱虫。每年春、秋2季分别口服驱虫药。1岁以下的南美貘服用甲苯咪唑，剂量为5mg/kg。1岁以上的南美貘轮换服用使用阿苯达唑和甲苯咪唑，剂量为3~5mg/kg。掺入水果中投喂，每日1次，连服4日。怀孕的貘需停服驱虫药。

2. 体外寄生虫

南美貘常见的体外寄生虫有各种吸血蝇类和蜱虫,对于吸血蝇类可用黏蝇纸进行物理防治(图3-7),严重时全身喷洒低浓度的溴氰菊酯或使用大宠爱予以杀灭。蜱虫,需要夹除皮肤内的口器,并对皮损处进行消毒。

图3-7 物理防治吸血蝇

(三)专项检查

根据健康检查计划,每年至少进行一次专项检查。血液学指标参考值见表3-49。

表3-49 南美貘血液学指标参考值

检测项目	单位	均值	标准差	最小值	最大值	样本数	动物数
白细胞计数(WBC)	$\times 10^3/\mu L$	9.669	3.042	3.6	20.5	94	48
红细胞计数(RBC)	$\times 10^6/\mu L$	8.02	1.54	5.16	12.8	88	41
血红蛋白(HGB)	g/dL	13.7	1.9	9.5	17.9	82	38
红细胞比容(HCT)	%	40.5	6.1	27	63.3	96	48

续表

检测项目	单位	均值	标准差	最小值	最大值	样本数	动物数
平均红细胞体积（MCV）	fL	51	8.3	30.9	94.1	86	40
平均红细胞血红蛋白含量（MCH）	pg/cell	17.5	2.6	12	32.2	81	37
平均红细胞血红蛋白浓度（MCHC）	g/dL	34.3	4.1	19.4	60.8	82	38
血小板计数（PLT）	$\times 10^3/\mu L$	222	51	132	345	28	13
有核红细胞（NRBC）	/100 WBC	1	1	0	2	3	3
中性分叶核粒细胞（NSG）	$\times 10^3/\mu L$	5.568	3.63	2.05	13.9	84	47
淋巴细胞（LYM）	$\times 10^3/\mu L$	3.117	1.284	0.558	7.73	89	47
单核细胞（MON）	$\times 10^3/\mu L$	0.272	0.224	0.036	1.35	75	41
嗜酸性粒细胞（EOS）	$\times 10^3/\mu L$	0.58	0.548	0.055	3.082	79	42
嗜碱性粒细胞（BAS）	$\times 10^3/\mu L$	0.08	0.038	0.002	0.14	12	7
中性杆状核粒细胞（NST）	$\times 10^3/\mu L$	0.709	0.587	0.072	1.58	6	5
钙（Ca）	mg/dL	10.6	0.9	8.2	12.4	87	42
磷（P）	mg/dL	5.4	1.2	3.2	10.2	79	38
钠（Na）	mEq/L	136	4	126	148	81	38
钾（K）	mEq/L	3.8	0.6	2.7	5.1	80	38
氯（Cl）	mEq/L	99	3	90	106	80	38
碳酸氢盐（BC）	mEq/L	25.2	3.1	22	31	6	5
二氧化碳（CO_2）	mEq/L	26.2	2.6	20	30.9	29	17

续表

检测项目	单位	均值	标准差	最小值	最大值	样本数	动物数
铁（Fe）	μg/dL	123	38	64	217	21	9
镁（Mg）	mg/dL	2.07	0.55	1.5	2.6	3	2
尿素氮（BUN）	mg/dL	8	3	3	19	88	43
肌酐（CR）	mg/dL	1.3	0.3	0.6	2	77	38
尿酸（UA）	mg/dL	0.2	0.2	0	0.7	32	14
总胆红素（TBIL）	mg/dL	0.6	0.4	0.1	1.6	87	44
直接胆红素（DBIL）	mg/dL	0.2	0.2	0	0.8	38	20
间接胆红素（IBIL）	mg/dL	0.4	0.3	0.1	1.5	38	20
葡萄糖（GLU）	mg/dL	101	26	52	169	90	44
总胆固醇（TC）	mg/dL	208	73	83	392	79	38
甘油三酯（TG）	mg/dL	42	18	16	106	60	26
肌酸激酶（CK）	IU/L	151	82	55	418	27	20
乳酸脱氢酶（LDH）	IU/L	758	452	306	2278	53	21
碱性磷酸酶（ALP）	IU/L	33	20	2	101	80	37
谷丙转氨酶（ALT）	IU/L	10	6	2	33	66	37
谷草转氨酶（AST）	IU/L	76	33	28	257	85	42
γ-谷氨酰转肽酶（γ-GT）	IU/L	26	50	3	254	32	24
淀粉酶（AMY）	U/L	2738	1074	547	4600	16	13
总蛋白/比色法（TP）	g/dL	6.9	0.8	5	8.6	85	43

续表

检测项目	单位	均值	标准差	最小值	最大值	样本数	动物数
球蛋白/比色法（GLB）	g/dL	4	0.7	2.3	5.4	77	36
白蛋白/比色法（ALB）	g/dL	3	0.5	1.8	4.2	77	36
纤维蛋白原（FIB）	mg/dL	238	226	1	700	8	6
皮质醇（COR）	μg/dL	0.7	0	0.7	0.7	1	1
孕酮（P）	ng/dL	0.9	0	0.9	0.9	1	1
总三碘甲腺原氨酸摄取量（TT3）	%	53	0	53	53	1	1
总甲状腺素（TT4）	μg/dL	8.7	0	8.7	8.7	1	1

注：数据来自国际物种信息系统。

第十节　黑麂健康标准

黑麂（*Muntiacus crinifrons*）属哺乳纲、鲸偶蹄目、鹿科、麂属、黑麂种，是麂类中体型较大的种类。黑麂是中国的特有动物，没有亚种分化，分布范围十分狭小，分布于安徽南部、浙江西部、江西东部和福建北部地区，栖息于海拔为1000 m左右的山地常绿阔叶林及常绿、落叶阔叶混交林和灌木丛。黑麂为我国一级重点保护野生动物，《濒危野生动植物种国际贸易公约》（CITES）附录I物种，世界自然保护联盟（IUCN）将其濒危等级列为易危。

一、体况评估

雄性黑麂体长100~110cm，肩高60cm左右，体重21~26kg；雌性比雄性略小。

黑麂体况评分BCS是通过检查：①骨骼，包括肋骨、脊柱和髋骨。视觉检查是否显露，触摸是否棱角突出。②皮下脂肪和肌肉。主要触诊肩部、肋骨部和脊柱部位，感知脂肪厚度及肌肉厚实程度。③腰部和腹部轮廓。视诊检查腰部轮廓是否显著，腹围大小、腹部皮肤皱褶是否可见。采用5分制体系来判断黑麂的体况。

BCS1消瘦：颈部和肩部瘦弱，骨骼清晰可见，无脂肪；马肩隆瘦弱，骨骼清晰可见，无脂肪；腰部和背部瘦弱，脊椎突起清晰可见；骨盆骨骼突出。肋骨瘦弱，肋间距宽。

BCS2偏瘦：颈部瘦、较细；马肩隆瘦弱，骨骼明显；腰部和背部脊椎突起不明显但依旧可见，横突较明显；骨盆骨骼较圆但依旧突出，臀部骨盆骨轻微可见；肋骨依旧清晰可见，但是有少量脂肪。

BCS3合适：颈部较粗，肩部平坦；马肩隆有脂肪沉积，骨骼较不明显；背部倾斜与马肩隆相连；尾基部周围脂肪明显，骨盆骨平坦。肋骨不明显但可触摸到。

BCS4偏胖：颈部较粗，脂肪沉积明显，肩部略圆；马肩隆脂肪明显沉积；腰部和背部脂肪明显沉积，背部较平坦；臀部较圆；肋骨不明显有脂肪沉积。

BCS5肥胖：颈部周围脂肪沉积膨胀，颈部与肩膀相连，肩部很圆；脂肪沉积看不到马肩隆；背部很宽、脂肪多，背部平坦；臀部和大腿非常圆；肋骨脂肪明显沉积。

二、种群管理

（一）个体标识

采用电子芯片法和耳缺刻法两种同时标记的方法。电子芯片可以确保个体的唯一性、准确性；耳缺刻法，则为了方便日常管理操作。

1. 电子芯片法

于左侧颈部皮下注射芯片。

2. 耳缺刻法

在双侧耳边剪缺口，不同侧耳、不同位置的缺口，代表不同的数字，左侧耳缺口分别表示1、2、4、7，右侧耳缺口分别表示10、20、40、70，（代表数字如图3-8），缺口数字联合形成一个数字，就是这只动物的编号，即谱系号。

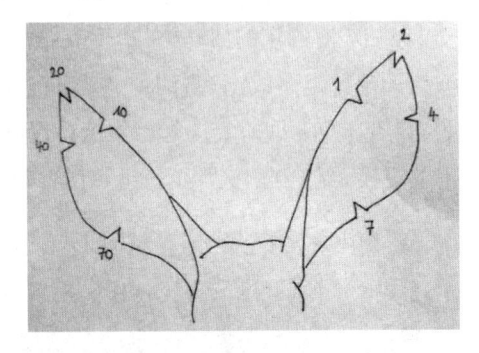

图3-8 黑麂耳缺法标记示意图

举例耳缺编号12，则需要在右耳"10"位置打耳缺，再在左耳"2"的位置打耳缺。由于目前谱系号都为"1xx"，因此百位的"1"默认为缺省，在耳缺上不表现。随着动物种群的扩大，如谱系号百位出现"2"或以上，则可以圆形耳缺钳，在左耳中央打孔，一个孔代表"100"。

（二）种群

成年黑麂最好成对或1雄2~3雌饲养，未成年黑麂与其父母共同生活1年后分开，被分开的小黑麂应饲养于其父母隔壁圈舍，让其能看到父母。雄性黑麂性成熟期为10~12月龄，雌性性成熟期为6~8月龄。黑麂全年繁殖，无季节性，但是圈养条件下多在9~11月份发情，

4~7月份产仔。孕期约240天，每胎1仔，哺乳期2~3个月。圈养环境下发现，个别雌性在哺乳期怀孕，说明有产后发情现象。被分开的小黑麂如果有合适配对个体，建议配对饲养。

三、场馆安全及展出保障

（一）场馆要求

在野外，黑麂夏季喜在阴坡或山沟水源处活动，冬季喜到阳坡活动。在陡坡有固定的活动路线，常踩踏出6~20cm宽的小道，但在非陡坡无固定行走路线。晨昏时雌雄多于一起活动。圈养环境，应考虑黑麂的自然特性，同时需要考虑展区内设施管理和使用，如是否易于消毒及更换。结合当地动物园实际情况，因地制宜地进行规划设计。

图3-9 杭州动物园黑麂圈舍图

根据饲养动物的数量确定圈舍数量，黑麂圈舍（图3-9）可大小不等，隔障墙下部为水泥砖砌墙裙、上部金属网，能较好地保证通风。两舍之间有串门，黑麂可自由进出。运动场设置遮阴篷，可用于遮阳避雨。北方动物园要设计内舍，内舍要有取暖保温设施，冬季动物可以自由出入。

（二）环境要求

黑麂是典型亚热带森林动物，根据在其野外栖息地生态适宜性研究中得出启示，圈养环境设计时要考虑植被、地形、水源距离和人类干扰等因素。

1. 地面和植被

运动场地面均为自然泥土地，可种有竹子、青草、树木等，部分地面铺有枯枝落叶。周边植被丰富，且有较多高大乔木，夏季树冠浓密，可遮阴避暑，冬季落叶后可阳光直射。地面植物主要起到保持水土、提供遮蔽场所的作用。为防止黑麂对绿化植物造成破坏，需在植物周边设置隔障物。主要采用竹片作为隔障物的主体框架，使之围绕在中层植物聚集区和乔木的周围，并在竹片骨架的空隙中插入细竹枝作为填充。如此既不妨碍植物生长，也保护了绿化，生长到隔障物外的枝叶可供黑麂采食。内舍地面为水泥，做防滑处理，便于清理和安全。

2. 躲避区

黑麂胆小易受惊，要给动物提供一些可躲避的场所。在黑麂圈舍内设置视觉屏障，如提供一些树洞、"本杰士堆"等，在动物感到害怕或不愿见人时能够藏身躲避，且休息时有安全感，可减少恐惧引起的应激。

3. 水源

圈舍内提供干净的水源，可结合运动场环境营造一个水源地，同时要避免动物本身的大小便污染水源。

（三）展示要求

环境、丰容设施等应满足展示要求。

1. 食物丰容

是圈养条件下最适用、最有成效的一种丰容手段。常用的食物丰容手段有食物类型多样性和投喂方式多样性。在圈养条件下，可通过季节性调整提供不同类型的新鲜树叶，或提供一些平时不太供应的草本类当季植物，提高动物对食物的新鲜感，刺激食欲。采用不同的食物提供方式可以有效引起动物的采食兴趣。将树叶捆紧悬挂在圈舍内，每日更改悬挂位置和悬挂高度，也可尝试制作各式取食器，增加其采食的难度，延长进食时间。取食器的数量要比动物的数量多，保证每个动物都能利用取食器采食到食物，避免打斗事件发生。

2. 感官丰容

为动物提供视觉、味觉、嗅觉、听觉等感官方面的刺激，模仿天敌或者同类产生的刺激。在对黑麂提供天敌的粪便、声音等刺激时，需要注意不可长时间让动物处于紧张状态，避免过度应激反应。可提供异性、栖息地内其余动物的分泌物、带有特殊气味的器物等，作为嗅觉刺激来保持动物的活力。也可以尝试通过播放野外黑麂叫声或原栖息地其他动物，如鸟类、昆虫的叫声等来提供听觉刺激。

3. 社群丰容

黑麂生性胆怯，在野外多单独或成对活动。在圈养条件下，为动物提供合理的社会交流环境，这对增加动物间的交流能力、交配能力以及建立动物与保育员之间的信任关系都十分重要。尽量避免单独饲养。同时，要注意不同动物之间的兼容问题，如雄性间的争斗等，可通过观察动物间互动情况判断何时进行合笼饲养。合笼后，要观察动物的行为、表情等表观情况，如果出现严重的打斗，尽快再分开。

（五）运输笼

运输笼箱用角铁作框架，辅以板材。框架用3cm×3cm的角铁，长宽高分别为105cm×40cm×80cm。用1.5cm厚的木工板做面板，两侧横向钻四排每排4个直径为0.5cm的小孔，两头均用插门，门板竖向钻两排每排4个直径为0.5cm小孔。如果用飞机运输，需用白铁皮做成能够放在笼底部且不漏水的托盘，以防尿液漏到机舱内。

四、营养健康

（一）饲料日粮

野外，黑麂食物包括乔木、灌木、藤本、非禾草类草本和禾草类草本5种类型29科43种（属）植物。灌木是黑麂全年的主要食物，它在食物组成中所占的比例为55.4%。三尖杉、光叶菝葜、矩圆叶鼠刺、南五味子和络石为黑麂四季都在取食的植物，且在食物组成中所占比例较高。圈养条件下，应结合本单位能提供的树叶种类，有季节变化。夏秋季节主要供应构树、紫薇、水蜡、桑树等树叶，北方地区主要是鲜苜蓿和青草；冬春主要供应杜英、女贞树叶、干苜蓿、玻璃叶等。各种青绿饲料的喜食部分及喜食程度等可参见表3-50。蔬果主要供应胡萝卜、苹果、红枣和少量梨，夏季添加西瓜。同时，添加配方饲料。圈养条件下日粮配方见表3-51。对于哺乳期个体，根据情况添加树叶、蔬果，以及每天每只总量不超过100g的麸皮、豆粉等饲料，为其补充蛋白质和能量。

表3-50　黑麂青绿饲料喜食情况表

植物名称	食用部分	喜食程度	植物名称	食用部分	喜食程度
杜英	叶、嫩皮	++	蒲公英	叶、茎	+++
构树	叶、嫩皮	+++	黑麦草	叶、茎	++
冬青	叶、嫩皮	++	麻栎	叶	+
苎麻	叶、茎	+++	羊草	叶、茎	+
桑叶	叶、嫩皮	+++	刺槐	叶	++
水蜡	叶	++	榆树	叶	++

注：数据来自杭州动物园。

表3-51 圈养黑麂日粮配方（每只）

饲料种类	夏季用量（kg）	冬季用量（kg）
瓜果	苹果0.05 西瓜0.2 黄瓜0.1 胡萝卜0.1	苹果0.05 胡萝卜0.3
配方饲料 草、树叶	食草颗粒0.2 树叶0.7	食草颗粒0.3 树叶0.7

注：数据来自杭州动物园。

（二）饲喂管理

喂料前要检查饲料的质量、数量，清除异物，如金属异物等，严禁饲喂发霉、变质的饲料。投喂精料时一定把料均匀散放在食槽内，上、下午各1次。青、干草应放在草架内以免污染和浪费，并保障草架内一直有草。

五、防疫

（一）检疫

新引进黑麂做隔离检疫，时间为30天，进行粪便检查和观察。注意不应在口蹄疫等动物传染病高发季节引进。

（二）消毒

1. 常规性消毒

消毒是日常饲养管理和疾病预防的重要措施。消毒范围包括：①内舍，包括巢箱、垫板、地面、墙面。②运动场，包括泥地、栖架。③用具，包括食槽、水槽、扫帚、畚箕、食物丰容工具等。④出入口，进出黑麂兽舍的主通道。预防消毒方法以化学消毒为主，化学药品主要有百毒杀、过氧乙酸、百威、漂白粉、施康等,不同化学药品交叉使用,防止长期使用同一种化学药品而使有害微生物产生耐药性降低消毒效果。兽舍及运动场消毒要求,可参见表3-52。

表3-52　兽舍及运动场消毒要求

季节	内舍(次/月)	运动场(次/月)	用具(次/周)	出入口(次/日)
冬、夏	1	1	1	1
春、秋	2	1	2	1

注：数据来自杭州动物园。

2. 临时性消毒

（1）动物调整。把黑麂转移到新圈舍饲养时,要对新圈舍先进行消毒。

（2）寄生虫感染。进行寄生虫驱虫治疗后,要对内舍和运动场进行全面消毒。

（3）运输笼的消毒。当黑麂转移需要用运输笼时,应先对运输笼进行消毒后再使用。

（4）动物疾病治疗期。感染性疾病治疗结束后,要进行设施设备及治疗场地的消毒。动物发生死亡时,对该圈舍和周边环境进行全面消毒。

（5）有传染病或疑似传染病。动物园或周边有黑麂易感的传染病发生时,应紧急对黑麂各圈舍进行全面彻底的消毒。

3. 终末消毒

指当圈舍内黑麂全部转移后,或者该圈舍内最后1只黑麂死亡,对该空圈舍内所有物品进行彻底消毒,并对剖检场地消毒。

4. 消毒注意事项

（1）使用漂白粉、百威、过氧乙酸等消毒药品时,在配比过程中容易对工作人员的皮肤造成伤害,应佩戴手套等防护用具。

（2）对动物进行隔离消毒,如果动物不能隔离,在喷洒消毒药水时要避开动物,而且动作要轻缓,黑麂容易受惊吓乱窜乱跳。

(3)根据消毒药品使用说明书操作,水泥地面可以在20~30分钟后冲洗掉多余的消毒药水,土地面不用冲洗,但是丰容设施设备需要冲洗。

(4)消毒之前都必须做好清洁工作。

(三)疫苗接种

黑麂曾发生口蹄疫、小反刍兽疫和布鲁氏菌病。口蹄疫疫苗是灭活苗,其余两种疫苗均为活苗。有口蹄疫疫苗接种记录,但没有疫苗接种后抗体变化监测结果。

六、健康检查

(一)巡检

1. 生理指标

心率为25~35次/分钟,呼吸为4~6次/分钟,兴奋时超过15次/分钟,黑麂正常体温为36℃~37℃。

2. 粪便

黑麂大便成颗粒状,每颗重量在5~10g,表面呈墨绿色,色泽光亮。

3. 尿液

颜色有黄色、淡黄色和褐色,正常情况下不浑浊,清亮。

(二)寄生虫普查和驱虫

每年春夏、秋冬季节2次检查寄生虫,常见的有类圆线虫卵及其幼虫、鞭虫卵、球虫卵囊等,见表3-53。

表3-53 寄生虫检查报告

10个高倍镜视野（HPF）所见	报告方式（某种细胞数/HPF）
视野可见细胞，但不超10个	报最低最高个数，如0~3，2~5
每个视野最少见到10个，但不超20个	10~20（+）
每个视野都在20个以上	20~40（++）
每个视野中细胞满视野，难以计数	满视野（+++）–（++++）

注：数据来自杭州动物园。

（三）专项检查

黑麂体型小，敏感性极强，不易接近。根据健康管理计划可通过正强化行为训练、化学保定后完成样本采集和检查。

1. 保定

（1）物理保定：使用网兜等工具对黑麂进行围堵，网住后先用手抓住两后肢，再进行保定。此种方式应激最大，对黑麂的健康损害也最大，不建议使用。

（2）化学保定：化学保定后用布块遮住眼睛可以加强保定效果。

①方案一：盐酸赛拉嗪（10~15mg/kg）和盐酸氯丙嗪（1.2~1.8mg/kg）复合深部肌肉注射，起效时间为15~30min，拮抗剂为盐酸苯恶唑，使用拮抗剂后苏醒时间为30分钟左右。低剂量达到镇静效果，可以进行捕捉、保定等工作，高剂量达到肌松效果，可以进行采血、B超等健康体检。

②方案二：盐酸赛拉嗪（2~2.5mg/kg）和盐酸氯胺酮（2~2.5mg/kg）复合深部肌肉注射，起效时间为10~20分钟，拮抗剂为盐酸苯恶唑，使用拮抗剂后苏醒时间为10~30分钟。低剂量达到镇静效果，高剂量达到肌松效果。

③意外处理：在化学保定过程中，黑麂若出现意外（如肌注保定

药到镇静期间过度兴奋撞伤、擦伤等,或肌注过量保定药出现麻醉过深等),应立即抢救。

·外伤出血。局部压迫止血,必要时肌肉注射酚磺乙胺、安络血等止血药物,伤口较大时手术缝合伤口,用碘制剂进行伤口消毒。

·流涎过度。肌肉或皮下注射阿托品(0.05mg/kg),及时清理掉过多的分泌物,保持口腔位置向下,防止误吸入肺。

·呼吸抑制。可能保定药物剂量过大,麻醉过深,及时使用拮抗剂和尼可刹米促进呼吸。

2. **血液学**

(1)血常规:杭州动物园对圈养的8只黑麂进行血常规检查,结果见表3-54。

(2)血液生化:杭州动物园对圈养的8只黑麂进行血液生化检查,结果见表3-55。北京动物园管理处对8只雄性和6只雌性临床表现正常黑麂的血液指标进行检查,检查数据进行统计学分析,性别间进行差异显著性检验,结果见表3-56。

表3-54 黑麂血常规指标测定值（n=8）

检测项目	单位	$\bar{X}\pm SD$ n=(4♂+4♀)	变化范围	$\bar{X}\pm SD$(♀) n=4	变化范围	$\bar{X}\pm SD$(♂) n=4	变化范围	测定方法
白细胞计数（WBC）	×10^9/L	3.20±0.58	2.30~4.60	2.90±0.35	2.30~3.40	3.50±0.75	2.30~4.60	电阻抗法
中性粒细胞（NEUT）	%	70.60±3.20	65.90~78.10	71.25±2.00	68.50~75.00	69.95±4.08	65.90~78.10	瑞氏吉姆萨染色
淋巴细胞（LYM）	%	27.38±4.73	18.70~42.20	25.18±2.59	20.00~28.80	29.58±6.31	18.70~42.20	瑞氏吉姆萨染色
中间细胞百分比（MID）	%	3.28±1.04	1.50~5.30	3.58±0.78	2.70~5.00	2.98±1.28	1.50~5.30	瑞氏吉姆萨染色
红细胞计数（RBC）	×10^{12}/L	11.70±3.11	6.26~15.83	13.09±2.07	8.95~15.83	10.30±3.46	6.26~15.21	电阻抗法
血红蛋白（HGB）	g/L	159.00±19.19	121.00~179.00	168.50±9.00	151.00~179.00	150.00±25.00	121.00~178.00	电阻抗法
平均红细胞血红蛋白浓度（MCHC）	g/L	333.00±28.66	286.00~383.00	326.00±16.13	303.00~358.00	340.00±37.50	286.00~383.00	电阻抗法
平均红细胞血红蛋白含量（MCH）	pg/cell	12.14±1.87	8.60~17.30	11.40±0.65	10.80~17.30	12.88±2.72	8.60~17.30	电阻抗法
平均红细胞体积（MCV）	fL	35.19±1.54	30.30~37.50	35.30±0.75	34.30~36.20	35.08±2.39	30.30~37.50	电阻抗法
红细胞分布宽度（RDW）	%	17.44±1.90	12.50~19.60	18.37±0.98	17.10~19.60	16.50±2.70	12.50~19.40	电阻抗法
红细胞比容（HCT）		0.47±0.10	0.26~0.56	0.52±0.03	0.47~0.56	0.41±0.14	0.26~0.56	电阻抗法
血小板计数（PLT）	×10^9/L	360.00±107.84	138.00~557.00	384.00±143.25	138.00~557.00	335.00±71.00	200.00~456.00	电阻抗法
血小板压积（PCT）		0.15±0.03	0.084~0.200	0.15±0.04	0.084~0.200	0.141±0.09	0.130~0.159	电阻抗法

注：数据来自杭州动物园。

表3-55 黑麂血液生化指标测定值（n=8）

检测项目	单位	均值±SD n=9 (4♂+4♀)	变化范围	均值±SD N(♀)=4	变化范围	均值±SD N(♂)=4	变化范围	测定方法
谷丙转氨酶（ALT）	U/L	29.75±8.63	17.00~60.00	22.00±3.75	17.00~29.00	37.00±11.38	26.00~60.00	速率法
谷草转氨酶（AST）	U/L	149.00±31.75	106.00~207.00	128.00±16.62	106.00~162.00	169.00±36.75	132.00~207.00	速率法
L-γ-谷氨酰基转移酶（GGT）	U/L	107.00±26.50	60.00~158.00	94.00±24.75	60.00~137.00	120.00±23.75	84.00~158.00	硝基苯胺法
碱性磷酸酶（ALP）	U/L	97.00±29.75	60.00~162.00	77.00±19.38	60.00~116.00	117.00±26.25	76.00~162.00	丙醇法
总蛋白（TP）	g/L	64.79±6.01	51.80~73.70	61.82±5.01	51.80~70.40	67.80±4.78	58.20~73.70	双缩脲法
白蛋白（ALB）	g/L	29.66±5.97	19.20~38.10	27.75±5.70	19.20~34.40	31.60±5.29	21.00~38.10	BCG比色法
总胆红素（TBIL）	μmol/L	7.68±1.45	4.80~10.80	6.78±1.51	4.80~9.80	8.57±1.11	7.60~10.80	终点法
直接胆红素（DBIL）	μmol/L	2.48±0.63	1.10~3.90	1.85±0.40	1.10~2.30	3.10±0.55	2.50~3.90	终点法
间接胆红素（IBIL）	μmol/L	5.20±1.63	3.00~8.70	4.93±1.89	3.00~8.70	5.47±1.36	4.20~8.20	—
尿素氮（BUN）	mmol/L	10.34±1.33	6.52~12.40	11.26±0.70	10.30~12.40	9.41±1.72	6.52~11.49	谷氨酸脱氢酶法
肌酐（CR）	μmol/L	95.00±29.38	7.00~142.00	109.5±9.50	98.00~120.00	81.00±44.50	7.00~142.00	苦味酸法

续表

检测项目	单位	均值±SD n=9 (4♂+4♀)	变化范围	均值±SD N(♀)=4	变化范围	均值±SD N(♂)=4	变化范围	测定方法
尿酸（UA）	μmol/L	9.50±13.00	0~53.00	13.50±19.75	0~53.00	5.50±6.25	1.00~18.00	尿酸酶过氧化酶法
果糖胺（GSP）	mmol/L	2.65±0.57	1.80~4.10	2.66±0.72	2.03~4.10	2.64±0.42	1.80~3.15	终点法
葡萄糖（GLU）	mmol/L	5.86±2.96	1.56~10.00	7.14±2.59	2.51~10.00	4.58±2.98	1.56~7.85	己糖激酶法
钙（Ca）	mmol/L	1.70±0.12	2.00~2.55	2.12±0.09	2.00~2.28	2.23±0.16	2.03~2.55	偶氮胂III法
磷（P）	mmol/L	1.93±0.07	1.79~2.16	1.89±0.05	1.79~1.95	1.96±0.10	1.90~2.16	钼蓝法
镁（Mg）	mmol/L	0.79±0.12	0.64~1.04	0.78±0.12	0.64~1.02	0.81±0.12	0.69~1.04	酶法
甘油三酯（TG）	mg/dL	0.26±0.21	0~0.91	0.15±0.12	0~0.37	0.36±0.28	0.01~0.91	氧化酶法
总胆固醇（TC）	mmol/L	3.31±0.75	2.10~4.83	3.80±0.79	2.83~4.83	2.82±0.70	2.10~3.54	胆固醇氧化酶法
载脂蛋白A1（APOA1）	g/L	0.33±0.19	0.07~0.89	0.22±0.08	0.07~0.37	0.44±0.25	0.16~0.89	免疫比浊法
载脂蛋白B（APOB）	g/L	0.14±0.10	0~0.36	0.14±0.11	0.01~0.36	0.13±0.08	0~0.22	免疫比浊法
高密度脂蛋白胆固醇（HDL-C）	mmol/L	2.19±0.48	1.33~3.09	2.52±0.42	1.72~3.09	1.85±0.38	1.33~2.28	选择性抑制法
低密度脂蛋白胆固醇（LDL-C）	mmol/L	0.88±0.41	0.38~1.67	1.03±0.49	0.38~1.67	0.72±0.25	0.41~1.21	选择性水解法
脂蛋白a（LPa）	mg/dL	6.63±8.34	1.00~40.00	1.75±0.75	1.00~3.00	11.50±14.25	1.00~40.00	免疫浊度法

续表

检测项目	单位	均值±SD n=9 (4♂+4♀)	变化范围	均值±SD N(♀)=4	变化范围	均值±SD N(♂)=4	变化范围	测定方法
肌酸激酶(CK)	U/L	1193±735.22	392~2265	829±608.50	392~2046	1558±679.75	752~2265	速率法
肌酸激酶同工酶(CK-MB)	U/L	739±570.00	155~1664	653±505.38	235~1664	825±591.75	155~1491	免疫抑制法
α-羟基丁酸脱氢酶(HBDH)	U/L	634±122.5	334~801	660±107.50	445~801	608±137.00	334~720	速率法
乳酸脱氢酶(LDH)	U/L	1051±361.50	589~1966	799±160.75	589~1004	1302±471.25	730~1966	连续监测法L→P
甘氨酰脯氨酸氨基转肽酶(GPDA)	U/L	44±8.81	18~52	39±13.00	18~52	48±1.25	47~50	速率法
淀粉酶(AMY)	U/L	34±15.75	2~62	33.5±5.50	27~43	33.5±26.00	2~62	连续监测法
钠(Na)	mmol/L	146±3.50	141~157	144±2.25	141~148	148±4.62	143~157	离子选择性电极
钾(K)	mmol/L	4.71±0.67	3.76~6.37	4.04±0.29	3.76~4.62	5.38±0.49	4.72~6.37	离子选择性电极
氯(Cl)	mmol/L	105±4.41	99~116	103±1.88	100~107	107±6.00	99~116	离子选择性电极

注：数据来自杭州动物园。

表3-56 临床表现正常黑麂的血液指标

检测项目	单位	性别	样本数	平均值	标准差	实测最小值	实测最大值	t检验
血红蛋白（HGB）	g/L	♂	8	164.75	29.57	134	210	P>0.05
		♀	6	161.17	30.45	120	200	
红细胞计数（RBC）	$\times 10^{12}$/L	♂	8	17.49	2.44	14.66	22.06	P>0.05
		♀	6	16.56	2.99	13.49	21.85	
白细胞计数（WBC）	$\times 10^{9}$/L	♂	8	5.74	2.89	2.4	10.8	P>0.05
		♀	6	5.52	2.77	2.6	9.6	
红细胞比容（HCT）	L/L	♂	8	0.48	0.02	0.46	0.51	P>0.05
		♀	6	0.46	0.04	0.4	0.52	
中性分叶核粒细胞（NSG）	%	♂	8	63.25	5.95	54	72	P>0.05
		♀	6	61	5.73	56	68	
中性杆状核粒细胞（NST）	%	♂	8	1	1.41	0	4	P>0.05
		♀	6	1	0.89	0	2	
嗜酸性粒细胞（EOS）	%	♂	8	1	0.93	0	2	P>0.05
		♀	6	1.67	1.63	0	4	
嗜碱性粒细胞（BAS）	%	♂	8	0.1	0.001	0	1	P>0.05
		♀	6	0.1	0.001	0	1	
淋巴细胞（LYM）	%	♂	8	32.5	4.38	27	39	P>0.05
		♀	6	33.17	5.38	28	42	
单核细胞（MON）	%	♂	8	2.25	1.67	1	5	P>0.05
		♀	6	3.17	1.47	1	5	
钾（K）	mmol/L	♂	7	4.69	0.34	4.3	5.3	P>0.05
		♀	6	4.73	0.63	4.1	5.8	
钠（Na）	mmol/L	♂	7	138.71	2.75	135	144	P>0.05
		♀	6	143.3	4.63	138	151	
氯（Cl）	mmol/L	♂	7	98.29	2.75	94	102	P>0.05
		♀	6	101.67	6.12	97	113	

续表

检测项目	单位	性别	样本数	平均值	标准差	实测最小值	实测最大值	t检验
钙（Ca）	mmol/L	♂	7	2.21	0.23	1.99	2.62	P>0.05
		♀	6	2.18	0.22	1.89	2.38	
磷（P）	mmol/L	♂	7	2.67	0.49	2.1	3.4	P>0.05
		♀	6	2.96	0.53	2.45	3.53	
铁（Fe）	μmol/L	♂	7	34.44	9.7	23.6	49.5	P>0.05
		♀	6	34.37	11.11	17.8	48.6	
镁（Mg）	mmol/L	♂	7	1.16	0.27	0.84	1.71	P>0.05
		♀	6	1.03	0.21	0.76	1.35	
葡萄糖（GLU）	mmol/L	♂	7	6.72	2.13	5.06	10.72	P>0.05
		♀	6	7.06	1.76	4.7	9.21	
肌酐（CR）	μmol/L	♂	7	98.33	18.23	82.2	131.9	P>0.05
		♀	6	85.53	8.24	69.4	91.6	
尿素氮（BUN）	mmol/L	♂	7	11.15	1.76	9.14	14.6	P>0.05
		♀	6	12.62	3.45	8.72	18.47	
总蛋白（TP）	g/L	♂	7	63.46	4.58	58.2	72.2	P>0.05
		♀	6	66.88	4.07	60.1	71.2	
白蛋白（ALB）	g/L	♂	7	24.56	1.68	21.5	26.4	P>0.05
		♀	6	24.77	1.84	22.1	26.5	
球蛋白（GLB）	g/L	♂	7	38.9	5.48	32.8	48.5	P>0.05
		♀	6	42.12	4.13	38	48	
白蛋白/球蛋白（A/G）	—	♂	7	0.64	0.13	0.5	0.8	P>0.05
		♀	6	0.6	0.09	0.5	0.7	
总胆汁酸（TBA）	μmol/L	♂	7	30.66	25.28	10.03	81.06	P>0.05
		♀	6	33.86	14.33	11.95	56.43	
总胆红素（TBIL）	μmol/L	♂	7	7.34	1.85	4.02	10.05	P<0.05
		♀	6	5.05	1.64	2.53	7.27	

续表

检测项目	单位	性别	样本数	平均值	标准差	实测最小值	实测最大值	t检验
直接胆红素（DBIL）	μmol/L	♂	7	3.67	1.37	0.83	5.07	P>0.05
		♀	6	2.45	1.2	0.77	3.73	
间接胆红素（IBIL）	μmol/L	♂	7	3.68	0.81	2.45	4.98	P<0.05
		♀	6	2.6	0.58	1.76	3.54	
总胆固醇（TC）	mmol/L	♂	7	2.55	1.35	1.66	5.47	P>0.05
		♀	6	2.82	0.66	1.81	3.55	
甘油三酯（TG）	mmol/L	♂	7	0.61	0.05	0.59	0.73	P>0.05
		♀	6	0.59	0.03	0.54	0.59	
高密度脂蛋白胆固醇（HDL-C）	mmol/L	♂	7	2.04	0.94	1.37	2.8	P>0.05
		♀	6	2.37	0.5	1.53	2.85	
低密度脂蛋白胆固醇（LDL-C）	mmol/L	♂	7	0.27	0.24	0.08	0.49	P>0.05
		♀	6	0.23	0.06	0.16	0.32	
脂蛋白a（LPa）	mg/L	♂	7	7	1.83	5	10	P>0.05
		♀	6	8.67	4.32	4	14	
胆碱酯酶（CHE）	U/L	♂	7	370.86	42.48	314	422	P>0.05
		♀	6	374.33	64.1	311	495	
谷丙转氨酶（ALT）	U/L	♂	7	26.46	5.28	21.1	36.7	P<0.01
		♀	6	40.35	7.93	26.4	47.6	
谷草转氨酶（AST）	U/L	♂	7	88.79	15.08	70.9	118.5	P>0.05
		♀	6	98.25	8.88	84.2	109.7	
γ-谷氨酰转肽酶（γ-GT）	U/L	♂	7	92.54	26.86	71.6	152.1	P>0.05
		♀	6	88.67	12.63	70.9	106.3	
碱性磷酸酶（ALP）	U/L	♂	7	144.24	92	29.8	225.4	P>0.05
		♀	6	94.15	51.38	36.8	165.9	
腺苷脱氨酶（ADA）	U/L	♂	7	11.57	2.57	8	16	P<0.05
		♀	6	18.33	6.62	12	30	

续表

检测项目	单位	性别	样本数	平均值	标准差	实测最小值	实测最大值	t检验
淀粉酶（AMY）	U/L	♂	7	166.14	48.65	97	216	P<0.01
		♀	6	233.17	15.17	219	257	
肌酸激酶（CK）	U/L	♂	7	330.69	220.25	87.1	613.7	P>0.05
		♀	6	372.07	216.8	184.7	719.4	
乳酸脱氢酶（LDH）	U/L	♂	7	489.59	66.57	384.9	566.1	P<0.01
		♀	6	669.77	79.12	568.3	790.5	
肌酸激酶同工酶（CK-MB）	U/L	♂	7	135	51.55	67	197	P<0.05
		♀	6	225.5	77.78	111	299	
α-羟基丁酸脱氢酶（HBDH）	U/L	♂	7	495.14	58.36	424	596	P<0.01
		♀	6	694.33	84.03	593	810	
脂肪酶（LPS）	U/L	♂	7	12.7	0.39	11.7	12.6	P<0.05
		♀	6	13.23	1.07	12.2	15.2	
叶酸（VB9）	ng/mL	♂	6	2.98	5.25	0.6	13.7	P>0.05
		♀	6	1.4	0.75	0.8	2.4	
维生素B12（VB12）	pg/mL	♂	6	188.17	38.27	152	245	P>0.05
		♀	6	212.5	46.25	137	269	
总甲状腺素（TT4）	μg/dL	♂	6	3.98	0.54	3.4	4.72	P>0.05
		♀	6	4.17	0.41	3.71	4.82	
总三碘甲腺原氨酸（TT3）	ng/mL	♂	6	1.43	0.44	0.91	1.99	P>0.05
		♀	6	1.31	0.06	1.24	1.4	
游离甲状腺素（FT4）	ng/dL	♂	6	0.99	0.06	0.89	1.06	P>0.05
		♀	6	0.86	0.17	0.62	1.09	
游离三碘甲状腺原氨酸（FT3）	pg/mL	♂	6	3.69	0.97	2.54	4.73	P>0.05
		♀	6	3.13	0.45	2.35	3.54	

注：数据来自北京动物园管理处。

第十一节　白长角羚健康标准

白长角羚（*Oryx dammah*）属于哺乳纲、鲸偶蹄目、牛科、剑羚属，无亚种。毛皮呈白色，胸部呈红褐色，从脖子至胸部的基本颜色是白色和锈棕色，体侧有棕色条纹，大腿上有一处锈红褐色的斑块。两性都有角，角很长，像弯刀般向后弯曲，雄性及雌性的角都可长100～125cm，角长而细，经常会折断。世界自然保护联盟（IUCN）2016年濒危物种红色名录ver 3.1将之列为野外绝灭（EW）。

一、体况评估

成年白长角羚体长160～175cm、肩高110～125cm、尾长45～60cm，圈养条件下的白长角羚寿命15～21岁，体重参考值见表3-57。

表3-57　白长角羚的体重

年龄	均值（kg）	标准差（kg）	最小值（kg）	最大值（kg）	样本数（次）	动物数（只）
0～1日龄	9.564	1.354	5.360	12.27	133	129
2.7～3.3岁	156.4	34.3	125	227	14	10
4.5～5.5岁	131.8	19.8	102	168.2	15	10
9.5～10.5岁	143.7	13	113	161.3	10	5

注：数据来自国际物种信息系统。

白长角羚体况评分BCS标准可参考美国用于评定山羊的营养状况评分方法，采用5分制系统进行评价。评定人员通过目测和触摸，结合整体印象，对照标准给分。具体评定方法为：第一，首先观察羚羊体的大小，整体丰满程度。第二，从羚羊体后侧观察尾根周围的凹陷情况，然后再从侧面观察腰角脊柱、肋骨的丰满程度。第三，触摸脊柱、肋骨以及尻部皮下脂肪的沉积情况。

操作要点为：①用拇指和食指掐捏肋骨，检查肋骨皮下脂肪的沉积情况。过肥的羚羊，难掐住肋骨。②用手掌在羚羊的肩、背、尻部移动按压，以检查其肥度。③用手指和掌心掐捏腰椎横突，如肉脂丰厚，检查时不易触感到骨骼。详见图3-10。

	BCS1消瘦：所有肋骨可见；棘突明显且非常尖锐；不能触摸到脂肪层，肌肉有所消耗。
	BCS2偏瘦：大多数肋骨可见；棘突尖锐，单个的棘突容易触摸到；在眼肌上的脂肪层可以稍微触摸到。
	BCS3合适：外观平滑；棘突平滑圆润，单个的棘突很平滑，要用相当压力的触摸才能感觉到；在眼肌上感觉到有明显的脂肪层。
	BCS4偏胖：看不见肋骨；触摸时要用很大的压力才能感觉到棘突，眼肌上可以感觉到相当厚的脂肪层。
	BCS5肥胖：难于触摸到棘突；触摸不到肋骨；身体显现肥胖的外形；与整个身体很不协调。

图3-10　白长角羚体况评估参考

二、种群管理

(一) 个体标识

芯片法,植入左侧颈部中央靠近耳基区皮下。

(二) 种群

野外的白长角羚是最具有社群性的动物之一,通常10多只成群活动,以一只成年公羚为中心,带领数只母羚和幼羚共同生活。圈养环境下,白长角羚全年繁殖,发情周期平均为26(23~30)天,持续3~7天,怀孕期245~260天,每胎产1仔。新生幼仔体重9~13kg,哺乳期大约3.5个月,1.5~2岁性成熟。

三、场馆安全及展出保障

白长角羚原生活于南半球南非大陆热带气候地区,群居生活,感觉灵敏、敏感,善于奔跑。展出设计时要考虑气候变化,做好防寒降暑措施;内舍地面采用水泥,保障安全性,避免动物滑伤;保证展区与游客面距离和阻断措施。

(一) 场馆要求

1. 内舍

采用水泥地面,最低标准为$10m^2$/只,围栏不低于1.8m,采用栏杆、方格网与墙裙、木板相结合的方式,形成动物个体间的视觉障碍。在可能存在胁迫压力的个体间,如成年种用雄性个体和非种用雌性个体或亚成体间还需要附加高大视觉隔障。内舍之间、内舍与运动场之间、内舍与过道之间设置串门,满足保育员、动物进出。

2. 运动场

每只动物的面积不低于$30m^2$,采用土质地面,排水性能良好,有干燥地面用于喂食或提供休息的场所,同时也要保证水池的提供。采用围栏隔离,围栏高不低于2m,下端是1m的墙裙,上端是栏杆,栏杆的间距不大于10cm。设有棚架、草架。采用仿生态隔障弱化动物圈舍的边界,同时结合植物配置实现展区动物环境景观效果。

(二)环境要求

1. 光照

要保证获取自然光。室内环境可用日光灯补充,以保证保育员的操作安全。

2. 温度

白长角羚怕冷,将温度控制在12~26℃左右。当气温降到0℃时,则需要为动物提供室内保温兽舍。白长角羚室内温度不得低于12℃,对于病弱、怀孕或哺乳的个体,温度不得低于15℃。

四、营养健康

(一)饲料日粮

夏季粗饲料以青草、鲜苜蓿、鲜树叶类饲料(桑树叶、槐树叶)为主。冬季粗饲料南方可根据情况以鲜草为主,北方则以提前储存的优质干牧草、干苜蓿为主,补充瓜类饲料。饲料配方可见表3-58。

表3-58 白长角羚饲料配方

饲料种类	用量(kg/只)
草	鲜草20~25、干草2~3
根菜类(地瓜、胡萝卜等)	1.5~2
草食动物颗粒料	1.5~2

注:数据来自杭州动物园。

（二）饲喂管理

1. 定时定量饲喂

固定饲喂时间，青饲料、精饲料、瓜果类根据定量一天分2次喂饲，干草、干树叶等粗饲料每日保障足量。

2. 多点饲喂

在饲养过程中，根据动物群和场地特点，分点投放，保障每只动物能够取食到计划的饲料量，避免由于争食而发生动物个体间的争斗，以及长期的进食不足或过量而影响健康。

3. 保障饲料质量

每次为动物提供草料时必须仔细检查，捡出捆扎饲草的绳子以及腐烂、霉变的饲草，除去泥沙及异物，并做好防止游客投喂工作。

五、防疫

通过免疫接种、检疫、消毒等措施控制传染病。

（一）消毒

1. 常规性消毒

定期清洗消毒食槽、水槽等，夏季每周至少1次；冬季可每月1次。

2. 临时性消毒

动物患病治疗护理期间要每日对圈舍消毒，治疗结束后或死亡后进行终末消毒。动物免疫、驱虫后应对圈舍进行消毒。

3. 注意事项

按要求配制消毒液，切勿浓度过高或过低；使用消毒液之前要摇动药桶，混匀后再用；喷洒药液时必须全面，不可有漏喷的地方；消毒范围内不得有动物；水果、蔬菜等消毒后，必须冲洗干净才能饲喂动物。

（二）检疫和疫苗接种

按国家有关规定和相关部门的要求接种相应的疫苗，免疫疫苗种类及使用方法见表3-59。

表3-59　长角羚免疫疫苗种类及使用方法

日龄	疫苗	免疫疾病	免疫程序	备注
28~35	口蹄疫O型、A型灭活苗	口蹄疫	首免/30日后进行二免	边境地区的羊羔、羚羊羔、骆驼科及鹿科幼仔
30	小反刍兽活疫苗	小反刍兽疫	首免/每3年免疫1次	非免疫无疫区可不免、海南禁免

注：资料来自福州动物园。

六、健康检查

（一）巡诊

观察动物精神、活动、取食、粪便、被毛、蹄甲、角型以及体重变化等，分析异常的原因，做好详细的记录。

1. 食欲和反刍

健康羚羊每日反刍8小时左右，白天反刍2~3小时，晚间反刍较多。而反刍时间长短常与饲料的种类有关。

2. 生理指标

成年羚羊呼吸为15~30次/分钟、脉搏数为60~80次/分钟，体温参考值见表3-60。

表3-60　白长角羚的体温

性别	均值（℃）	标准差（℃）	最小值（℃）	最大值（℃）	样本数（次）	动物数（只）
全部	38.7	1.6	36	41.5	276	124

注：数据来自国际物种信息系统。

3. 粪便和尿液

正常每日排粪10~15次，排尿8~10次。尿呈淡黄色，清亮至浑浊，浑浊度取决于尿内存在的结晶，尿比重为1.03（1.025~1.050）。粪便呈颗粒状，落地不易破碎，常可滚动，由于饲料成分的差别，粪的颜色深浅不一，圈养一般为褐色，各种疾病引起的便秘和腹泻可使粪的形状和硬度发生显著的变化（图3-11）。

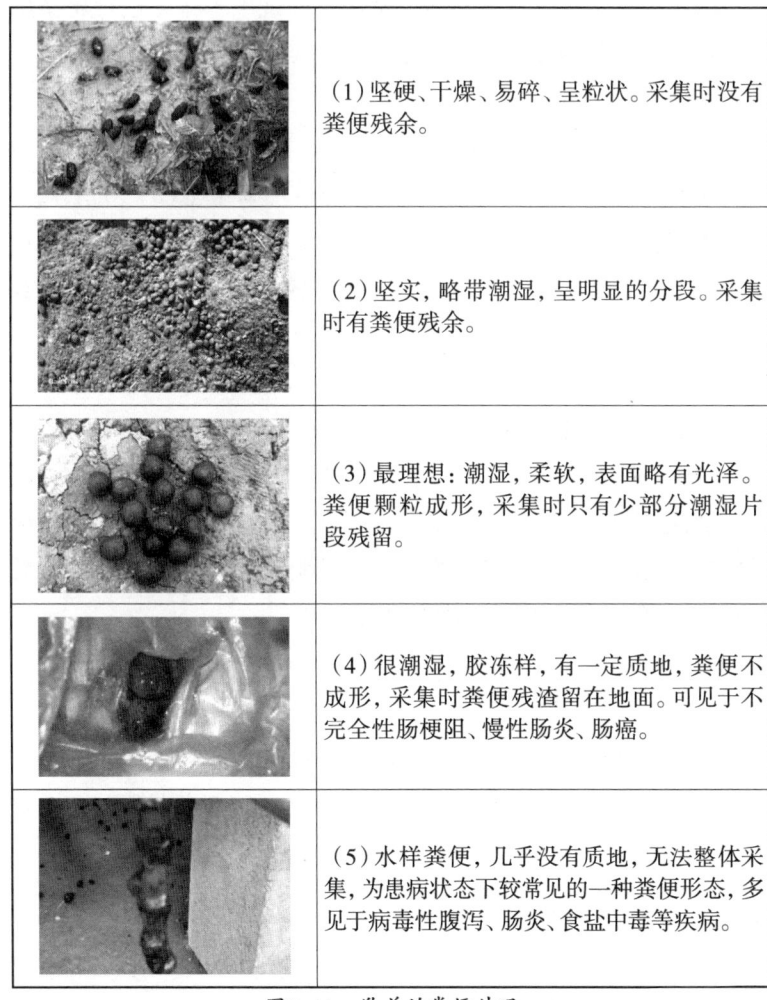

	（1）坚硬、干燥、易碎、呈粒状。采集时没有粪便残余。
	（2）坚实，略带潮湿，呈明显的分段。采集时有粪便残余。
	（3）最理想：潮湿，柔软，表面略有光泽。粪便颗粒成形，采集时只有少部分潮湿片段残留。
	（4）很潮湿，胶冻样，有一定质地，粪便不成形，采集时粪便残渣留在地面。可见于不完全性肠梗阻、慢性肠炎、肠癌。
	（5）水样粪便，几乎没有质地，无法整体采集，为患病状态下较常见的一种粪便形态，多见于病毒性腹泻、肠炎、食盐中毒等疾病。

图3-11 羚羊的粪便外观

（二）寄生虫普查和驱虫

每年春季（4至5月）、秋季（9至10月）2次检查，根据检查结果进行驱虫。虫卵呈阳性须实施治疗性驱虫，并且进行追踪性检查和治疗。检查阴性要进行预防性驱虫。

1. 预防性驱虫

根据虫种可选择阿苯达唑、左旋咪唑或甲苯咪唑进行轮换用药。掺入精料中投喂，1日1次，连服3日。

2. 治疗性驱虫

根据检查结果，确定服用驱虫药的种类和剂量，通常以线虫为主的用药可选择阿苯达唑（8~10mg/kg）、甲苯咪唑（8~10mg/kg）或左旋咪唑（2~3mg/kg）；若是绦虫可考虑吡喹酮（20~25mg/kg）；吸虫可考虑三氯苯唑（5~10mg/kg）。驱虫效果不理想时可考虑联合用药。

3. 注意事项

驱虫应避开妊娠期；驱虫给药安排在上午；主治兽医要对喂药动物进行密切观察；感染动物完成驱虫后，须再次进行粪便检查，以检查驱虫效果；驱虫工作应与消毒工作结合进行，于投药3日后连续进行3日兽舍消毒；对发病体弱动物，原则上应暂缓驱虫，待病愈后再行驱虫，特殊情况时可小剂量、多次给药。

（三）专项检查

根据健康管理计划，进行专项检查，包括血液检查、粪便检查、X光检查和B超检查等。血常规和生化检验指标参考值见表3-61至表3-63。

表3-61 羚羊血常规指标参考值

检测项目	单位	均值	标准差	最小值	最大值
白细胞计数（WBC）	$\times 10^9$/L	4.29	1.25	2.18	6.4
红细胞计数（RBC）	$\times 10^{12}$/L	10.6	2.25	8.3	17.9
血红蛋白（HGB）	g/L	146	21	136	180
平均红细胞体积（MCV）	fL	43.1	5.6	30	49
平均红细胞血红蛋白含量（MCH）	pg/cell	13.6	1.75	12.1	17.1
平均红细胞血红蛋白浓度（MCHC）	g/L	345	34	319	373
血小板计数（PLT）	$\times 10^{12}$/L	325	86	160	456
中性分叶核粒细胞（NSG）	$\times 10^9$/L	57.7	11.786	42.2	67.5

注：数据来自苏积武等，1996；王勇等，2009；沈明华，2001；张成林，2017；邱启官等，2019。

表3-62 羚羊血液生化指标参考值

检测项目	单位	均值	标准差	最小值	最大值
总胆红素（TBIL）	μMol/L	5.05	1.25	2	8
直接胆红素（DBIL）	μMol/L	2.25	1	0	4
间接胆红素（IBIL）	μMol/L	3.31	1.5	0	6
葡萄糖（GLU）	mmol/L	6.02	1.266	4.38	10.71
总胆固醇（TC）	mmol/L	1.22	0.44	0.88	1.71
甘油三酯（TG）	mmol/L	0.35	0.25	0.09	0.81
肌酸激酶（CK）	U/L	224	182	0	442
乳酸脱氢酶（LDH）	U/L	828	154	0	3443
碱性磷酸酶（ALP）	U/L	12.20	6.56	0	2335
谷丙转氨酶（ALT）	U/L	21.77	11.74	11	31
谷草转氨酶（AST）	U/L	108.38	34.56	65	179
γ-谷氨酰转肽酶（γ-GT）	U/L	112	50	0	246

续表

检测项目	单位	均值	标准差	最小值	最大值
淀粉酶（AMY）	U/L	199.5	45.20	130	250
总蛋白（TP）	g/L	69.2	8.3	50	78
球蛋白（GLB）	g/L	35.75	2.79	23	43
白蛋白（ALB）	g/L	34.07	3.02	23	38
钙（Ca）	mmol/L	2.63	0.63	1.53	3.93
磷（P）	mmol/L	1.89	0.44	1.25	3.16
钠（Na）	mmol/L	150.77	10.87	140	182
钾（K）	mmol/L	4.42	0.6	3.8	6.2
氯（Cl）	mmol/L	111.23	3.75	104.75	115.25
二氧化碳（CO_2）	mmol/L	28.6	10.2	20.9	40.7
铁（Fe）	μmol/L	36.25	24.47	24.16	63.90
镁（Mg）	mmol/L	1.61	0.335	0.65	1.88
尿素氮（BUN）	mmol/L	7.76	1.428	5	9.9
肌酐（CR）	μmol/L	128	35	98	168
尿酸（UA）	mmol/L	26	1.25	0	36

注：数据来自苏积武等，1996；王勇等，2009；沈明华，2001；张成林，2017；邱启官等，2019。

表3-63 白长角羚血液学指标参考值

检测项目	单位	均值	标准差	最小值	最大值	样本数	动物数
白细胞计数（WBC）	$\times 10^3/\mu L$	6.259	2.306	1.900	17.5	551	215
红细胞计数（RBC）	$\times 10^6/\mu L$	8.72	1.92	4.44	15.10	499	193
血红蛋白（HGB）	g/dL	13.4	2.6	7.6	20.9	518	204
红细胞比容（HCT）	%	37.7	6.7	21.7	58.2	607	225

续表

检测项目	单位	均值	标准差	最小值	最大值	样本数	动物数
平均红细胞体积（MCV）	fL	43.9	6.7	25.2	77.4	496	192
平均红细胞血红蛋白含量（MCH）	pg/cell	15.4	2	9.5	24.9	488	188
平均红细胞血红蛋白浓度（MCHC）	g/dL	35.4	2.7	21.7	45	516	204
血小板计数（PLT）	$\times 10^3/\mu L$	371	126	116	751	88	51
有核红细胞（NRBC）	/100 WBC	1	1	0	5	23	19
网织红细胞（RC）	%	0	0	0	0	2	2
中性分叶核粒细胞（NSG）	$\times 10^3/\mu L$	4.185	1.871	0.052	15.6	413	174
淋巴细胞（LYM）	$\times 10^3/\mu L$	1.406	0.819	0.01	4.9	422	177
单核细胞（MON）	$\times 10^3/\mu L$	0.133	0.184	0	2.304	355	156
嗜酸性粒细胞（EOS）	$\times 10^3/\mu L$	0.185	0.263	0	2.304	322	133
嗜碱性粒细胞（BAS）	$\times 10^3/\mu L$	0.022	0.046	0	0.268	221	78
中性杆状核粒细胞（NST）	$\times 10^3/\mu L$	0.161	0.321	0	1.88	214	78
钙（Ca）	mg/dL	9.3	1.1	6.6	13.1	468	181
磷（P）	mg/dL	6.6	1.9	0	12.4	441	174
钠（Na）	mEq/L	143	4	132	153	445	166
钾（K）	mEq/L	4.5	0.6	3	6.7	452	171
氯（Cl）	mEq/L	103	4	91	115	368	145
碳酸氢盐（BC）	mEq/L	507.8	1091	11	2460	5	5

续表

检测项目	单位	均值	标准差	最小值	最大值	样本数	动物数
二氧化碳（CO_2）	mEq/L	26.4	4.2	16	44.4	252	92
渗透浓度/渗透压（OSM）	mOsmol/L	294	7	281	312	170	56
铁（Fe）	μg/dL	126	46	61	222	21	13
镁（Mg）	mg/dL	1.6	0.6	0.53	3.3	33	25
尿素氮（BUN）	mg/dL	24	8	9	57	473	185
肌酐（CR）	mg/dL	1.7	0.5	0.7	3.6	436	170
尿酸（UA）	mg/dL	0.4	0.3	0	1.5	118	51
总胆红素（TBIL）	mg/dL	1.7	1.4	0.1	8.5	469	181
直接胆红素（DBIL）	mg/dL	0.4	0.4	0	1.4	40	26
间接胆红素（IBIL）	mg/dL	1.3	1.6	0.1	7.2	40	26
葡萄糖（GLU）	mg/dL	174	71	40	508	440	173
总胆固醇（TC）	mg/dL	54	14	0	97	215	102
甘油三酯（TG）	mg/dL	51	41	5	233	287	117
肌酸激酶（CK）	IU/L	373	470	57	2960	71	48
乳酸脱氢酶（LDH）	IU/L	2518	1828	107	7598	305	115
碱性磷酸酶（ALP）	IU/L	218	344	1	2130	439	169
谷丙转氨酶（ALT）	IU/L	18	10	0	68	182	83
谷草转氨酶（AST）	IU/L	107	68	17	548	437	175
γ-谷氨酰转肽酶（γ-GT）	IU/L	24	28	1	159	90	52
淀粉酶（AMY）	U/L	63	101	2	593	44	28

续表

检测项目	单位	均值	标准差	最小值	最大值	样本数	动物数
总蛋白/比色法（TP）	g/dL	6	0.8	3.9	8.6	426	166
球蛋白/比色法（GLB）	g/dL	2.7	0.7	1	5.3	363	153
白蛋白/比色法（ALB）	g/dL	3.3	0.8	1.8	5.7	366	154
纤维蛋白原（FIB）	mg/dL	218	152	0	600	104	42

注：数据来自国际物种信息系统。

第十二节　长臂猿健康标准

长臂猿（*Hylobatidae*）隶属于哺乳纲、真兽亚纲、灵长目、简鼻亚目（类人猿亚目）、长臂猿科，有4属20种，长臂猿科所有种均列入《濒危野生动植物种国际贸易公约》（CITES）附录Ⅰ，栖息于热带雨林和亚热带季雨林，树栖。主要分布在东南亚，在我国仅分布于云南、广西和海南等省份的保护区中，身体纤细，肩宽而臀部窄，臀部有胼胝，腿短，手掌比脚掌长，手指关节长，无尾和颊囊，其体形大小和毛色各有不同，成年雌雄两型毛色，雄猿为黑、棕或褐色，雌猿或幼猿色浅，为棕黄、金黄、乳白或银灰色。

一、体况评估

成年长臂猿体长45.6~63.5cm，直立高度不超过0.9m，体重参考值见表3-64和表3-65。

表3-64　合趾长臂猿的体重

年龄（岁）	均值（kg）	标准差（kg）	最小值（kg）	最大值（kg）	样本数（次）	动物数（只）
0.9~1	2.34	0.172	2.056	2.606	16	4
2.7~3.3	6.439	1.09	4.84	9.25	19	14
4.5~5.5	9.96	1.79	6.76	14.5	26	24
9.5~10.5	12.2	1.65	9.85	15.45	14	12
14.5~15.5	13.07	2.07	10.2	17.7	22	19
19~21	15.88	3.4	9.945	20.64	21	14

注：数据来自国际物种信息系统。

表3-65　白颊长臂猿的体重

年龄	均值（kg）	标准差（kg）	最小值（kg）	最大值（kg）	样本数（次）	动物数（只）
1.8~2.2月龄	0.825	0.0333	0.78	0.88	11	1
2.7~3.3岁	4.06	0.6	3.3	5.5	12	6
4.5~5.5岁	6.011	0.934	4.5	7.1	15	12
9.5~10.5岁	7.453	1.845	5.13	10.92	11	10

注：数据来自国际物种信息系统。

长臂猿体况评分BCS标准可参考国际通用的非人灵长类的评分标准，采用5分制系统进行评价。

BCS1消瘦：突出的髋关节骨（容易触摸和可见），突出的面部骨、棘突和肋骨；臀部和背部的肌肉很少；肛门在坐骨胼胝之间凹陷；身体棱角分明，无皮下脂肪层。

BCS2偏瘦：非常少的脂肪储备，突出的髋骨和棘突；臀部、棘突和肋骨很容易被触摸到，臀部和腰椎区域仅有少量肌肉。

BCS3合适：髋骨、肋骨和棘突在压力下可触摸到，但不可见；发达的肌肉和皮下脂肪层使脊柱和臀部光滑、牢固，腰部的肌肉给臀部和脊柱一种更牢固的感觉；腹部平坦，腋窝或腹股沟有脂肪。

BCS4偏胖：骨轮廓光滑，不明显；髋骨、棘突和肋骨可能由于皮下脂肪层更丰富而难以触诊；有脂肪积聚在腋窝、腹股沟或腹部区域。

BCS5肥胖：腹部、腹股沟和腋窝区域有明显的、大量脂肪堆积；当动物坐着或走动时，腹部会下垂，因为有大量的肠系膜脂肪，腹部触诊非常困难，明显的脂肪堆积可能改变姿势；髋骨、肋骨轮廓和棘突只能用手深度触诊。

二、种群管理

（一）个体标识

采用芯片法，于左前肢内侧皮下注射。

（二）种群结构

长臂猿呈典型的家族式小群体生活模式，每群2~5只，一夫一妻制，每群包括1只成年雄猿、1只成年雌猿及其亚成体和幼体子女，成年雄猿担任首领，后代大约在6.5岁离群。野生长臂猿3~5年繁殖1次，每胎1仔，8岁左右性成熟。圈养种群生殖间隔缩短到最快1年10个月（昆明动物园，♀），最小能繁育年龄5岁（福州市动物园，♀），雄性出现爬跨行为年龄4.5岁（昆明动物园），最大能繁殖年龄28岁（北京动物园，♀），现存活最大年龄37岁（个旧宝华公园，♂）。

三、场馆及展出保障

（一）场馆要求

1. 内舍

长臂猿怕冷，要设计内舍，天冷时动物可以自由进出。每间内舍面积不低于$60m^2$，高度不低于3.5m，水泥地面，设置栖杠、吊环、栖架等，适于摆荡、跳跃。为方便动物逃离同伴和回避游客带来的观赏压力，动物摆荡距离不低于5m，并安装视觉屏障。

2. 运动场

长臂猿善于攀爬，运动场一定要使用封闭笼网，运动场栖架搭置应包括3层：树木、绳索和平台，满足动物运动及休息需求。运动场地面应以天然的草地、泥土为基础，或提供人造、天然混合的地面材料，方便动物表达觅食和气味标记等自然行为。

3. 垫材

长臂猿畏寒怕冷，地面需铺设垫材，如稻草、碎纸、巢材或麻布袋等均可，在寒冷的季节还需提供隔热的垫材。垫材需要定期更换，避免滋生寄生虫等病原微生物，影响动物健康。

（二）环境要求

1. 温湿度

长臂猿生活在热带和亚热带雨林，对湿度的要求较高，对东黑冠长臂猿栖息地环境监测，常年湿度在80%以上。长臂猿最适的环境温度为18~25℃。温度降到12℃以下时，需要采取加温措施。北方动物园要设置取暖设备，冬季内舍温度保持18℃以上。

2. 通风

北方冬季室内饲养时，内舍环境应保持通风，保证空气新鲜，预防异味和有毒气体的产生。防止通风时室温突然大幅度降低。

四、营养健康

（一）饲料日粮

长臂猿为食叶动物。野外水果资源丰富时它会优先采食水果，被誉为"食果专家"。观察云南省勐腊自然保护区内的白颊长臂猿，发现它喜食植物的果实,其次分别为叶、嫩枝、芽和花,偶食小型动物、雏鸟和鸟卵等。其中,植物性食物占98.6%,每天采食果、叶、花和嫩枝、芽的时间分别占觅食时间的38.63%、35.52%、4.67%和17.29%;动物性食物占6.4%,每天捕食动物性食物的时间占觅食时间3.89%,主要捕食昆虫。圈养环境下,长臂猿的饲料应以水果、树叶为主,精料为辅。每次喂量450～500g,其中瓜果类约占380～420g,精饲料70～80g,青饲料数量不限,让其自由取食,生长素等定期补给。饲料组成可参考表3-66。

同时,随时提供干净的饮用淡水。

表3-66　圈养白颊长臂猿的饲料组成

类别	名称	备注
瓜果类	香蕉、苹果、西瓜、芒果、桃子、橘子、梨、菠萝、葡萄、哈密瓜	饲料以植物性食物为主,类别随季节而定,各季的瓜果、干果、树叶等种类可进行调整
青饲料	西红柿、胡萝卜、玉米棒、黄瓜、生菜、芹菜、莴笋、大葱、女贞叶、桑叶	
精饲料	莜面粉、玉米粉、盐、糖、鸡蛋按一定比例混合蒸熟的窝头	
其他	多种维生素、微量元素、活性钙、煮鸡蛋、煮牛肉、面包虫、煮毛豆、花生	

注:数据来自南京市红山森林动物园管理处。

(二)饲喂管理

每天至少投喂2次以上,并每天开展食物丰容工作,以延长觅食时间。同时,可提供不同口味、颜色、大小和营养价值的食物。喂饲时,雌、雄猿分开进食。公猿在交配期间、母猿在生产前后1个月左右出现食欲下降、挑食的情况,针对该类情况对饲料可做适当调整,增加适口性强、营养丰富的饲料,尽可能满足其营养需求。同时注意控制食物总量,不可过多投喂。

五、防疫

（一）消毒

1. 常规性消毒

对笼舍、场地、饲养用具和饮水等进行定期消毒。

（1）物理消毒：室内可采用紫外线消毒。用具采用高温消毒。特殊传染病时采用火焰烧灼消毒，如巴氏杆菌等，对地面、墙壁也可以用火焰消毒。

（2）化学消毒：夏季圈舍应每周定期消毒1次，按照消毒药说明及使用配比浓度，对不同消毒药稀释后进行圈舍消毒，并在消毒后20分钟使用清水冲洗圈舍，这样既能达到消毒效果，也能冲走残留的消毒液。

2. 临时性消毒

在发生传染病时，对包括圈舍、隔离场地以及被患病动物的分泌物、排泄物所污染或可能污染的一切场所、用具和物品，在解除封锁前应加强消毒频次，病兽隔离圈舍应每天及时消毒。

（二）疫苗接种

目前，仅见有白掌长臂猿接种乙型肝炎疫苗的报道。

六、健康检查

（一）巡诊

1. 外观与行为

长臂猿善于利用双臂交替摆动，手指弯曲呈钩，轻握树枝将身体抛出，腾空悠荡前进，一跃可达10余米，速度极快，能在空中只手抓住飞鸟。在地面或藤蔓上行走时，双臂上举以保持平衡。健康长臂猿机警，行动迅速、敏捷、跳跃力强，叫声洪亮。保育员需在清晨饲喂和清洁圈舍前，与动物保持警戒距离，仔细观察其外貌、精神、行为与生理活动（包括呼吸、采食、咀嚼、排尿与排粪）、对外界的反应等要素，初步判断动物的健康状况。若动物出现异常现象，及时与兽医联动，进行系统排查，确定发病原因。

2. 生理指标

南京市红山森林动物园长臂猿化学保定后苏醒时心率为120次/分钟，呼吸为40次/分钟。体温参考值见表3-67至表3-72。

表3-67 白掌长臂猿的体温

性别	均值（℃）	标准差（℃）	最小值（℃）	最大值（℃）	样本数（次）	动物数（只）
雄性	38	1.6	36.0	40	109	41
雌性	38	1.6	36.0	41	144	59
全部	38	1.6	36.0	41	254	98

注：数据来自国际物种信息系统。

表3-68 戴帽长臂猿的体温

性别	均值（℃）	标准差（℃）	最小值（℃）	最大值（℃）	样本数（次）	动物数（只）
全部	37.9	1.4	37	39	17	13

注：数据来自国际物种信息系统。

表3-69 合趾长臂猿的体温

性别	均值（℃）	标准差（℃）	最小值（℃）	最大值（℃）	样本数（次）	动物数（只）
雄性	37.6	1.3	36	39	87	38
雌性	37.4	1.3	36	39	125	48
全部	37.5	1.3	36	39	212	82

注：数据来自国际物种信息系统。

表3-70　黑长臂猿的体温

性别	均值(℃)	标准差(℃)	最小值(℃)	最大值(℃)	样本数(次)	动物数(只)
全部	37.5	3.8	36	39	2	2

注：数据来自国际物种信息系统。

表3-71　灰长臂猿的体温

性别	均值(℃)	标准差(℃)	最小值(℃)	最大值(℃)	样本数(次)	动物数(只)
全部	38.3	1.8	36	40	35	20

注：数据来自国际物种信息系统。

表3-72　白颊长臂猿的体温

性别	均值(℃)	标准差(℃)	最小值(℃)	最大值(℃)	样本数(次)	动物数(只)
雄性	38.5	1.8	37	40	38	12
雌性	38.2	1.6	36	40.3	63	21
全部	38.3	1.6	36	40.3	101	33

注：数据来自国际物种信息系统。

（二）寄生虫普查和驱虫

每年春、秋至少进行2次粪便寄生虫检查，根据检查结果采取措施。开展预防性驱虫以防治消化道寄生虫疾病。体外寄生虫检查，主要对脱毛的部位要仔细检查，必要时需要刮片检查和培养。血液寄生虫检查，主要对丝虫等进行检查。

（三）专项检查

根据健康管理计划，每只长臂猿每年至少进行1次健康体检。应结合动物、人员、设备等，进行粪便、尿液、血液、X光、B超检查。血液指标参考值,见表3-73至表3-77。

结合菌素试验 检疫期或与患结核病者有密切接触时,用人用精制结核菌素对长臂猿作皮内试验,注射点为毛少且易观察的上眼睑或手臂外侧等处,注射后48小时及72小时后判断,若出现红、肿、热等炎症反应,则判为阳性,无变化则判为阴性。

表3-73 白掌长臂猿血液学指标参考值

检测项目	单位	均值	标准差	最小值	最大值	样本数	动物数
白细胞计数（WBC）	$\times 10^3/\mu L$	8.475	3.379	2.6	24	314	117
红细胞计数（RBC）	$\times 10^6/\mu L$	7.08	0.8	3.65	9.7	274	103
血红蛋白（HGB）	g/dL	15.1	1.5	10.6	19	263	94
红细胞比容（HCT）	%	46.1	4.9	22	60	324	118
平均红细胞体积（MCV）	fL	65.7	7.6	46.4	150.7	270	101
平均红细胞血红蛋白含量（MCH）	pg/cell	21.5	1.8	15.4	28	257	93
平均红细胞血红蛋白浓度（MCHC）	g/dL	32.8	2	23.9	44	259	92
血小板计数（PLT）	$\times 10^3/\mu L$	263	66	113	394	74	29
有核红细胞（NRBC）	/100 WBC	0	1	0	2	15	12
网织红细胞（RC）	%	1	0.7	0	1.6	4	4
中性分叶核粒细胞（NSG）	$\times 10^3/\mu L$	5.06	2.992	0.074	16.5	287	114
淋巴细胞（LYM）	$\times 10^3/\mu L$	2.706	1.69	0.019	10.1	296	114
单核细胞（MON）	$\times 10^3/\mu L$	0.354	0.283	0	1.769	261	111

续表

检测项目	单位	均值	标准差	最小值	最大值	样本数	动物数
嗜酸性粒细胞（EOS）	$\times 10^3/\mu L$	0.253	0.293	0	1.87	172	82
嗜碱性粒细胞（BAS）	$\times 10^3/\mu L$	0.128	0.104	0	0.495	74	41
中性杆状核粒细胞（NST）	$\times 10^3/\mu L$	0.373	0.469	0	2.63	93	49
红细胞沉降率（ESR）	mm/Hr	1	0	1	1	1	1
钙（Ca）	mg/dL	9.4	0.8	6.9	13.8	283	100
磷（P）	mg/dL	3.2	2.2	0.5	16.4	260	95
钠（Na）	mEq/L	143	4	134	157	256	88
钾（K）	mEq/L	4.2	1	0	8	259	89
氯（Cl）	mEq/L	107	6	57	118	255	88
碳酸氢盐（BC）	mEq/L	24.5	5.6	14	35	10	5
二氧化碳（CO_2）	mEq/L	21.1	5	7	41.5	107	46
渗透浓度/渗透压（OSM）	mOsmol/L	291	13	270	314	13	8
铁（Fe）	$\mu g/dL$	133	97	0	327	12	9
镁（Mg）	mg/dL	1.61	0.29	1.3	2.19	9	8
尿素氮（BUN）	mg/dL	21	12	4	95	290	106
肌酐（CR）	mg/dL	1	0.3	0.4	3.5	280	97
尿酸（UA）	mg/dL	3.1	1.5	0.5	8	126	49
总胆红素（TBIL）	mg/dL	0.4	0.2	0	1.5	270	96
直接胆红素（DBIL）	mg/dL	0.1	0.1	0	0.4	61	31
间接胆红素（IBIL）	mg/dL	0.2	0.2	0	1	60	31

续表

检测项目	单位	均值	标准差	最小值	最大值	样本数	动物数
葡萄糖（GLU）	mg/dL	95	42	20	287	285	103
总胆固醇（TC）	mg/dL	125	41	0	297	254	95
甘油三酯（TG）	mg/dL	76	36	24	200	142	52
肌酸激酶（CK）	IU/L	509	633	49	3822	94	47
乳酸脱氢酶（LDH）	IU/L	260	241	19	1458	167	58
碱性磷酸酶（ALP）	IU/L	275	360	19	2386	283	102
谷丙转氨酶（ALT）	IU/L	34	19	5	162	227	92
谷草转氨酶（AST）	IU/L	33	24	5	195	266	95
γ-谷氨酰转肽酶（γ-GT）	IU/L	13	7	0	37	93	52
淀粉酶（AMY）	U/L	142	56	51	328	109	59
脂肪酶（LPS）	U/L	60	44	13	246	37	23
总蛋白/比色法（TP）	g/dL	6.5	0.6	3.5	8.4	243	93
球蛋白/比色法（GLB）	g/dL	2.3	0.7	0.7	3.8	218	81
白蛋白/比色法（ALB）	g/dL	4.2	0.6	2.4	6.1	221	83
纤维蛋白原（FIB）	mg/dL	200	0	200	200	1	1
总甲状腺素（TT4）	μg/dL	3.5	2.6	0.1	6.5	7	6

注：数据来自国际物种信息系统。

表3-74 戴帽长臂猿血液学指标参考值

检测项目	单位	均值	标准差	最小值	最大值	样本数	动物数
白细胞计数（WBC）	$\times 10^3/\mu L$	8.462	2.678	4.23	13.5	23	14
红细胞计数（RBC）	$\times 10^6/\mu L$	6.16	1.74	3.45	9.12	8	6
血红蛋白（HGB）	g/dL	14.3	2.4	11.5	15.9	3	2
红细胞比容（HCT）	%	47.9	5.9	38	58	23	14
平均红细胞体积（MCV）	fL	77.6	23.3	48.2	124.6	8	6
平均红细胞血红蛋白含量（MCH）	pg/cell	19.6	6.1	12.6	23.9	3	2
平均红细胞血红蛋白浓度（MCHC）	g/dL	30.8	4.2	26.1	34	3	2
血小板计数（PLT）	$\times 10^3/\mu L$	231	29	210	251	2	1
有核红细胞（NRBC）	/100 WBC	2	3	0	5	3	3
中性分叶核粒细胞（NSG）	$\times 10^3/\mu L$	3.918	1.548	0.8	7.5	22	14
淋巴细胞（LYM）	$\times 10^3/\mu L$	3.972	1.985	0.93	8.85	22	14
单核细胞（MON）	$\times 10^3/\mu L$	0.419	0.298	0.058	1.215	22	14
嗜酸性粒细胞（EOS）	$\times 10^3/\mu L$	0.295	0.229	0.051	1.05	19	13
嗜碱性粒细胞（BAS）	$\times 10^3/\mu L$	0.065	0	0.065	0.065	1	1
中性杆状核粒细胞（NST）	$\times 10^3/\mu L$	0.287	0.222	0.069	0.651	7	6

续表

检测项目	单位	均值	标准差	最小值	最大值	样本数	动物数
钙（Ca）	mg/dL	9.3	0.6	8.6	10.3	9	7
磷（P）	mg/dL	3.2	1.1	1.7	5.1	6	5
钠（Na）	mEq/L	140	2	138	142	4	3
钾（K）	mEq/L	3.3	0.4	2.8	3.8	4	3
氯（Cl）	mEq/L	102	1	101	104	4	3
二氧化碳（CO_2）	mEq/L	27.1	2.9	25	29.1	2	1
尿素氮（BUN）	mg/dL	11	5	5	22	9	7
肌酐（CR）	mg/dL	1.3	0.4	0.9	1.9	9	7
尿酸（UA）	mg/dL	1.8	0.9	1.1	3.2	5	3
总胆红素（TBIL）	mg/dL	0.2	0.1	0	0.3	9	7
葡萄糖（GLU）	mg/dL	122	33	73	172	9	7
总胆固醇（TC）	mg/dL	160	18	128	182	7	5
甘油三酯（TG）	mg/dL	109	45	61	174	5	3
肌酸激酶（CK）	IU/L	146	45	93	186	4	4
乳酸脱氢酶（LDH）	IU/L	461	256	232	781	4	3
碱性磷酸酶（ALP）	IU/L	178	115	106	478	9	7
谷丙转氨酶（ALT）	IU/L	61	23	18	89	7	6
谷草转氨酶（AST）	IU/L	30	11	18	51	9	7
γ-谷氨酰转肽酶（γ-GT）	IU/L	20	8	11	30	4	3

续表

检测项目	单位	均值	标准差	最小值	最大值	样本数	动物数
淀粉酶（AMY）	U/L	82	27	58	116	4	3
总蛋白/比色法（TP）	g/dL	6.7	0.6	5.2	7.4	9	7
球蛋白/比色法（GLB）	g/dL	2.5	0.3	2.2	3	6	5
白蛋白/比色法（ALB）	g/dL	4.4	0.4	4	5.1	6	5

注：数据来自国际物种信息系统。

表3-75 合趾长臂猿血液学指标参考值

检测项目	单位	均值	标准差	最小值	最大值	样本数	动物数
白细胞计数（WBC）	$\times 10^3/\mu L$	11.83	5.463	3.1	33.4	309	110
红细胞计数（RBC）	$\times 10^6/\mu L$	7	0.89	4.39	10	245	94
血红蛋白（HGB）	g/dL	12.3	1.5	7.5	17.1	257	93
红细胞比容（HCT）	%	41.3	5.3	26.1	61	314	112
平均红细胞体积（MCV）	fL	57.5	5.9	41.4	111.4	244	93
平均红细胞血红蛋白含量（MCH）	pg/cell	17.7	1.5	13.7	30.9	237	89
平均红细胞血红蛋白浓度（MCHC）	g/dL	30.6	2.2	23.7	36.7	256	92
血小板计数（PLT）	$\times 10^3/\mu L$	324	100	126	679	96	56
有核红细胞（NRBC）	/100 WBC	0	0	0	0	26	16
网织红细胞（RC）	%	0	0.1	0	0.2	6	4

续表

检测项目	单位	均值	标准差	最小值	最大值	样本数	动物数
中性分叶核粒细胞（NSG）	$\times 10^3/\mu L$	8.625	5.297	0.344	31.7	298	103
淋巴细胞（LYM）	$\times 10^3/\mu L$	2.619	1.545	0.213	10	298	103
单核细胞（MON）	$\times 10^3/\mu L$	0.446	0.38	0	2.5	255	96
嗜酸性粒细胞（EOS）	$\times 10^3/\mu L$	0.291	0.517	0	4.448	156	76
嗜碱性粒细胞（BAS）	$\times 10^3/\mu L$	0.073	0.075	0	0.258	36	23
中性杆状核粒细胞（NST）	$\times 10^3/\mu L$	0.36	0.469	0	2.25	66	40
钙（Ca）	mg/dL	9.3	0.8	7.5	12.2	293	101
磷（P）	mg/dL	3.5	1.4	0.8	9.7	257	91
钠（Na）	mEq/L	139	4	128	150	258	94
钾（K）	mEq/L	4.3	0.7	2.7	7.1	263	96
氯（Cl）	mEq/L	104	5	68	119	253	88
碳酸氢盐（BC）	mEq/L	22.3	3.7	17	30	24	17
二氧化碳（CO_2）	mEq/L	20.3	4.6	9	29	95	52
渗透浓度/渗透压（OSM）	mOsmol/L	226	121	13	295	9	6
铁（Fe）	μg/dL	152	56	40	333	55	25
镁（Mg）	mg/dL	1.55	0.31	1.2	2.2	20	13
尿素氮（BUN）	mg/dL	23	10	6	58	297	106
肌酐（CR）	mg/dL	1.1	0.3	0.3	3.1	284	99
尿酸（UA）	mg/dL	3.1	1.6	0.7	11.5	145	52
总胆红素（TBIL）	mg/dL	0.5	0.2	0	1.4	285	99
直接胆红素（DBIL）	mg/dL	0.1	0.1	0	0.5	116	48

续表

检测项目	单位	均值	标准差	最小值	最大值	样本数	动物数
间接胆红素（IBIL）	mg/dL	0.3	0.2	0	1.1	115	47
葡萄糖（GLU）	mg/dL	79	29	24	230	285	101
总胆固醇（TC）	mg/dL	170	37	0	289	282	100
甘油三酯（TG）	mg/dL	100	63	18	351	152	57
肌酸激酶（CK）	IU/L	300	340	23	1983	124	61
乳酸脱氢酶（LDH）	IU/L	234	167	45	990	154	57
碱性磷酸酶（ALP）	IU/L	429	490	21	2965	285	99
谷丙转氨酶（ALT）	IU/L	27	14	0	79	285	101
谷草转氨酶（AST）	IU/L	29	13	7	102	277	94
γ-谷氨酰转肽酶（γ-GT）	IU/L	41	34	8	249	150	68
淀粉酶（AMY）	U/L	301	117	114	885	107	52
脂肪酶（LPS）	U/L	103	52	7	270	46	25
总蛋白/比色法（TP）	g/dL	7	0.5	5.5	8.8	257	93
球蛋白/比色法（GLB）	g/dL	3.1	0.6	1.7	5.2	224	85
白蛋白/比色法（ALB）	g/dL	3.9	0.5	2.6	5.4	225	86
纤维蛋白原（FIB）	mg/dL	200	0	200	200	1	1
皮质醇（COR）	μg/dL	21.8	0	21.8	21.8	1	1

续表

检测项目	单位	均值	标准差	最小值	最大值	样本数	动物数
总三碘甲腺原氨酸（TT3）	ng/mL	35.3	59.5	0.6	104	3	2
总三碘甲腺原氨酸摄取量（TT3）	%	38	5	32	41	3	3
总甲状腺素（TT4）	μg/dL	4.4	1.5	2.3	7.5	16	11
铅（Pb）	μg/dL	0	0	0	0	2	2

注：数据来自国际物种信息系统。

表3-76 黑长臂猿血液学指标参考值

检测项目	单位	均值	标准差	最小值	最大值	样本数	动物数
白细胞计数（WBC）	$\times 10^3/\mu L$	8.33	3.867	1.3	14.5	8	5
红细胞计数（RBC）	$\times 10^6/\mu L$	5.26	0.86	4.09	6.35	8	5
血红蛋白（HGB）	g/dL	12.3	1.9	8.6	13.8	6	3
红细胞比容（HCT）	%	39.4	7.9	26	55	9	5
平均红细胞体积（MCV）	fL	73.5	19.6	49.1	110	8	5
平均红细胞血红蛋白含量（MCH）	pg/cell	21.7	3.1	16.2	25.8	6	3
平均红细胞血红蛋白浓度（MCHC）	g/dL	33.9	1.5	31.8	35.6	6	3
血小板计数（PLT）	$\times 10^3/\mu L$	190	79	92	303	5	2

续表

检测项目	单位	均值	标准差	最小值	最大值	样本数	动物数
中性分叶核粒细胞（NSG）	$\times 10^3/\mu L$	5.836	3.588	1.03	12.9	8	5
淋巴细胞（LYM）	$\times 10^3/\mu L$	1.713	1.043	0.182	2.89	8	5
单核细胞（MON）	$\times 10^3/\mu L$	0.527	0.425	0.013	1.089	8	5
嗜酸性粒细胞（EOS）	$\times 10^3/\mu L$	0.352	0.213	0.094	0.594	5	3
嗜碱性粒细胞（BAS）	$\times 10^3/\mu L$	0.068	0.045	0.017	0.099	3	2
中性杆状核粒细胞（NST）	$\times 10^3/\mu L$	0.078	0	0.078	0.078	1	1
钙（Ca）	mg/dL	8.9	1.2	6.9	10	5	3
磷（P）	mg/dL	4	0.9	3.1	5.2	5	3
钠（Na）	mEq/L	141	7	133	150	5	3
钾（K）	mEq/L	4.5	0.7	4	5.7	5	3
氯（Cl）	mEq/L	100	3	96	105	5	3
二氧化碳（CO_2）	mEq/L	19	2	17	21	3	1
尿素氮（BUN）	mg/dL	15	3	13	20	5	3
肌酐（CR）	mg/dL	0.8	0.3	0.5	1.2	5	3
总胆红素（TBIL）	mg/dL	0.3	0.1	0.1	0.4	5	3
直接胆红素（DBIL）	mg/dL	0.3	0	0.3	0.3	1	1
间接胆红素（IBIL）	mg/dL	0.1	0	0.1	0.1	1	1
葡萄糖（GLU）	mg/dL	215	163	48	429	10	3

续表

检测项目	单位	均值	标准差	最小值	最大值	样本数	动物数
总胆固醇（TC）	mg/dL	106	20	73	123	5	3
甘油三酯（TG）	mg/dL	82	52	45	118	2	2
肌酸激酶（CK）	IU/L	463	464	84	1125	5	3
碱性磷酸酶（ALP）	IU/L	111	98	33	281	5	3
谷丙转氨酶（ALT）	IU/L	25	10	9	36	5	3
谷草转氨酶（AST）	IU/L	23	16	12	49	5	3
γ-谷氨酰转肽酶（γ-GT）	IU/L	15	11	7	33	5	3
淀粉酶（AMY）	U/L	273	167	155	391	2	2
脂肪酶（LPS）	U/L	160	35	135	184	2	2
总蛋白/比色法（TP）	g/dL	7.4	0.7	6.6	8.1	5	3
球蛋白/比色法（GLB）	g/dL	3.4	1.2	1.7	4.8	5	3
白蛋白/比色法（ALB）	g/dL	4	0.6	3.3	4.9	5	3
孕酮（P）	ng/dL	0.1	0	0.1	0.1	1	1
总三碘甲腺原氨酸（TT3）	ng/mL	193	0	193	193	1	1
总甲状腺素（TT4）	μg/dL	4.8	0	4.8	4.8	1	1

注：数据来自国际物种信息系统。

表3-77 白颊长臂猿血液学指标参考值

检测项目	单位	均值	标准差	最小值	最大值	样本数	动物数
白细胞计数（WBC）	×10³/μL	8.21	3.075	2.9	17.8	173	59
红细胞计数（RBC）	×10⁶/μL	6.83	0.76	5.48	8.66	84	42
血红蛋白（HGB）	g/dL	14.1	1.5	10.5	19	107	47
红细胞比容（HCT）	%	44.7	5.6	30	65	178	59
平均红细胞体积（MCV）	fL	63.2	4.4	50.2	70.6	81	39
平均红细胞血红蛋白含量（MCH）	pg/cell	21	1.3	17.7	24.2	78	42
平均红细胞血红蛋白浓度（MCHC）	g/dL	32.5	3	25.3	45.8	104	44
血小板计数（PLT）	×10³/μL	367	78	197	503	23	17
有核红细胞（NRBC）	/100 WBC	0	0	0	1	22	13
网织红细胞（RC）	%	0.9	0.6	0	2	15	6
中性分叶核粒细胞（NSG）	×10³/μL	4.422	2.79	0.513	15	170	59
淋巴细胞（LYM）	×10³/μL	3.301	1.818	0.564	14.1	170	59
单核细胞（MON）	×10³/μL	0.362	0.27	0	1.386	160	58
嗜酸性粒细胞（EOS）	×10³/μL	0.203	0.257	0	1.54	95	45
嗜碱性粒细胞（BAS）	×10³/μL	0.041	0.047	0	0.178	36	17
中性杆状核粒细胞（NST）	×10³/μL	0.1	0.093	0	0.351	37	19

续表

检测项目	单位	均值	标准差	最小值	最大值	样本数	动物数
钙（Ca）	mg/dL	9.3	0.7	8	11.1	143	51
磷（P）	mg/dL	3.3	1.6	1.1	8.3	140	50
钠（Na）	mEq/L	143	4	135	154	135	43
钾（K）	mEq/L	4.1	0.6	3.1	6.2	134	43
氯（Cl）	mEq/L	107	4	96	118	134	43
碳酸氢盐（BC）	mEq/L	22.1	3.7	14	29	44	17
二氧化碳（CO_2）	mEq/L	20.4	4.4	10	28	31	17
渗透浓度/渗透压（OSM）	mOsmol/L	283	0	283	283	2	2
铁（Fe）	μg/dL	110	62	25	304	51	10
镁（Mg）	mg/dL	1.32	0.27	0.57	1.8	31	11
尿素氮（BUN）	mg/dL	16	7	4	42	149	53
肌酐（CR）	mg/dL	0.9	0.3	0.3	1.7	142	50
尿酸（UA）	mg/dL	2.2	1.4	0.2	6.3	72	22
总胆红素（TBIL）	mg/dL	0.3	0.2	0.1	1.9	142	51
直接胆红素（DBIL）	mg/dL	0.1	0.1	0	0.2	28	13
间接胆红素（IBIL）	mg/dL	0.1	0.1	0	0.6	28	13
葡萄糖（GLU）	mg/dL	86	40	27	266	148	51
总胆固醇（TC）	mg/dL	130	31	64	211	144	51
甘油三酯（TG）	mg/dL	71	42	23	260	79	27
低密度脂蛋白胆固醇（LDL-C）	mg/dL	41	0	41	41	1	1

续表

检测项目	单位	均值	标准差	最小值	最大值	样本数	动物数
高密度脂蛋白胆固醇（HDL-C）	mg/dL	46	0	46	46	1	1
肌酸激酶（CK）	IU/L	365	298	55	1500	69	36
乳酸脱氢酶（LDH）	IU/L	200	80	104	477	73	24
碱性磷酸酶（ALP）	IU/L	535	671	29	4705	141	51
谷丙转氨酶（ALT）	IU/L	25	12	5	91	142	49
谷草转氨酶（AST）	IU/L	22	15	5	103	140	51
γ-谷氨酰转肽酶（γ-GT）	IU/L	10	6	0	37	106	37
淀粉酶（AMY）	U/L	171	89	63	545	44	24
脂肪酶（LPS）	U/L	28	25	6	101	16	10
总蛋白/比色法（TP）	g/dL	6.7	0.7	5.1	8.8	132	44
球蛋白/比色法（GLB）	g/dL	2.8	0.7	1.4	5.5	129	44
白蛋白/比色法（ALB）	g/dL	3.9	0.5	2.8	5.9	133	47
纤维蛋白原（FIB）	mg/dL	0	0	0	0	1	1
皮质醇（COR）	μg/dL	24	0	24	24	1	1
孕酮（P）	ng/dL	6.14	0	6.14	6.14	1	1
总甲状腺素（TT4）	μg/dL	4.2	1.3	2.3	7	14	4

注：数据来自国际物种信息系统。

第十三节 黑猩猩健康标准

黑猩猩（Pan troglodytes）属哺乳纲、灵长目、人科、黑猩猩属。IUCN将其评估为濒危（EN），并列入《濒危野生动植物种国际贸易公约》（CITES）附录I中。全身深灰色或棕色，体表散生毛发。身体被毛较短，黑色。犬齿发达，齿式与人类相同，且无尾。能使用简单工具，其行为和社会行为都更近似于人类，是已知仅次于人类的智慧动物。

一、体况评估

成年黑猩猩体长70~95cm，站立时高1~1.7m，体重参考值见表3-78。

表3-78 黑猩猩的体重

年龄	均值(kg)	标准差(kg)	最小值(kg)	最大值(kg)	样本数(次)	动物数(只)
0~1日龄	1.696	0.558	0.9091	2.641	8	8
1.8~2.2月龄	3.045	0.09	2.864	3.14	13	3
2.7~3.3月龄	3.544	0.417	2.33	3.88	16	5
0.9~1.1岁	6.029	0.919	4.291	7.26	11	11
1.4~1.6岁	7.74	1.628	5.455	10.4	14	11
1.8~2.2岁	9.371	2.065	5.11	13.41	19	13
2.7~3.3岁	12.66	1.67	10.5	16.65	28	25
4.5~5.5岁	23.1	3.57	18.1	31.59	46	37
9.5~10.5岁	50.74	9.76	33.5	73.9	84	44
14.5~15.5岁	59.35	11.22	37.5	83.9	25	24
19.0~21.0岁	57.26	8	40.5	69.8	39	33

注：数据来自国际物种信息系统。

黑猩猩体况评分BCS标准可依据髋关节、肋骨等部位的脂肪覆盖情况，采用5分制系统进行评估。

BCS1消瘦：髋关节骨非常突出（很容易触摸且眼观可见），面骨、棘突和肋骨突出，在骨盆位置几乎没有肌肉；整个身体棱角分明，无皮下脂肪层。

BCS2偏瘦：脂肪储备非常少，髋骨和棘突突出；臀部、棘突和肋骨很容易被触摸到，臀部和腰椎区域仅有少量肌肉。

BCS3合适：腰部、臀部、脊柱周围有一定的肌肉，给人一种比较结实的感觉；髋骨、肋骨和棘突在触摸的压力下可感知，但眼观不突出；整个身体棱角稍平滑，有一层薄薄的皮下脂肪；发达的肌肉和皮下脂肪层使脊柱和臀部光滑、牢固。

BCS4偏胖：骨轮廓光滑，不明显；髋骨、棘突和肋骨由于皮下脂肪层更加丰富而难以触碰到；可能有脂肪积聚在腋窝、腹股沟或腹部区域。

BCS5肥胖：在腹股沟、腋窝或腹部区域通常有突出的脂肪；当动物坐着或走动时，腹部会下垂，因为有大量的肠系膜脂肪，腹部触诊非常困难，大量的脂肪堆积甚至可能造成姿势的改变；髋骨、肋骨轮廓和棘突只能用力、深度触诊。

二、种群管理

（一）个体标识

芯片法，在左前臂内侧皮下注射。

（二）种群

黑猩猩是社群动物，野外集群生活，高度社会化，有明确的等级制度，等级关系与个体的攻击力密切相关。小群通常由20只以下个体组成，大群通常由40~60只甚至更多个体组成，一个群体由一只雄性黑猩猩首领占主导地位，雄性黑猩猩对社交的需求也更多，表现出很强的团结性、亲和关系、社群等级和与之有关的社群动态也在雄性间表现更明显。雄性大部分时间在一起群居、觅食、巡逻、休息以及相互理毛。绝大多数的打斗行为也是雄性挑起，雌性有时也可能参与其中。但是雄性黑猩猩即使挑战首领失败也趋向于留在族群中。同样，即使前任雄性首领失去领导地位，通常也与原社群成员在一起。

动物园须尽可能避免单只饲养，以满足动物的社群、生理和心理健康需求。建议将多年龄层次和不同性别的黑猩猩一起饲养，有助于黑猩猩的后天学习和表达特定的行为。同时，让"过剩"的雄性成立纯雄性或者多雄性的社群组合也是一个不错的选择，它们不仅会为了地位和利益在群体中展开激烈竞争，也会为了雌性竞争，能够刺激个体产生更多样的物种特有行为。在圈养条件下应尽量避免人工育幼，因为黑猩猩幼仔的成长阶段与兄弟姐妹的关系非常密切，各种行为是后天学习获得。因此，即使不得已必须采取人工辅助育幼，人工育幼的个体也应尽早回归群体，否则成年后易出现行为问题和交流障碍，很难参加配种、繁育。

三、场馆安全及展出保障

（一）场馆要求

黑猩猩站立时高度可达1.6m左右，体重可达70kg，有非常高的智力，双手灵活，力量超强，是动物园中危险等级最高的动物之一，黑猩猩的馆舍要求必须有严格的物理隔障，同时加以电网等辅助障碍，安全第一。

1. 馆舍空间

美国动物园和水族馆协会对黑猩猩最适合的场馆空间建议如

下：小型社群（≤5只个体）的室内和室外空间不少于185m²，垂直高度超过6.1m。基于以上面积，超出5只个体的群体，每增加1只黑猩猩，馆舍面积就需增加9.3m²。同时，也要为黑猩猩提供足够的休息空间，例如人工抬高的休憩平台。提供干草、稻草、麻布片等丰容物，黑猩猩会自己进行选择，决定在平台休息还是在地面休息。提供视觉障碍和隐私区域有助于缓解黑猩猩个体的攻击性，增加亲和行为，运动场地茂密的植被、抬高的休憩平台、大型的岩石等都是很好的视觉障碍。

2. 内舍

混凝土、焊接网和钢板，能很好满足黑猩猩内舍的设计要求。钢筋护栏间距不大于5cm，防止黑猩猩将手伸出抓伤人。黑猩猩手能伸出的隔栏，都应当设置第二层隔障（额外的网）或者有足够空间保证伸出的最大距离无法接触到人类（游客或保育员）。临时内舍或者临时隔离区，每只个体平均面积为9.2m²，房顶高度不低于4.6m。设计高度1.5~2.4m的小笼舍，用做化学保定和复苏区域。最后，内舍空间的布局能形成环状（首尾相连），不相连的死胡同会让一些弱势个体受困并可能受到同伴的伤害。

3. 二级安全区域

黑猩猩的智商很高，会开锁，可以从圈舍区域逃逸，所以非常有必要设置二级安全区域来防止逃逸发生。二级安全区可使用高压电网，保证24小时通电。

4. 地面

圈养环境下，可用泥土、泥沙、干草、稻草和腐殖土作为黑猩猩馆舍的地面垫料，有助于黑猩猩表现丰富的行为和缓冲关节压力。排水系统的硬地面上用厚垫料，每2~3年需要全部更换1次，通常由0.3~0.9m厚的腐殖树木、不同尺寸的木片等组成，动物尿液自动流入下层排水道，粪便需每日定点拾取。运动场应模拟野外环境，采用软硬结合的地面，可以混合使用土地、岩石、水泥地面等，但要保证良好的排水性。

5. 栖架

黑猩猩很活跃，应设计能够鼓励黑猩猩运动和探索的环境。栖架是黑猩猩非常重要的活动、娱乐设施，在确保安全的情况下，单个栖架要有多个层次，多个栖架之间要高低错落，并有一定的连通性，给黑猩猩提供更多的高空移动、跳跃的路径。

6. 隔障措施

多数情况下，室外展场隔障高度有5.2m已足够。但是，设计隔障应该限制使用树木、缓坡等，这些会增加黑猩猩的跳跃高度。正常情况下，黑猩猩可水平跳跃6m远，借助附近的树枝和设施会增加跳跃长度。因此，室外活动区里的较高的攀爬设施要远离隔障，攀爬设施与隔障之间不低于6.1m，避免黑猩猩从设施最高点跳到墙外。

（1）湿壕沟：黑猩猩不会游泳，壕沟内的水不高于0.6m深。

（2）围墙：可使用多种材料，比如木材、玻璃、金属、铁丝网或混凝土等，围墙修建后要在一定程度上能承受黑猩猩的活动能力，同时，如果不是封闭空间，不允许黑猩猩在墙面攀爬。

（二）环境要求

1. 温度

黑猩猩怕冷，场馆内应设置取暖设施。当气温降至15℃以下时，应为动物提供加热区域，保证24小时拥有超过15.6℃的区域。资料显示，室内温度不得连续4小时低于7℃。高温环境下，可用水对温度进行调节，包括使用浅的水池和水流（深度不超过0.6m）、洒水器和喷雾器。因此，动物园应给黑猩猩提供一个具有变化梯度的温度选择空间，供黑猩猩自主选择温度空间。

2. 光照

最好是自然光照，白天内舍的天窗可提供自然光。若动物长时间（超过一周）无法接受自然光照，应向动物提供全自然光谱灯（首选或日光灯，也可以给黑猩猩提供维生素D。

3. 水源

提供不间断自来水，可通过保育员间歇启动或者由黑猩猩自己控制启动。

（三）其他要求

首先所有场馆设施的窗户、串门都应采用厚钢板或钢条材质的双门、双锁；非展出区域内，保育员的观察口不得有视觉死角。其次要制定健全的操作规程；保育人员要定期接受严格的安全培训，严防意外发生。另外，室内和室外区域应具备大型设备进出的条件，以便于移动或更换大树、岩石等展区大型丰容设施，给动物不定期地提供新鲜感，提升动物福利。

四、营养健康

（一）饲料日粮

在野外，黑猩猩的食物是以香蕉为主的水果类（约占60%）、叶类（约占16%）、动物性食物类（约占4%）及茎类、花类、根类等其他食物（约占20%）。圈养条件下，黑猩猩的日粮包含：63%绿色叶菜，20%其他蔬菜，6%根茎植物，11%干粮/饼干，全年提供干树叶。提供少量水果进行丰容或正强化行为训练。怀孕的雌性黑猩猩常进行适当的饮食调整，可参考人类怀孕的营养需求，例如，在产前给予不同的维生素，以满足它们对叶酸和铁的需求，在动物怀孕最后3个月和哺乳期也可增加它们的热量摄取量。黑猩猩饲料配方和营养成分，详见表3-79和表3-80。

表3-79 黑猩猩饲料配方表

饲料种类	用量(g)	饲料种类	用量(g)
苹果	1200	梨	500
橘子	500	香蕉	1000
葡萄	250	枣	300
西红柿	300	胡萝卜	400
生菜	400	大葱	150
水萝卜	200	灵长窝头(自制)	80
鸡蛋	60	牛肉	35

注：数据来自北京动物园管理处。

表3-80 黑猩猩饲料营养成分表

营养成分	含量
粗蛋白	8.25%
粗脂肪	2.77%
粗纤维	6.19%
能量	12985.42 kJ

注：数据来自北京动物园管理处。

（二）饲喂管理

在圈养状态下，所有的食物每日分成2次饲喂。可以采取食物丰容措施，加大动物获取食物的难度，藏食行为和取食器的使用，可以明显增加动物取食时长，减少异常行为。

五、防疫

（一）消毒

1. 常规性消毒

黑猩猩水槽、饲料槽、兽舍、栖架等，在每年5月1日至9月30日之间，每天用清水冲洗，每周消毒1次；在每年10月1日至次年4月30日之间每两周消毒1次；室内有铺垫物时，在清理铺垫物时进行消毒。食用的水果、蔬菜随时用随时消毒，用浓度0.1%的高锰酸钾浸泡20分钟后，用清水冲干净残余药。制作饲料所用器械，每天需消毒1次。各饲料制作间，每周消毒1次。送料盆每日用热水清洗1次，每周消毒1次。

2. 临时性消毒

有传染性疾病发生时，对疫点及周围环境进行全面消毒，消毒的频率、范围根据发病时的情况，参照相应的管理条例执行；动物进入新的笼舍或一段时间内没有使用的笼舍需进动物时，该笼舍要先消毒，后进动物；旧动物笼箱使用前必须先消毒；感染寄生虫动物驱虫后，其兽舍和运动场必须连续消毒3日；患病动物治疗期每天对所处环境消毒1次，治疗结束后进行1次全面消毒。

3. 具体操作

根据情况选择适当的消毒器具和消毒药，并根据要求配制好消毒药；清除环境中的有机物，包括粪、尿、干草等；按要求均匀喷洒药物；喷洒完药物后，保持浸泡20分钟；冲洗掉（土质地面不用）残留的消毒药。

4. 注意事项

必须按要求配制消毒液，切勿浓度过高或过低；使用消毒液之前要摇动药桶，混匀后再用；喷洒药液时必须全面，不可有漏喷的地方；消毒范围内不得有动物；水果、蔬菜等消毒后，必须冲洗干净才能投喂动物。火焰消毒时，需熟悉操作，避免可燃物，以免造成安全事故，紫外灯照射消毒时需封闭空间，同时做好个人防护。

（二）疫苗接种

黑猩猩可患腮腺炎、风疹、白喉、百日咳、破伤风、脊髓灰质炎、流感、狂犬病以及肺炎球菌等人兽共患病。目前尚无专门为黑猩猩研发的疫苗。

六、健康检查

（一）巡诊

1. **外观**

肉眼观察得到取食、活动、粪便、被毛、精神等情况，发现异常及时分析原因。

2. **生理指标**

心率为75～85次/分钟，呼吸为16～20次/分钟，体温参考值见表3-81。

表3-81 黑猩猩的体温

性别	均值（℃）	标准差（℃）	最小值（℃）	最大值（℃）	样本数（次）	动物数（只）
雄性	36.9	1.8	32	39.4	194	78
雌性	36.5	1.8	34	39	390	123
全部	36.6	1.8	32	39.4	585	187

注：数据来自国际物种信息系统。

3. **粪便和尿液**

黑猩猩粪便为软硬适中的条状物，能明显区分软便、稀便，另外，粪便颜色与食物有一定关系，要仔细观察是否有明显血便情况。尿液淡呈黄色，清亮，无明显异味。尿比重决定于饲料，尿比重为1.019

（1.010~1.035）。缺水24~96小时，对尿比重无明显影响。排尿频率为8~12次/天。

（二）寄生虫普查和驱虫

每年春季4至5月和秋季9至10月2次进行寄生虫检查。根据检查结果，阴性要进行预防性驱虫，阳性者要根据虫卵的种类选择驱虫药物。首选药物为阿苯达唑，顽固性的感染可考虑重复使用驱虫剂。

1. 预防性驱虫

阿苯达唑，剂量为5mg/kg。掺入精料中投喂，每日1次，连服3天，根据服用时有效服用量，进行添减药物。

2. 治疗性驱虫

根据实验室检查结果鉴定的虫卵性质和每克粪便虫卵的数量，确定服用驱虫药的种类和剂量，通常以线虫为主的用药是阿苯达唑，剂量为5~8mg/kg，驱虫效果不理想时可考虑联合用药。

3. 注意事项

黑猩猩驱虫方案要报兽医主管同意；驱虫应尽量避开妊娠期、哺乳期；安排在上午给药，主治兽医要对喂药动物进行密切观察；感染动物完成驱虫后，要再次进行粪便检查，以检查驱虫效果；驱虫工作应与消毒工作结合进行，于投药3天后连续进行3天兽舍消毒；对发病体弱动物，原则上应暂缓驱虫，待病愈后再行驱虫。特殊情况时可小剂量、多次给药。

（三）专项检查

制定健康管理计划，建议每18~24个月对种群内所有个体进行1次体检。包括系统的目测评估和触诊，检查还应包括胸腔听诊、深度经腹触诊、直肠触诊，并使用适当的器械检查眼部、耳道、鼻道，及雌性黑猩猩的阴道穹窿。必要时在化学保定状态下完成。

1. **口腔检查**

通过行为训练完成,包括刷牙。应密切关注牙龈组织,以注意牙周疾病的发展。

2. **血液学指标**

目前有很多通过黑猩猩行为训练进行采血的成功经验,血液主要从手臂采集,用于全血细胞计数、血液生化、病毒血清、血型以及针对所有年纪的黑猩猩的甲状腺、胆固醇、甘油三酯和脂蛋白浓度检查,还要对成年黑猩猩尤其是大于30岁的黑猩猩的心脏疾病监测。血常规和血液生化数值结果见表3-82。

3. **其他检查**

通过正强化行为训练进行检查,必要时采取化学保定措施。包括X光、B超、心电图等。由于黑猩猩的心脏疾病越来越多,应进行全面的心电图、血压测量和超声心动图检查。对于年长又肥胖的黑猩猩来说,采用经食管超声心动图检查(TEE)效果最好。记录影像资料有助于长期监测黑猩猩健康状况。雄性黑猩猩心脏疾病临床上常引起阴囊水肿,在体检中对该症状应尤为注意。

表3-82 黑猩猩血液学指标参考值

检测项目	单位	均值	标准差	最小值	最大值	样本数	动物数
白细胞计数(WBC)	$\times 10^3/\mu L$	10.8	4.462	2.9	33.8	1006	257
红细胞计数(RBC)	$\times 10^6/\mu L$	5.49	0.72	2.96	9.7	850	224
血红蛋白(HGB)	g/dL	14.1	1.8	6.9	23.6	847	236
红细胞比容(HCT)	%	43.6	5.4	24.6	71	1030	257
平均红细胞体积(MCV)	fL	79.6	8.1	42.3	145.2	843	220
平均红细胞血红蛋白含量(MCH)	pg/cell	26	2.3	13.4	35.5	797	214

续表

检测项目	单位	均值	标准差	最小值	最大值	样本数	动物数
平均红细胞血红蛋白浓度（MCHC）	g/dL	32.7	1.7	19.2	40.5	842	233
血小板计数（PLT）	$\times 10^3/\mu L$	248	84	0	492	272	113
有核红细胞（NRBC）	/100WBC	0	1	0	3	32	25
网织红细胞（RC）	%	0.1	0.1	0	0.3	40	20
中性分叶核粒细胞（NSG）	$\times 10^3/\mu L$	7.039	4.188	0.069	28.8	979	245
淋巴细胞（LYM）	$\times 10^3/\mu L$	3.173	1.914	0.148	19.2	989	252
单核细胞（MON）	$\times 10^3/\mu L$	0.379	0.316	0	3	836	242
嗜酸性粒细胞（EOS）	$\times 10^3/\mu L$	0.24	0.211	0	2.006	641	227
嗜碱性粒细胞（BAS）	$\times 10^3/\mu L$	0.082	0.052	0	0.312	152	95
嗜苯胺蓝细胞（A）	$\times 10^3/\mu L$	0.038	0.053	0	0.075	2	2
中性杆状核粒细胞（NST）	$\times 10^3/\mu L$	0.26	0.436	0	3.55	166	98
红细胞沉降率（ESR）	mm/Hr	5	7	0	24	15	4
钙（Ca）	mg/dL	9.3	0.7	7.3	14.1	900	234
磷（P）	mg/dL	4.2	1.5	1.4	9.6	836	223
钠（Na）	mEq/L	141	4	116	179	799	211
钾（K）	mEq/L	3.9	0.6	0	7.6	802	213
氯（Cl）	mEq/L	103	4	84	122	782	203

续表

检测项目	单位	均值	标准差	最小值	最大值	样本数	动物数
碳酸氢盐（BC）	mEq/L	26.2	4.5	12	41	115	52
二氧化碳（CO_2）	mEq/L	25.3	5	14	48.7	188	78
渗透浓度/渗透压（OSM）	mOsmol/L	285	9	271	300	24	15
铁（Fe）	μg/dL	94	46	25	312	63	30
镁（Mg）	mg/dL	1.84	0.28	1.2	2.43	41	32
尿素氮（BUN）	mg/dL	11	4	0	32	917	244
肌酐（CR）	mg/dL	1	0.4	0	10.7	872	234
尿酸（UA）	mg/dL	2.6	1	0	5.6	370	145
总胆红素（TBIL）	mg/dL	0.3	0.2	0	2	865	236
直接胆红素（DBIL）	mg/dL	0.1	0.1	0	0.3	199	80
间接胆红素（IBIL）	mg/dL	0.2	0.1	0	0.6	199	80
葡萄糖（GLU）	mg/dL	83	24	27	224	904	238
总胆固醇（TC）	mg/dL	211	50	86	416	879	231
甘油三酯（TG）	mg/dL	99	49	25	280	412	151
低密度脂蛋白胆固醇（LDL-C）	mg/dL	106	35	58	197	26	16
高密度脂蛋白胆固醇（HDL-C）	mg/dL	57	21	24	116	31	18
肌酸激酶（CK）	IU/L	235	198	24	1424	409	158
乳酸脱氢酶（LDH）	IU/L	411	241	77	1537	472	133

续表

检测项目	单位	均值	标准差	最小值	最大值	样本数	动物数
碱性磷酸酶（ALP）	IU/L	282	342	15	3528	896	238
谷丙转氨酶（ALT）	IU/L	30	12	7	97	852	232
谷草转氨酶（AST）	IU/L	22	10	7	72	815	232
γ-谷氨酰转肽酶（γ-GT）	IU/L	29	15	6	120	400	150
淀粉酶（AMY）	U/L	38	22	0	119	436	150
脂肪酶（LPS）	U/L	29	18	0	111	139	64
总蛋白/比色法（TP）	g/dL	7.3	0.7	5.4	9.7	823	229
球蛋白/比色法（GLB）	g/dL	3.6	0.7	1.9	6.6	759	217
白蛋白/比色法（ALB）	g/dL	3.6	0.4	2.5	5	759	217
纤维蛋白原（FIB）	mg/dL	333	58	300	400	3	2
球蛋白/电泳法（GLB）	g/dL	1.2	0	1.2	1.2	1	1
白蛋白/电泳（ALB）	g/dL	4.2	0	4.2	4.2	1	1
α1-球蛋白/电泳法（α1-GLB）	mg/dL	21	65.4	0.2	207	10	6
α2-球蛋白/电泳法（α2-GLB）	mg/dL	67.7	212.3	0.4	672	10	6
β-球蛋白/电泳法（β-GLB）	mg/dL	103.7	308	0.7	925	9	5
睾酮（T）	ng/mL	2334	0	2334	2334	1	1

续表

检测项目	单位	均值	标准差	最小值	最大值	样本数	动物数
孕酮（P）	ng/dL	214.5	671.3	0.2	2125	10	6
雌激素（E2）	pg/mL	44	0	44	44	1	1
总三碘甲腺原氨酸（TT3）	ng/mL	166	40.4	126	218	4	4
游离三碘甲状腺原氨酸（FT3）	pg/mL	169.5	91.2	105	234	2	2
总甲状腺素（TT4）	μg/dL	8.6	2.9	3.6	14	26	19

注：数据来自国际物种信息系统。

第十四节　环尾狐猴健康标准

环尾狐猴（*Lemur catta*）属于哺乳纲、灵长目、狐猴科、狐猴属。主要分布于非洲南部的马达加斯加岛南部和西南部，由于环尾狐猴栖息地受人类活动的影响日趋严重，栖息地受到严重的破坏，现在野生种群数量急剧减少。2012年被世界自然保护联盟（IUCN）红色名录列为近危物种，并收录于《濒危野生动植物种国际贸易公约》（CITES）附录I中，禁止在国际进行交易。环尾狐猴头小，额低，耳大，吻部长而突出，浑身毛色浅灰，背部略显棕红色，腹部灰白色，额部耳背和颊部为白色，吻部眼圈呈褐黑色，尾部有黑白圆环相间的11~12条环状花纹，这一特征为环尾狐猴特有。环尾狐猴上臂内侧及肛门处角质化斑粒状腺体分泌气味，用于显示个体的地位和划定种群的领域。环尾狐猴属原始灵长类，比其他种类狐猴在地面上活动时间长，也是唯一的主要在白天活动的狐猴物种。

一、体况评估

成年环尾狐猴体长30~45cm，尾长40~50cm，体重参考值见表3-83。野外状态下寿命为16~19岁，人工圈养环境下寿命可达到27岁。

表3-83 环尾狐猴的体重

年龄	均值（kg）	标准差（kg）	最小值（kg）	最大值（kg）	样本数（次）	动物数（只）
5.4~6.6月龄	1.281	0.179	1	1.81	20	18
0.9~1.1岁	1.807	0.213	1.55	2.2	8	8
1.4~1.6岁	2.216	0.686	1.25	4.105	20	20
1.8~2.2岁	2.59	0.335	1.86	3.27	49	33
2.7~3.3岁	2.846	0.472	2	4.25	78	53
4.5~5.5岁	3.047	0.578	1.78	4.45	114	77
9.5~10.5岁	3.522	0.523	2.01	4.5	141	52
14.5~15.5岁	3.177	0.622	1.98	5	49	37
19.0~21.0岁	3.244	0.654	2.364	4.5	36	18

注：数据来自国际物种信息系统。

环尾狐猴体况评分BCS标准可采用5分制系统进行评价。

BCS1消瘦：基础骨骼结构清晰可见；身体围栏状；髋骨明显，臀部两侧凹陷；皮肤紧实无多余脂肪；眼眶明显，脸型消瘦。

BCS2偏瘦：体重很低，看起来很瘦；骨骼（肋骨）不显露；无明显多余脂肪，体型优美毛色好；脸略丰满，眼眶不突出；臀部及侧面曲线不凹陷或轻微凹陷。

BCS3合适：体重略高于BCS评分2；臀部和下背部脂肪通常呈圆形；腹部脂肪轻度至中度充盈，脸可能很丰满；头部相对于身体可能显得很小。

BCS4偏胖：体重过高，腰围大，腹部脂肪明显；臀部宽大，坐时腹部隆起，腿部可能出现脂肪；头部比例相对身体变小，体型近似灯泡。

BCS5肥胖：体重极大，存在大量脂肪。

二、种群管理

（一）个体标识

芯片法，在左前臂内侧皮下注射。定期扫描芯片是否正常。

（二）种群

环尾狐猴为高度社会化的母系氏族社会，群体中雌性个体处在等级序列的高位，在群体活动中处于主导地位，雌猴和幼仔享有优先生存的特权。处在低位的雄猴通过争斗排列出等级，壮年雄猴等级较高。群体平均大小为14只，活动时，尾巴经常高高翘

图3-12 带幼仔的环尾狐猴

起。3岁性成熟，每年9月至12月发情交配，孕期5个月左右，妊娠后期活动量减少，行动谨慎且迟缓，腹部明显下坠，乳头稍胀。分娩前，阴部开始红肿、湿润，分娩多在夜间或是清晨进行，每胎1~2仔。幼猴出生后由母猴抱于腹侧，不久能够自主抓住母猴吸奶，幼猴满2周能离开母猴下地活动，2个月后开始吃固体食物，6个月后即可独立生活（图3-12）。

三、场馆安全及展出保障

(一) 运动场

以围网方式展出,可满足动物获得太阳直射的需求。部分南方动物园采用了水系隔障,提升了动物展示效果,也丰富了动物行为展示。水系隔障应控制水面的宽度和水深,水面宽至少5m以上,水深不低于1m。冬季水面结冰的动物园,不适用水系隔离。运动场地应提供避雨御寒场所,与内舍间的门常开,动物可以自由出入,增加灌木丛有助于躲避敌害,同时提供植物嫩芽摄入及昆虫。定期修剪灌木丛及其外围大树,保持动物场地与外围游客场地树枝间距至少4m。环境中岩石尽量避免尖锐棱角,以防动物受伤。设置栖架,栖架与笼网环境相协调。

(二) 内舍

圈养环尾狐猴笼舍冬季室内必须配有保温设备,打开室内与室外通道让动物自由出入。冬季气温低于15℃,打开室内保温设施。圈养环尾狐猴室内要有一定高度,添加各类栖架、绳索,尤其在繁殖季节争斗时,因环尾狐猴善于跳跃,室内的添加设施有助于躲避潜在的威胁。

四、营养健康

(一) 饲料日粮

环尾狐猴属于杂食性动物,食物包括嫩芽、树叶、花、水果以及各种昆虫,偶尔摄食鸟卵、幼雏和无脊椎动物。圈养条件下,以青饲料为主,精饲料为辅。饲料的增减要根据动物觅食情况,以及个体大小和活动量而定。环尾狐猴喜欢吃的食物有苹果、生梨、香蕉、橘子、西瓜、黄瓜、胡萝卜、生菜、芹菜、西红柿、馒头、鸡蛋等。根据季节适时改变食物品种,例如夏季增添多汁饲料。

(二) 饲喂管理

每日饲喂至少2次以上,投喂的食物应被切成小块,便于动物拿取,避免食入过量单一品种。投喂时,多设置几个投喂点,便于地位低下的环尾狐猴能够摄入足够的食物。

五、防疫

(一) 消毒

笼舍的水泥地面、固定栖架必须每日刷洗,每周用消毒剂清洗。消毒后的地面和器械及时冲刷,不能残留任何消毒剂。原木、玩具、丰容球和饲喂器同样需要定时清洗与消毒。动物外运动场若为土质地面,平时应做好动物粪便清洁工作,定时做好地面与栖架的消毒。消毒剂的种类选用和剂量,可根据不同地面或是材质按要求足量使用。疫情疫病期间,或是处于动物疾病高发期,应增加消毒频率或交替采用不同的消毒方式。

(二) 疫苗接种

目前,仅有破伤风疫苗接种的相关资料报道,暂无其他可接种的疫苗。

六、健康检查

(一) 巡诊

1. 行为观察

目前,环尾狐猴多以群养形式展出,环境中以各类灌木做植被丰容，还可添加各类器具进行丰容。群养的环尾狐猴喜靠坐在一起，相互梳理毛发、晒太阳。发情季节个体之间会因争抢交配权而殴打撕咬，前肢及头颈部外伤较为常见，腹背部和后肢次之。发现精神沉郁、远离群体，或是弓背、被毛凌乱无序、肛门或是会阴部湿潮，或是尾根部湿潮等情况，仔细检查，分析原因，单独隔离饲养。但伤好后建议及时放归原群体，因为一旦个体离群时间较久，再次回群就会被排斥，极易再次被攻击。隔离个体可根据体况装笼饲养于群体范围内，既可和原群体保持一定社会关系，也能够防止被袭击，恢复后更容易合笼。隔离使用的笼子要固定好，防止移动引起新的意外。

2. 体温

参考值见表3-84。

表3-84 环尾狐猴的体温

性别	均值（℃）	标准差（℃）	最小值（℃）	最大值（℃）	样本数（次）	动物数（只）
雄性	37.9	1.8	35	41.2	278	119
雌性	38	1.8	35	40.3	253	105
全部	37.9	1.8	35	41.2	533	208

注：数据来自国际物种信息系统。

（二）寄生虫普查和驱虫

每年2次寄生虫检查和驱虫，春秋两季驱虫利于群体顺利度过严寒酷暑。

驱虫药有甲苯咪唑（常规剂量10mg/kg）和阿苯达唑（10mg/kg）。用于治疗或预防环尾狐猴血液原虫驱虫药为磺胺二甲嘧啶片。

（三）专项检查

根据健康体检计划，进行粪便、尿液、血液、X光、B超等检查。

接触动物检查时,建议采用正强化行为训练或物理保定方式,保定过程中注意动物和人员的安全。血液学指标参考值见表3-85。

表3-85 环尾狐猴血液学指标参考值

检测项目	单位	均值	标准差	最小值	最大值	样本数	动物数
白细胞计数（WBC）	$\times 10^3/\mu L$	8.642	3.751	2.5	27.6	1226	368
红细胞计数（RBC）	$\times 10^6/\mu L$	7.65	0.89	4.13	11.2	965	295
血红蛋白（HGB）	g/dL	15.6	1.7	8.7	21.9	996	307
红细胞比容（HCT）	%	50.5	6.2	24.3	74.4	1249	374
平均红细胞体积（MCV）	fL	66	6	44.3	100	958	293
平均红细胞血红蛋白含量（MCH）	pg/cell	20.4	1.5	11.8	32.7	940	282
平均红细胞血红蛋白浓度（MCHC）	g/dL	31.1	2.3	20.7	41.4	989	305
血小板计数（PLT）	$\times 10^3/\mu L$	278	112	65	662	230	106
有核红细胞（NRBC）	/100 WBC	1	1	0	6	137	88
网织红细胞（RC）	%	0.2	0.7	0	2	9	6
中性分叶核粒细胞（NSG）	$\times 10^3/\mu L$	4.267	2.938	0.128	23.7	1083	338
淋巴细胞（LYM）	$\times 10^3/\mu L$	3.748	2.141	0.45	23.1	1096	342
单核细胞（MON）	$\times 10^3/\mu L$	0.375	0.466	0.001	8.281	912	328
嗜酸性粒细胞（EOS）	$\times 10^3/\mu L$	0.33	0.318	0	3.146	780	301

续表

检测项目	单位	均值	标准差	最小值	最大值	样本数	动物数
嗜碱性粒细胞（BAS）	$\times 10^3/\mu L$	0.153	0.682	0	5.75	70	59
中性杆状核粒细胞（NST）	$\times 10^3/\mu L$	0.209	0.226	0	1.71	138	96
钙（Ca）	mg/dL	9.7	0.9	7	12.4	851	314
磷（P）	mg/dL	5.4	2	0	13.8	734	291
钠（Na）	mEq/L	148	5	133	163	747	286
钾（K）	mEq/L	4.4	0.6	3.1	6.5	754	287
氯（Cl）	mEq/L	108	6	57	136	740	285
碳酸氢盐（BC）	mEq/L	19.8	5.3	8	30	61	34
二氧化碳（CO_2）	mEq/L	17.3	5.3	0	32	270	115
渗透浓度/渗透压（OSM）	mOsmol/L	298	10	281	323	45	22
铁（Fe）	$\mu g/dL$	261	95	123	663	60	35
镁（Mg）	mg/dL	2.02	0.47	0.82	3.28	67	48
尿素氮（BUN）	mg/dL	22	8	0	69	903	330
肌酐（CR）	mg/dL	1	0.3	0.3	3.3	891	322
尿酸（UA）	mg/dL	0.3	0.4	0	2	204	112
总胆红素（TBIL）	mg/dL	0.6	0.4	0	3.9	838	316
直接胆红素（DBIL）	mg/dL	0.2	0.1	0	0.9	192	85
间接胆红素（IBIL）	mg/dL	0.3	0.2	0	1.1	189	84
葡萄糖（GLU）	mg/dL	142	75	25	618	901	334
总胆固醇（TC）	mg/dL	89	26	0	263	768	300

续表

检测项目	单位	均值	标准差	最小值	最大值	样本数	动物数
甘油三酯（TG）	mg/dL	69	35	13	300	472	186
肌酸激酶（CK）	IU/L	1363	1248	164	8041	259	141
乳酸脱氢酶（LDH）	IU/L	1028	1069	79	8185	350	167
碱性磷酸酶（ALP）	IU/L	222	109	0	612	864	318
谷丙转氨酶（ALT）	IU/L	94	59	0	332	763	295
谷草转氨酶（AST）	IU/L	48	37	0	244	816	309
γ-谷氨酰转肽酶（γ-GT）	IU/L	28	18	0	100	483	194
淀粉酶（AMY）	U/L	1779	770	586	5158	263	142
脂肪酶（LPS）	U/L	66	106	0	749	134	75
总蛋白/比色法（TP）	g/dL	7.3	0.8	4.2	12.9	755	295
球蛋白/比色法（GLB）	g/dL	1.6	0.9	0.2	7.6	660	256
白蛋白/比色法（ALB）	g/dL	5.7	0.9	3.1	8.5	673	261
纤维蛋白原（FIB）	mg/dL	320	192	100	600	5	4
α-球蛋白/电泳法（α-GLB）	mg/dL	6.7	13.6	0.8	34.4	6	4
β-球蛋白/电泳法（β-GLB）	mg/dL	0.4	0.2	0.1	0.6	6	4
孕酮（P）	ng/dL	150	0	150	150	1	1

续表

检测项目	单位	均值	标准差	最小值	最大值	样本数	动物数
总甲状腺素（TT4）	μg/dL	4.1	3.3	0.2	9.2	10	7
维生素E,α（VE,α）	μg/dL	2	0	1	2	3	3
维生素E,γ（VE,γ）	μg/dL	1	0	1	1	3	3
铅（Pb）	μg/dL	0	0	0	0	7	5

注：数据来自国际物种信息系统。

第十五节　狒狒健康标准

狒狒（*Papio*）隶属于灵长目、猴科、猕猴亚科、狒狒属。狒狒有5种，体型较大，在灵长类中仅次于猩猩属。雄狒狒体格魁梧，四肢粗壮有力，直立达一米多。雌性狒狒甚小，头大面部呈肉色。群栖于草原半沙漠地带或树林中，性情凶猛。杂食，各种野生植物、昆虫和小型爬行动物都是其食物。

一、体况评估

体长51~114cm，尾长38~71cm，体重参考值见表3-86、表3-87。

表3-86　阿拉伯狒狒的体重

年龄（岁）	均值（kg）	标准差（kg）	最小值（kg）	最大值（kg）	样本数（次）	动物数（只）
1.8~2.2	5.821	0.743	4.96	7.3	9	8
2.7~3.3	8.325	1.733	4.53	11.45	25	24

续表

年龄（岁）	均值（kg）	标准差（kg）	最小值（kg）	最大值（kg）	样本数（次）	动物数（只）
4.5~5.5	13.26	2.67	7	18.65	42	40
9.5~10.5	20.87	4.37	14.3	32	57	48
14.5~15.5	22.08	6.96	12.2	36.36	42	37
19~21	19.3	3.96	12.27	25.87	35	25

注：数据来自国际物种信息系统。

表3-87 狮尾狒狒的体重

年龄（岁）	均值（kg）	标准差（kg）	最小值（kg）	最大值（kg）	样本数（次）	动物数（只）
9.5~10.5	24.93	6.21	17.20	31.82	8	6

注：数据来自国际物种信息系统。

狒狒体况评分BCS标准采用5分制系统评估。主要观察内容和具体分级情况，可参照图3-13。

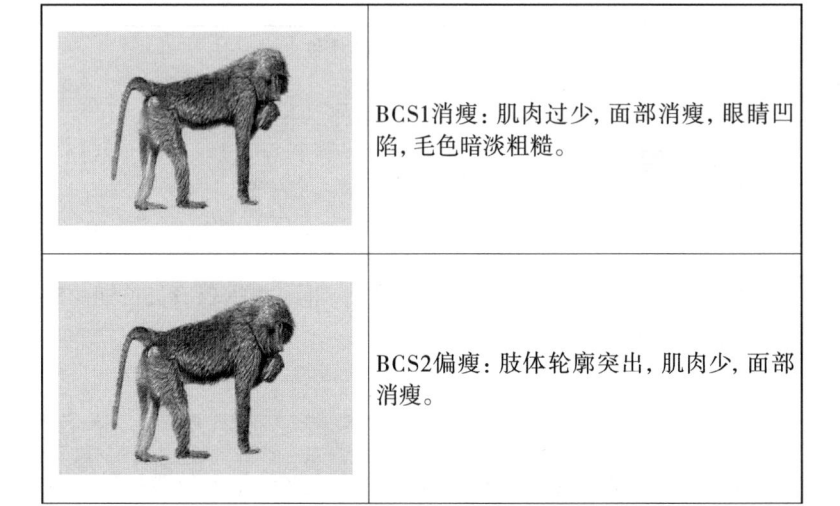

BCS1消瘦：肌肉过少，面部消瘦，眼睛凹陷，毛色暗淡粗糙。

BCS2偏瘦：肢体轮廓突出，肌肉少，面部消瘦。

续表

	BCS3合适：能看到肌肉轮廓，肩部、腹部和骨盆的界线清晰，毛色亮并且柔顺，双眼明亮。
	BCS4偏胖：大腿内侧、骨盆和腹部有赘肉。
	BCS5肥胖：脂肪堆积明显，肩部、腹部和骨盆无明显分界。

图3-13　狒狒体况评估

二、种群管理

（一）个体标识

芯片法，在左前臂内侧皮下进行注射。也可根据保育员长期的观察和动物个体特征及分笼进行辨识。

（二）种群

狒狒为日行性，群居，群中的社会结构复杂，每个狒狒按统治地位排名，首领为雄性。幼狒狒由母亲带，最初紧贴在母亲胸部，后来骑在母亲背上，至性成熟。成熟后的雌性将留在群中，而雄性则离开，加入单独的全雄青年群。当受到捕食者威胁时，在群中狒狒头领的指挥下发起群攻。狒狒4~6岁性成熟，孕期在180天左右，每胎1仔。社群性丰容是提高狒狒福利和展示效果的最好方法之一，所以不要单独饲养。

三、场馆安全及展出保障

（一）场馆要求

1. 笼舍

狒狒以群居的方式展出，一般4~8只为一个小群，最小展舍面积不低于80m²，舍高不低于4m。如果使用围网，围网钢丝直径不低于3mm，使用壕沟，宽度不低于4m。

2. 隔障方式

狒狒喜攀爬、活动灵敏性大、破坏性大。设计隔障时，特别需要考虑的是防止动物逃逸以及对游客的威胁，还要避免对动物的伤害，多用封闭笼舍。

3. 地面

室内采用水泥地面，要保证足够平整，地面过于粗糙不利于打扫和冲刷。运动场用土地面等自然地面，应平坦、干燥、向阳、避风、地势开阔；设置符合其生活习性、安全性好、整体美学效果好的丰容栖架、山石等。

（二）环境要求

1. 温度

狒狒怕冷，北方动物园场馆内要设置取暖设施，冬季室内温度要求在15°C以上。出生至1月龄动物的温度应设置在28℃~32℃，

1~5月龄温度应设置在25℃~27℃，5至6月龄应设置在20℃~24℃，6月龄以上室温即可。

2. 光照

狒狒的采光主要以自然光照为主，室内用日光灯补充。每天适当让幼仔晒些阳光，通常保证每天1~2小时，随幼仔月龄增长而适当延长。

四、营养健康

（一）饲料日粮

狒狒为杂食性动物，以植物性食物为主。在野外，植物的根、茎、叶、果实以及许多昆虫，甚至鸟类、野兔和小羊等都包括在其食谱中。在圈养条件下，以青饲料为主，精料为辅。饲料的选择要与野外生活食谱相近或相似，并结合实际进行调配，以保证其生长发育所需的各种营养元素的正常摄入，圈养成年雄性狒狒食谱见表3-88。

表3-88　圈养成年雄性狒狒食谱

种类	用量(/只·天)	
	冬季	夏季
水果类	850g	830g
蔬菜类	370g	350g
馒头	1个	1个
干果	15g/周	15g/周
面包虫	50g/周	50g/周
窝头	100g	100g
熟鸡蛋	1个	1个

注：数据来自福州市动物园。

（二）饲喂管理

每日的饲料至少分成2次投放。群养的狒狒，投喂时注意将饲料分散，以免雄性霸吃喜食的饲料和抢食斗殴，并保证雌性及弱小者能吃到足量的饲料。通过及时调整饲料配方或改变饲养方式，保持饲养动物的体况处于最佳状态。同时，在不同季节还要适当调整食物结构和数量以保障动物健康。

五、防疫

1. 常规性消毒

室内饲喂槽、水槽等应定期清洗消毒，至少每周1次，高温季节加大消毒频次。动物驱虫后应对笼舍进行消毒，宜优先采取火焰消毒法；外舍中易积水、固定排泄区域宜每日清理，必要时可局部使用化学消毒剂喷洒。

2. 临时性消毒

动物发病后应进行预防性消毒，动物患病治疗护理期间应对笼舍每日消毒1次，治疗结束后进行终末消毒。动物死亡后应对相关区域开展终末消毒。

3. 消毒操作

火焰消毒或按照消毒药的配比要求配制，并按规定进行喷洒、清洗和浸泡。一般喷洒及浸泡时间为20~30分钟，之后冲洗掉（土质地面不用）残留的消毒药后再放入动物。

4. 注意事项

按要求配制消毒液，切勿浓度过高或过低；使用消毒液之前要摇动药桶，混匀后再用；喷洒药液时必须全面，不可有漏喷的地方；消毒范围内不得有动物；水果、蔬菜等消毒后，必须冲洗干净才能投喂动物。

六、健康检查

（一）巡诊

1. 体表和行为

保育员每日观察狒狒的健康状况，在打扫前或者是喂食时观察：①体表状况变化，提示营养不良、寄生虫感染、外伤等。②运动场地的毛发，判断为打架或交配等。③进食情况，食欲下降或食欲废绝提示机体不适等。④鼻镜干燥，提示有脱水等。⑤粪便情况、食物剩余情况。

2. 生理指标

心率为40~60次/分钟，呼吸为20~30次/分钟（张金国，2005），2种狒狒体温参考值见表3-89和表3-90。

表3-89　阿拉伯狒狒的体温

性别	均值（℃）	标准差（℃）	最小值（℃）	最大值（℃）	样本数（次）	动物数（只）
全部	37.9	1.6	32	40	253	79

注：数据来自国际物种信息系统。

表3-90　狮尾狒狒的体温

性别	均值（℃）	标准差（℃）	最小值（℃）	最大值（℃）	样本数（次）	动物数（只）
全部	38.2	1.3	37	39	36	23

注：数据来自国际物种信息系统。

3. 粪便

观察粪便数量、形态、颜色、黏膜等变化，判断是否有异物或误食提供饲料以外的食物。具体见图3-14。

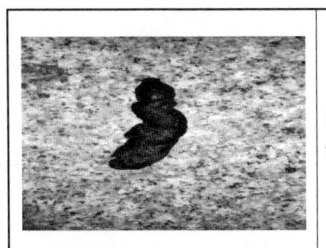	1.坚硬,干燥,易碎,呈粒状。颜色呈黑褐色,采集时不粘地,没有粪便残余。
	2.坚实,略带潮湿,呈明显的分段。颜色呈深黄色,采集时有少量的粪便残余。
	3.最理想,潮湿,柔软,表面有光泽,粪便分段成形,采集时只有少量的粪便残余。
	4.很潮湿,有一定的质地,粪便不成型,采集时粪便残余留在地面。
	5.呈液态,几乎没有质地,无法采集。

图3-14 狒狒日常粪便

（二）寄生虫普查和驱虫

定期检测寄生虫及驱虫是健康检查的重要工作。每年春、秋两季进行寄生虫检查。检查为阳性者，须实施治疗性驱虫，并且需要进行追踪性检查和治疗。若为阴性，则要进行预防性驱虫。

1. 预防性驱虫

根据虫种可选用阿苯达唑、左旋咪唑、甲苯咪唑、吡喹酮等进行轮换用药。药物掺入精料中投喂，每日1次，连服3日。

2. 治疗性驱虫

根据实验室检查结果确定服用驱虫药的种类。通常以线虫为主可选择阿苯达唑（8~10mg/kg）、甲苯咪唑（8~10mg/kg）或左旋咪唑（2~3mg/kg）；若是绦虫可考虑吡喹酮（15~20mg/kg）；吸虫可考虑三氯苯达唑（5mg/kg）。驱虫效果不理想时可考虑联合用药。

3. 注意事项

驱虫应避开妊娠期、哺乳期；驱虫给药安排在上午，主治兽医要对喂药动物进行密切观察；感染动物完成驱虫后，要再次进行粪便检查，以检查驱虫效果。

（三）专项检查

按照健康管理计划定期进行专项检查。狒狒的血常规和血液生化指标参考范围参见表3-91至表3-94。

表3-91 成年狒狒血常规指标参考范围

检验项目	单位	参考范围	检验项目	单位	参考范围
白细胞计数（WBC）	$\times 10^9$/L	7.1~16.1	中性粒细胞百分比（NEUT）	%	50~70
中性粒细胞绝对值（NEUT）	$\times 10^9$/L	2~7	淋巴细胞百分比（LYM）	%	20~40

续表

检验项目	单位	参考范围	检验项目	单位	参考范围
淋巴细胞（LYM）	$\times 10^9$/L	1.2~3.5	单核细胞百分比（MON）	%	3~8
单核细胞计数（MON）	$\times 10^9$/L	0.12~0.8	嗜酸性粒细胞百分比（EOS）	%	0~6
嗜酸性粒细胞（EOS）	$\times 10^9$/L	0~0.7	嗜碱性粒细胞百分比（BAS）	%	0~0.1
嗜碱性粒细胞（BAS）	$\times 10^9$/L	0~1.0	红细胞计数（RBC）	$\times 10^{12}$/L	4.83~5.75
血红蛋白浓度（HGB）	g/L	120~142	平均红细胞体积（MCV）	fL	71.5~80.1
红细胞比容（HCT）	%	36.3~43.9	平均红细胞血红蛋白含量（MCH）	pg	23.3~26.3
平均红细胞血红蛋白浓度（MCHC）	g/L	313~341	红细胞分布宽度（RDW）	%	11.5~14.8
血小板计数（PLT）	$\times 10^{12}$/L	300~520	平均血小板体积（MPV）	fL	6.0~11.5
血小板压积（PCT）	%	0.11~0.28	大型不染色细胞百分比（LUC）	%	0~4.3
大型不染色细胞（LUC）	$\times 10^9$/L	0~0.4			

注：数据来自张振兴等，2009。

表3-92 狒狒的血液生化指标参考范围

参数	单位	参考范围	参数	单位	参考范围
总蛋白（TP）	g/dL	66~76	白蛋白（ALB）	g/dL	34~54
磷（P）	mg/dL	0.72~1.6	钠（Na）	mEq/L	145~153
球蛋白（GLB）	g/dL	26~38	钙（Ca）	mg/dL	2.23~2.53
钾（K）	mEq/L	3.3~4.1	氯化物（Cl）	mEq/L	1.7~115

续表

参数	单位	参考范围	参数	单位	参考范围
肌酐（CR）	mg/dL	70~106	尿素氮（BUN）	mg/dL	4.28~7.14
尿酸（UA）	mg/dL	0~24	总胆固醇（TC）	mg/dL	1.97~3.32
葡萄（GLU）	mg/dL	3.94~7.16	乳酸脱氢酶（LDH）	IU/L	190~632
碱性磷酸酶（ALP）	IU/L	31~537	肌酸激酶（CK）	IU/L	142~1024
谷草转氨酶（AST）	IU/L	24~641			

注：数据来自张振兴等，2009。

表3-93　阿拉伯狒狒血液学指标参考值

检测项目	单位	均值	标准差	最小值	最大值	样本数	动物数
白细胞计数（WBC）	$\times 10^3/\mu L$	11.55	4.519	3.2	28.6	449	117
红细胞计数（RBC）	$\times 10^6/\mu L$	5.27	0.46	3.94	6.9	439	117
血红蛋白（HGB）	g/dL	13	1.1	9.1	17.5	430	111
红细胞比容（HCT）	%	40.1	3.8	30.3	61.1	456	115
平均红细胞体积（MCV）	fL	75.9	4.2	64.3	97.4	434	114
平均红细胞血红蛋白含量（MCH）	pg/cell	24.8	1.5	19.4	33.1	426	111
平均红细胞血红蛋白浓度（MCHC）	g/dL	32.6	1.6	24.6	40.2	428	110
血小板计数（PLT）	$\times 10^3/\mu L$	406	109	157	875	223	63
有核红细胞（NRBC）	/100WBC	0	0	0	1	14	10

续表

检测项目	单位	均值	标准差	最小值	最大值	样本数	动物数
网织红细胞（RC）	%	0	0	0	0	21	11
中性分叶核粒细胞（NSG）	$\times 10^3/\mu L$	8.998	4.603	1.09	24.3	446	117
淋巴细胞（LYM）	$\times 10^3/\mu L$	2.143	1.279	0.129	8.76	447	117
单核细胞（MON）	$\times 10^3/\mu L$	0.333	0.265	0	2.106	350	109
嗜酸性粒细胞（EOS）	$\times 10^3/\mu L$	0.158	0.133	0	0.923	177	86
嗜碱性粒细胞（BAS）	$\times 10^3/\mu L$	0.051	0.052	0	0.172	47	30
中性杆状核粒细胞（NST）	$\times 10^3/\mu L$	0.356	0.506	0	3.09	63	43
钙（Ca）	mg/dL	9.5	0.6	7.8	11.4	405	107
磷（P）	mg/dL	3.5	1.4	0.8	9.5	400	106
钠（Na）	mEq/L	150	5	141	162	360	101
钾（K）	mEq/L	3.7	0.4	2.8	5.1	372	102
氯（Cl）	mEq/L	111	4	96	126	374	102
碳酸氢盐（BC）	mEq/L	25.3	3.7	20.7	35	10	6
二氧化碳（CO_2）	mEq/L	27.4	3.9	18	39	181	59
渗透浓度/渗透压（OSM）	mOsmol/L	316	11	295	347	35	21
铁（Fe）	$\mu g/dL$	111	33	54	168	18	6
镁（Mg）	mg/dL	1.53	0.29	1.10	2.20	12	7
尿素氮（BUN）	mg/dL	15	4	6	29	410	107
肌酐（CR）	mg/dL	1	0.2	0.6	1.9	409	107

续表

检测项目	单位	均值	标准差	最小值	最大值	样本数	动物数
尿酸（UA）	mg/dL	0.2	0.1	0	0.7	219	68
总胆红素（TBIL）	mg/dL	0.3	0.2	0	1	382	104
直接胆红素（DBIL）	mg/dL	0	0	0	0.1	63	25
间接胆红素（IBIL）	mg/dL	0.1	0.1	0	0.4	61	24
葡萄糖（GLU）	mg/dL	105	36	37	391	402	103
总胆固醇（TC）	mg/dL	100	25	55	189	381	94
甘油三酯（TG）	mg/dL	53	21	14	149	258	69
肌酸激酶（CK）	IU/L	569	450	38	2262	222	74
乳酸脱氢酶（LDH）	IU/L	403	206	151	1860	268	74
碱性磷酸酶（ALP）	IU/L	261	223	55	1213	406	105
谷丙转氨酶（ALT）	IU/L	38	17	11	107	411	107
谷草转氨酶（AST）	IU/L	43	19	11	141	374	106
γ-谷氨酰转肽酶（γ-GT）	IU/L	50	21	13	123	266	82
淀粉酶（AMY）	U/L	180	73	54	456	168	52
脂肪酶（LPS）	U/L	58	38	9	253	48	26
总蛋白/比色法（TP）	g/dL	7.1	0.5	5.8	8.9	361	107
球蛋白/比色法（GLB）	g/dL	3.2	0.6	1.6	5.1	345	102

续表

检测项目	单位	均值	标准差	最小值	最大值	样本数	动物数
白蛋白/比色法（ALB）	g/dL	3.9	0.4	2.8	5.2	345	102
γ-球蛋白/电泳法（γ-GLB）	g/dL	0.8	0	0.8	0.8	1	1
白蛋白/电泳法（ALB）	g/dL	3.5	0	3.5	3.5	1	1
α-球蛋白/电泳法（α-GLB）	mg/dL	0.3	0	0.3	0.3	1	1
α2-球蛋白/电泳法（α2-GLB）	mg/dL	0.8	0	0.8	0.8	1	1
皮质醇（COR）	μg/dL	44.8	0	44.8	44.8	1	1
纤维蛋白原（FIB）	ng/dL	22.5	0	22.5	22.5	1	1
总甲状腺素（TT4）	μg/dL	7.9	0	7.9	7.9	1	1

注：数据来自国际物种信息系统。

表3-94 狮尾狒狒血液学指标参考值

检测项目	单位	均值	标准差	最小值	最大值	样本数	动物数
白细胞计数（WBC）	$\times 10^3/\mu L$	9.173	3.749	4.1	22.7	67	35
红细胞计数（RBC）	$\times 10^6/\mu L$	4.5	0.54	2.93	5.24	41	29
血红蛋白（HGB）	g/dL	12.8	1.5	7.4	15.2	42	27
红细胞比容（HCT）	%	39.1	4.2	26	49	65	34
平均红细胞体积（MCV）	fL	83.5	5.3	68.6	104.2	37	26

续表

检测项目	单位	均值	标准差	最小值	最大值	样本数	动物数
平均红细胞血红蛋白含量（MCH）	pg/cell	27.8	2.3	21.4	34.2	38	27
平均红细胞血红蛋白浓度（MCHC）	g/dL	33.3	2	28.5	41.3	40	26
血小板计数（PLT）	$\times 10^3/\mu L$	376	136	237	693	16	14
有核红细胞（NRBC）	/100 WBC	1	1	0	3	10	7
网织红细胞（RC）	%	2	0.4	1.7	2.3	2	2
中性分叶核粒细胞（NSG）	$\times 10^3/\mu L$	5.13	2.805	1.26	17	58	33
淋巴细胞（LYM）	$\times 10^3/\mu L$	3.665	2.602	0.1	15.7	58	33
单核细胞（MON）	$\times 10^3/\mu L$	0.344	0.335	0.054	2.196	50	31
嗜酸性粒细胞（EOS）	$\times 10^3/\mu L$	0.244	0.549	0	2.306	28	20
嗜碱性粒细胞（BAS）	$\times 10^3/\mu L$	0.093	0.132	0	0.414	20	15
中性杆状核粒细胞（NST）	$\times 10^3/\mu L$	0.18	0.208	0	0.648	17	12
钙（Ca）	mg/dL	9.2	1	6.7	11.5	58	35
磷（P）	mg/dL	4.5	1.6	1.1	8.3	42	29
钠（Na）	mEq/L	149	4	140	158	40	24
钾（K）	mEq/L	3.8	0.8	2.9	6.4	39	23
氯（Cl）	mEq/L	108	3	102	116	41	25
碳酸氢盐（BC）	mEq/L	25.6	2.1	23	28	8	6
二氧化碳（CO_2）	mEq/L	21.3	9.2	5	33	18	16

续表

检测项目	单位	均值	标准差	最小值	最大值	样本数	动物数
铁（Fe）	μg/dL	143	56	62	211	8	6
尿素氮（BUN）	mg/dL	23	6	10	37	57	34
肌酐（CR）	mg/dL	1.8	0.6	0.5	3.2	57	34
尿酸（UA）	mg/dL	0	0	0	0.1	15	11
总胆红素（TBIL）	mg/dL	0.3	0.2	0.1	0.9	46	30
直接胆红素（DBIL）	mg/dL	0.1	0.1	0	0.2	18	14
间接胆红素（IBIL）	mg/dL	0.2	0.1	0.1	0.6	15	12
葡萄糖（GLU）	mg/dL	107	32	63	213	57	34
总胆固醇（TC）	mg/dL	135	34	82	216	53	34
甘油三酯（TG）	mg/dL	55	26	16	101	13	11
肌酸激酶（CK）	IU/L	531	772	49	3650	38	25
乳酸脱氢酶（LDH）	IU/L	582	294	178	1136	29	15
碱性磷酸酶（ALP）	IU/L	216	163	66	1053	49	30
谷丙转氨酶（ALT）	IU/L	45	26	14	120	54	34
谷草转氨酶（AST）	IU/L	56	26	20	139	55	33
γ-谷氨酰转肽酶（γ-GT）	IU/L	27	9	14	60	36	26
淀粉酶（AMY）	U/L	307	129	128	635	24	18
脂肪酶（LPS）	U/L	48	65	0	213	10	8

续表

检测项目	单位	均值	标准差	最小值	最大值	样本数	动物数
总蛋白/比色法（TP）	g/dL	6.9	0.6	5.4	8.3	54	32
球蛋白/比色法（GLB）	g/dL	3	0.6	1.9	4.1	41	27
白蛋白/比色法（ALB）	g/dL	4	0.5	2.9	4.8	42	28
纤维蛋白原（FIB）	mg/dL	300	0	300	300	1	1

注：数据来自国际物种信息系统。

第十六节 食火鸡健康标准

食火鸡（Casuarius spp）属鸟纲、鸵形目、鹤鸵科、鹤鸵属。体形像鸵鸟，但比鸵鸟小，食火鸡是澳洲第二大鸟，世界第三大鸟，排在鸵鸟和鸸鹋之后。能在灌丛中小道上迅速奔驰。头顶有高而侧扁的、呈半扇状的角质盔，保护着光秃的头部。头颈裸露部分主要为蓝色，颈侧和颈背为紫、红和橙色，前颈有2个鲜红色大肉垂。足具3趾，都向前，3趾中最内侧脚趾有一个像匕首一样锋利的长指甲。体被亮黑色发状羽。翅小，飞羽羽轴特化为6枚硬棘。雌雄羽毛相似，但雌鸟体型较大，前颈的2个肉垂也较大。成鸟体羽黑色，未成熟鸟淡褐色。

一、体况评估

成年食火鸡体高1.7~1.8m，体重约70~80kg。

食火鸡体况评分BCS标准可通过检查其胸部肌肉组织情况，采用5分制系统进行评价。

BCS1消瘦：瘦弱、龙骨严重地突出。
BCS2偏瘦：龙骨突出，龙骨两侧仅有少量的肌肉。
BCS3合适：龙骨明显，但两侧肌肉结实。
BCS4偏胖：龙骨之上肌肉明显平直，龙骨在肌肉间明显。
BCS5肥胖：龙骨不明显，肌肉在龙骨两侧隆起。

二、种群管理

（一）个体标识

采用芯片法，于左侧颈部区域皮下处注射。

（二）种群

在自然环境中，食火鸡是一妻多夫制，在同一繁殖期1只雌性食火鸡可与2只或更多的雄性个体交配。圈养条件下，繁殖期给雌性食火鸡提供多只雄性，可以促进交配并实现繁殖。非繁殖期的食火鸡则独居，每只成年食火鸡都有单独的笼舍。在接近或在繁殖季节时，雌性食火鸡开始变得温和并包容雄性食火鸡。相反，一些雄性食火鸡反而开始变得粗鲁，积极追求雌性，对着休息的雌性身体起舞开始，伴随着喉咙膨大，摩擦臀部，交尾前梳理颈部羽毛。交尾成功的雌性多会产下4枚蛋，然后离开，留下雄性孵蛋并且育雏。孵化期是47~54天，在此期间，雄性很少离开巢。

三、场馆及展出保障

（一）场馆要求

食火鸡怕冷，北方动物园要设置内舍，并有取暖设施。在保障安全的情况下，需要设计近似自然的生存环境，充分满足其生理、社会和心理需求，同时还需要充分考虑到人和动物的安全。

1. 圈舍

建议每3间为1组，每间笼舍的面积不低于18m×12m，并设计隔障、安全通道等与缓冲区域（约18m×12m）相连同，方便进行转运和帮助食火鸡逃脱相互打斗所带来的危险。日常分开饲养，但在视觉上可以接触。每间笼舍或饲养区域都具有便捷的对接运输笼，以便运输和医疗管理。另外所有笼舍内部都不能有电线松动、电线突出、钩子、钉子、螺丝等潜在的危险物品。

2. 隔障方式

在笼舍建设过程中，周边围栏（隔障）安全要放在首位，要避免保育员与动物同笼，并防止游客能接触到动物。笼舍围栏必须结实、耐用，可以选用双层金属围网或者玻璃幕墙作为外侧围栏，围栏高度不低于1.8m。

在使用金属围网做隔障时，网眼不大于3cm×3cm，直径应不小于2.5mm（不包括塑料涂层），防止动物头部伸入、腿踢入网孔中。育雏笼网眼的大小为1cm×1cm，防止幼雏逃笼和肉食动物的侵入。不建议使用细铁丝网，动物容易受伤或网损坏；也不能使用垂直挡板，避免食火鸡在冲撞中整个腿部或头部骨折扭断。

3. 通道门

笼舍大门、网笼小门、滑动门和其他出入口设备必须要有专业的设计、构造、维护和管理。应尽量减少对动物造成伤害的风险；允许工作人员接近和操作；减少无关人员进入的风险；避免动物逃跑；防止动物破坏其安全的风险。

4. 临时饲养区

建于与饲养区相邻，远离参观区的一面。比饲养笼舍面积略小，其他设计大体相似。作为育幼和亚成体的临时饲养、患病食火鸡治疗、新进食火鸡隔离检疫以及繁殖期动物临时使用。

5. 工作间

为办公、休息、饲料加工区，工作间应该选择建在距离笼舍较远的地方，不要和动物活动区域相连。

（二）环境要求

食火鸡性格机敏、胆小，容易受到惊吓和外界环境干扰，在繁殖期尽可能减少人为干扰。由于食火鸡大部分时间都在室外，所以外运动场方位的选择至关重要，建议外运动场应建在避风的位置，且至少有一面游客不能直接接触。食火鸡怕冷，北方动物园室内应提供取暖设施，在寒冷季节，当温度降至0℃左右时需要加温。

四、营养健康

（一）饲料日粮

圈养条件下饲料主要为多种瓜果、搭配部分蔬菜以及动物性饲料。一年中，食火鸡的采食量会有较大的波动，1只成年食火鸡日采食高峰可达12.5kg，低谷时只有1kg，甚至完全不食。因此，日粮要根据季节、天气和动物发育、食欲状况以及活动量进行适度调节。大块瓜果需加工成不超过4cm的小块。另外，可以提供牛肉、鸡蛋、雏鸡、鱼、面包虫等蛋白质饲料，每周添加1次，如日常每次300g牛肉和小白鼠5只；繁殖前期，每次牛肉200g和小白鼠10只。注意在提供禽类饲料时一定要做好检疫工作，避免疫情传播。红山森林动物园自制的配方饲料见表3-95，采食效果良好。

可将复合维生素和矿物质小剂量地拌在食物中投喂，日粮钙磷比应符合2:1。

提供清洁足量的饮水，有利于食火鸡的身体健康和提升动物福利水平。

表3-95 食火鸡配方料配方

种类	比例%
玉米粉	39.7
豆粕	30
麸皮	20
鱼粉	8
骨粉	1
石粉	1.3
盐	0.5
微量元素	1
总计	101.5

每加工50kg粉料另加38个鸡蛋,加水混匀后放入模具中成型,放入大火笼屉蒸80分钟。一般50kg粉料制成66kg成品。
注：数据来自南京市红山森林动物园。

（二）饲喂管理

圈养条件下,每天投喂2次。有条件时,可适当增加动物饲喂次数。同时在运动场种植一些果树如柿树、桑树、火棘、棕榈等,这些植物的果实可以季节性地丰富饲料种类,且可以增加动物的觅食行为。在饲喂过程中应注意保证饲料干净卫生,保持笼舍卫生,盛放食物和水的器具要每天清洗消毒。喂食前要及时清理剩余的食物,根据动物的食欲状况,调整投喂的饲料量,避免剩食。

五、防疫

（一）消毒

笼舍应每周定期消毒1次,按不同消毒药的比例配比浓度,并在消毒后20分钟再用清水冲洗干净,这样既能达到消毒效果,也能冲走残留的消毒液。

1. 常规性消毒

对笼舍、场地、饲养用具和饮水等进行定期的消毒。

(1) 物理方法:采用清扫、洗刷、通风等物理方式,来清除天棚、墙壁以及地面的粪便、垫料、饲料残渣。可用紫外线消毒场馆空间、高温消毒料盆、火焰杀灭抵抗力较强的病原体。

(2) 化学方法:应当选用对病原体消毒力强,对人兽毒性小、不损害被消毒物品,易溶于水,在消毒环境中比较稳定、不易失去消毒作用,价廉易得和使用方便的消毒剂。

2. 临时性消毒

在发生传染病、动物转笼舍、新的笼舍使用前等采取消毒措施,包括笼舍、隔障场地以及被患病动物的分泌物、排泄物所污染和可能污染的一切场所、用具和物品。通常在解除封锁前,进行定期的多次消毒,病兽隔障笼舍应每天随时进行消毒。

(二) 疫苗接种

使用禽流感病毒灭活疫苗和新城疫Ⅳ系(Lasota株)疫苗。

六、健康检查

(一) 巡诊

1. 行为观察

食火鸡清晨和傍晚行为比较活跃,尤其是春、夏两季。食火鸡的食欲和采食量有季节性变化,关注食欲是否与繁殖季有关。正常粪便与食物有关,会包含未消化的种子、果皮和偶尔部分消化的水果块,潮湿但水分不高,没有明显分离的尿酸盐成分。异常时可见分离的尿酸盐和/或亮绿色和深绿色到黑色黏液样性腹泻物。在繁殖季节（低食欲期），在健康雌鸟中也可观察到具有明显分离的尿酸盐成分的深绿色粪便。注意泄殖孔及其周围羽毛是否有粪便粘连。观察精神状况和行为活动是否有异常。眼睛、鼻孔是否有分泌物。羽毛是否整洁干净、有无光泽。要关注非季节性的行为变化，以及是否跛行等。

2. 体温

体温参考值见表3-96。

表3-96　食火鸡的体温

性别	均值（℃）	标准差（℃）	最小值（℃）	最大值（℃）	样本数（次）	动物数（只）
全部	38.9	2.9	37.7	40	2	2

注：数据来自国际物种信息系统。

（二）寄生虫普查和驱虫

每年进行至少两次寄生虫检查，体内寄生虫主要有滴虫、球虫、圆线虫、蛔虫、绦虫等；体外寄生虫检查，主要对脱毛的部位仔细检查，必要时需要刮片检查和培养，常见有螨虫、跳蚤、蜱等。每年春、秋两季预防性驱虫，防止发生寄生虫疾病。

（三）专项检查

制定食火鸡健康检查计划，每年安排1次，体检项目包括一般检查、血液、尿液、粪便检查，X线检查等。食火鸡的攻击性很强，建议在化学保定状态下完成专项体检工作。

1. 专项检查流程

推荐如下：①从头部开始，眼睛、鼻和口腔，以及其他任何不对称之处都应该注意。检查耳道是否有外寄生虫，颈部检查有无肿胀或其他异常。②触摸胸骨、肋骨和背部的脂肪和肌肉，以确定动物体况是否与体重数据的变化符合。③如有可能,应弯曲双腿,仔细评估损伤或异常,特别注意关节。④应检查腹水(腹胀),以及其他各类渗出物、肿胀、肿块或寄生虫。⑤同时采集血样,完成血样计数和常规化学检查。

2. 定期称重

有条件的单位,在动物笼舍内设置专用的体重秤,每月至少记录1次体重,体重波动不应太大。

3. 血液学指标

采血部位为右侧颈静脉和内侧跖静脉,使用含肝素钠的采血管。采血后易造成血肿,尤其突然移动时颈静脉容易撕裂,采血后应按压至少2分钟。建议使用注射器和23G-21G型号针头收集血液。每kg体重收集5mL血液是安全的,因此除了最小的雏鸡外,食火鸡采集5~10mL血液样本绝对安全。血液学指标参考值见表3-97。

表3-97 食火鸡血液学指标参考值

检测项目	单位	均值	标准差	最小值	最大值	样本数	动物数
白细胞计数(WBC)	$\times 10^3/\mu L$	17.78	7.056	7.4	31.6	19	12
红细胞计数(RBC)	$\times 10^6/\mu L$	2.65	1.96	1.55	7.07	7	6
血红蛋白(HGB)	g/dL	17.1	2.9	13.5	20	4	4
红细胞比容(HCT)	%	49.2	4.2	42.1	58	19	12
平均红细胞体积(MCV)	fL	224.6	10.6	214.5	239.6	5	4
平均红细胞血红蛋白含量(MCH)	pg/cell	97.3	9.1	87.1	104.7	3	3
平均红细胞血红蛋白浓度(MCHC)	g/dL	40.5	8	31.3	45.7	3	3

续表

检测项目	单位	均值	标准差	最小值	最大值	样本数	动物数
异嗜性粒细胞（H）	$\times 10^3/\mu L$	11.72	5.32	3.92	24.6	19	12
淋巴细胞（LYM）	$\times 10^3/\mu L$	4.544	2.223	2	9.45	19	12
单核细胞（MON）	$\times 10^3/\mu L$	1.197	0.974	0.086	3.534	17	11
嗜酸性粒细胞（EOS）	$\times 10^3/\mu L$	0.37	0.272	0.109	0.78	7	7
嗜碱性粒细胞（BAS）	$\times 10^3/\mu L$	0.598	0.411	0.186	1.38	9	6
钙（Ca）	mg/dL	11.3	1.2	9.1	13.6	14	9
磷（P）	mg/dL	5.8	1.2	3.6	7.3	12	7
钠（Na）	mEq/L	143	5	138	157	10	5
钾（K）	mEq/L	2.9	0.8	1.8	4.1	10	5
氯（Cl）	mEq/L	101	3	97	108	9	4
二氧化碳（CO_2）	mEq/L	21.7	4.6	17	28	6	2
铁（Fe）	$\mu g/dL$	139	0	139	139	1	1
尿素氮（BUN）	mg/dL	3	1	1	4	9	4
肌酐（CR）	mg/dL	0.3	0.2	0.1	0.5	8	8
尿酸（UA）	mg/dL	16.5	12.3	4.1	53	12	9
总胆红素（TBIL）	mg/dL	0.2	0.1	0.1	0.4	8	3
直接胆红素（DBIL）	mg/dL	0	0	0	0	1	1
间接胆红素（IBIL）	mg/dL	0.1	0	0.1	0.1	1	1
葡萄糖（GLU）	mg/dL	182	41	99	233	13	8
总胆固醇（TC）	mg/dL	68	14	48	91	11	6

续表

检测项目	单位	均值	标准差	最小值	最大值	样本数	动物数
甘油三酯（TG）	mg/dL	334	0	334	334	1	1
肌酸激酶（CK）	IU/L	658	399	175	1347	10	7
乳酸脱氢酶（LDH）	IU/L	521	223	270	694	3	3
碱性磷酸酶（ALP）	IU/L	230	222	54	821	12	7
谷丙转氨酶（ALT）	IU/L	36	28	7	84	6	3
谷草转氨酶（AST）	IU/L	511	265	269	1399	15	10
总蛋白/比色法（TP）	g/dL	5.4	0.8	4.5	7.5	15	10
球蛋白/比色法（GLB）	g/dL	2	1	1.1	4.2	12	7
白蛋白/比色法（ALB）	g/dL	3.2	0.8	1.8	4.4	12	7
纤维蛋白原（FIB）	mg/dL	200	0	200	200	1	1

注：数据来自国际物种信息系统。

第十七节　黑鹳健康标准

黑鹳（*Ciconia nigra*）属鸟纲、鹳形目、鹳科、鹳属。目前尚未发现黑鹳有亚种分化，属单型种。黑鹳雌、雄同型，较难区分。成鹳全身被黑羽和白羽，嘴长而直，基部较粗，往先端逐渐变细，喙楔形、朱红色，嘴红色，尖端较浅，眼周裸露皮肤和脚为红色。飞翔时头颈伸直，两脚并拢，远远伸出于尾后。黑鹳栖息于河流沿岸、沼泽山区溪流附近，有沿用旧巢的习性。营巢于偏僻和人类干扰小的地方。黑鹳在东北、西北、华北等地区繁殖，多在9月下旬至10月下旬开始南迁到长江流域以南地区越冬，次年春天飞回繁殖地。在欧洲，黑鹳于8月下旬至10月离开繁殖地南迁，春季在3月到5月飞回，仅在西班牙为留鸟。在南非繁殖的黑鹳种群不迁徙，仅在繁殖期后向四周扩散。

一、体况评估

成鸟的体长为1～1.2m，体重2～3kg。

黑鹳体况评分BCS标准可通过检查其胸部肌肉组织情况，采用5分制系统进行评价。

BCS1消瘦：瘦弱、龙骨严重地突出。

BCS2偏瘦：龙骨突出，龙骨两侧仅有少量的肌肉。

BCS3合适：龙骨明显，但两侧肌肉结实。

BCS4偏胖：龙骨之上肌肉明显平直，龙骨在肌肉间明显。

BCS5肥胖：龙骨不明显，肌肉在龙骨两侧隆起。

二、种群管理

（一）个体标识

1. 芯片法

芯片标记，建议在1.5岁后，在颈部左侧中央区域皮下植入。

2. 环志法

位置在跗关节上部位。雄性固定在左腿，雌性固定在右腿。有金属脚环和彩色脚环两种形式：

（1）金属脚环：采用全国鸟类环志中心制作的脚环。

（2）彩色脚环：采用以法国进口ABS三色板为材质且刻有识别号

的脚环。统一采用M环(内径15mm、高26.5mm)或L环(内径18mm、高30mm)。

(二)种群

应建立动物档案,主要包括动物日志、个体档案、医疗记录。个体档案应记录谱系号、父本母本谱系号、出生时间、地点、标记号、呼名、输入、输出、繁殖和死亡情况、饲养及发病治疗记录。每年上报至黑鹳谱系保存人,根据谱系保存人种群分析报告指导黑鹳种群管理工作。黑鹳每年只繁殖1次。3月下旬筑巢,产卵期多为4至6月,雌鹳多在早晚产卵,每巢产卵3~5枚,卵平均重65g左右,孵卵期33~34天。雌鸟产完第一枚卵之后,即开始孵化,孵化由雌雄共同承担,亲鸟轮流采食,整个孵化期雌鸟趴窝时间多于雄鸟。

三、场馆安全及展出保障

(一)场馆要求

1. 笼舍

笼舍选择环境安静、凉爽、干燥通风、向阳、干扰较少的地方。

(1)内舍:成对黑鹳内舍总面积不低于$20m^2$,高度不宜低于2.5m。北方地区笼舍需要设置内舍。内舍以砖结构为宜,三面到顶,要用保温屋顶,一面通向外舍。

(2)外笼:每对黑鹳外笼面积应不小于$30m^2$,高度不低于4m。可采用砖网结构,墙裙1.2~1.5m,墙体上部及顶部可用角钢做笼骨架。角钢间距在1.5m左右,可选用5mm×50mm角钢,角钢之间连接网片。网片可选用金属网、注塑网、尼龙网均可。网孔孔径可选5cm×10cm或5cm×15cm的竖行网孔。应避免使用菱形网孔,以减少和避免别断鸟喙。

2. 栖架

笼舍内应设栖架,栖架数量应不少于2个,高度距地面2m以上。选用较直且有韧性不易折断的圆木杆,直径10cm的杉木较好。

3. 水池

黑鹳喜欢水,笼舍内要设置水池或放置水盆,水池面积1~2m^2,深度20~30cm,用砂石、水泥或砖砌均可。设在地面之上的水池,池边外坡度尽量平缓。设在地面以下的水池要做防止污水灌入措施。水池要保证注水、排水方便,以便保持水池清洁。放置水盆,每天要更换饮水至少2次以上,夏季应随时检查饮水情况,随时更换新水。

4. 巢

繁殖个体笼舍内应设巢,巢的直径在1~1.2m左右,高度在2~2.5m,内侧深约30cm。巢要远离笼舍门口,在笼舍里侧角落处为宜。制作巢的外围圈可选用直径15mm圆钢或直径20mm的钢管焊接,巢底可用直径12mm圆钢做骨架,再加装金属密网,网孔孔径1~2mm均可,最后铺垫草袋、树枝或干草等物。笼舍内一部分地面上可种植草和树木,模拟自然环境。

5. 隔障方式

内舍间隔离宜采用墙体封闭的方式。外笼用不低于150cm实体墙裙,墙裙上用围网,围网之间要有视觉隔障,可以是绿化带或悬挂伪装网,以减少相邻笼舍动物之间的干扰。

6. 地面

内舍地面用水泥材质,便于清扫。外笼底面用土质。黑鹳除采食之外,大多数时间在巢上或栖架(树枝)上活动,在地面活动时间比较少。因此对笼舍地面以满足饲养操作为主。

(二)环境要求

1. 温度

黑鹳是迁徙动物,喜欢较暖和的环境。当温度低于-10℃时,应提供室内较温暖的笼舍，可保证自由进出；在秋、冬季，建议做好外舍防风、遮挡处理。

2. 光照通风

自然光和自然通风最好，尽量选择通风、向阳、干燥之地，并做好防寒保暖、防暑降温，以保证动物的健康与福利。

四、营养健康

（一）饲料日粮

黑鹳多以湖泊河流中的小型鱼类食物为主。圈养黑鹳应以鲫鱼、白条鱼、泥鳅等小杂鱼为主。

成年黑鹳日粮中以鲫鱼为主（表3-98），常年投喂新鲜的鱼虾，日量约380g，其中小白条鱼占53%，活鲫鱼占21%，活泥鳅占13%，河虾占13%。在不同季节，不同生理时期，黑鹳食量也有所不同，需要根据实际情况作出调整。北方冬季，由于湖泊、河流冰冻，鲫鱼不能供给时，可选用小白条鱼或小黄花鱼。在黑鹳繁殖期到来前，应在喂鱼的基础上，再添加牛肉条、煮熟的鸡蛋等高蛋白的食物，并混入多种维生素和微量元素，以促进成鹳的发情、产卵。

幼鹳的饲喂（表3-99），无论是母鸟哺育还是人工育幼，在2~42天时，以活泥鳅为主，一天之内多次投喂，幼鸟易于采食。根据不同时期的生长日龄，随时更换泥鳅的大小，选择适合成鹳进食的泥鳅饲喂。随着日粮的增加，可选择较小的新鲜鲫鱼和泥鳅，按一定比例搭配饲喂，逐渐由泥鳅向鲫鱼过渡。

表3-98　黑鹳日粮营养组成（按照体重2~3 kg）

营养成分	含量(g)	营养成分	含量
粗蛋白	72.16	粗纤维g	—
粗脂肪	12.35	能量MJ	1.61

注：数据来自《黑鹳饲养管理指南》。

表3-99　不同日龄日粮表（以2只成鹳和4只幼鹳饲养量为例）

日龄（天）	日饲喂次数（次）	饲喂量(g)	食物种类
2~7	8	150	泥鳅
8~14	8	200	泥鳅
15~21	8	200	泥鳅
22~28	6	250	泥鳅
29~35	6	250	泥鳅
36~42	6	250	泥鳅
43~49	5	400	泥鳅
50~56	5	400	泥鳅
57~63	5	400	泥鳅80%+鲫鱼20%
64~70	3	500	泥鳅50%+鲫鱼50%
71~75	3	500	泥鳅10%+鲫鱼90%

注：数据来自《黑鹳饲养管理指南》。

（二）饲喂管理

冬季，大多是以水桶或水盆等器具饲喂，在北方饮水及食物容易被冰冻住，饲喂的时间要避开一天当中气温较低的早晨和傍晚，应该选择10点至15点这段时间饲喂，避免食物被冻住。

夏季气温较高，饲喂的食物极容易变质腐烂，应高度重视，特别是鲫鱼。饲喂的时间应避开一天中最炎热时段，应选择在7点至9点和

17点至19点之间,这两个时间段气温稍凉爽些,便于保持食物新鲜,利于黑鹳的进食。

黑鹳在育幼期内的食物、饲喂时间和间隔有特别要求。首先,在不同日龄,要挑选适合幼鸟进食大小的鱼来饲喂,饲喂间隔随日龄增长从2小时、3小时逐渐增加。从出雏第2天起,进入正式育幼饲喂期,每日5点至6点开始第1次饲喂,18点至19点最后1次饲喂,每日饲喂7~8次,间隔约2小时。饲喂的食物量由少渐多,避免浪费。随幼鹳日龄的增加,每日饲喂次数逐渐减少,逐渐同成年黑鹳一样,每日饲喂2次。

圈养条件下,大多采取成鹳孵化和哺育的方式,因为成鹳反刍喂养时的某些营养物质是人工喂养达不到的。这些物质包括消化液、益生菌之类,犹如哺乳动物的初乳,这对于幼鹳的成活、健康成长至关重要。特殊条件下,如成鹳母性差或成鹳受到外界干扰、惊吓而弃卵、弃雏时,可实施人工孵化和育雏。

五、防疫

(一)消毒

(1)每年进行一次转笼,让笼舍空置1年,使土壤中的病原体死亡。空笼放入鹳前进行消毒。

(2)进入春季、天气转暖后,在运动场内土地表面撒生石灰消毒,然后深翻土地至少30cm,可以起到一定的杀灭病原微生物的作用;彻底清扫内舍后消毒,消毒药剂效用的半衰期一般较药剂所注的半衰期长1~2天,因此使用化学药物消毒的内舍可适当延长放置时间,以降低其对黑鹳的不良影响。

(二)疫苗接种

接种禽流感、新城疫疫苗等,并按当地疫情管理要求制定免疫流程并实施。

六、健康检查管理

（一）巡诊

黑鹳生性胆小，易受惊吓，极易受到人为和自然界的各种干扰。注意观察动物取食、活动、粪便、羽毛、精神等情况，判定健康状况。雏鹳出生后第7天进行体检，包含测量体重、体尺、体温、呼吸、心率，每月评估雏鹳、幼鹳及亚成体鹳个体体重情况。成体黑鹳应在每年秋季进行健康体检。

1. 求偶行为

黑鹳的求偶行为划分为鸣声、动作。鸣声求偶行为包含扬喙鸣叫、面面对鸣；动作求偶行为包含啄草理巢、衔草入巢、啄草出巢、俯身卧巢、对立转圈、理配偶羽、追逐、交颈、俯身近喙。

2. 觅食行为

黑鹳在河中觅食走动时，喙在水中不停地移动，当鱼类受惊游动时，即刻迅速地用上下喙捉紧鱼并吞食，吃鱼时一般用上下喙快速地开合甩嘴。亚成体觅食期平均每小时获得食物18.27次，成体为平均每小时获得食物20.15次，在取食成功率上成体与亚成体接近。

3. 静栖行为

静立休息时，黑鹳单腿或双腿站立于水边沙滩、草地或悬崖顶等位置；休息行为多发生在巢区或觅食地附近，分散站立。

4. 梳羽行为

黑鹳休息时常用喙或爪整理羽毛或清理身上的污物，根据梳理发起者不同，可分为自理和他理两种。调查发现自理和他理行为的出现比例接近3:1。梳理的部位包括头部、颈部、胸部、腹部、尾部、翅膀、肋部、背部、肩部等。梳羽过程中，有时瞬间全身羽毛竖立抖动，使羽毛蓬松；有时扇动双翅做起飞状，但双脚并不离地。

5. 警戒行为

黑鹳的警觉性非常高。警戒时，通常处于静立或慢走状态，颈部及头部向上伸直，四下张望。觅食时，先在取食地上空盘旋，发现无异常时才涉入水中开始觅食，当有人接近时出现恐慌，受惊后惊飞。但并不立即飞往远方，而是顺山势与山脉同向上空10m左右的高度几十次地进行盘旋、观望，有时则飞到附近河川、沟谷的上空盘旋。几十分钟后，如发现栖息地持续有人或异常时，才飞往他地。过半小时至1小时后再飞回来。降落时，飞行速度减慢，长长的双腿随之下垂，有明显的着陆姿势。

6. 鸣叫行为

黑鹳体态轻盈，飞翔敏捷，长长的颈向前直伸，双腿并拢靠后翘起与颈呈一直线，并超过尾长与颈相互平衡，强健的翅缓慢扇动几次后伸展，呈滑翔状态飞行、盘旋，间或有小幅度较慢的翼部扇动。

7. 育雏行为

育雏主要由雄鸟承担，雄鸟采食后，在巢下来回走动，将食物与消化液充分混合，吐出喂雏鸟；雌鸟在巢上与雏鸟一起食用。

（二）寄生虫普查和驱虫

每年春秋2季进行粪便寄生虫检查，体内寄生虫主要有滴虫、球虫、圆线虫、蛔虫、绦虫等；体外寄生虫检查，主要对脱毛的部位仔细检查，必要时需要刮片检查和培养，常见有螨虫、跳蚤、蜱等。

1. 舌状绦虫

是绦虫纲中大型绦虫之一，生活史共有3个宿主：第一中间宿主是水中浮游生物甲壳类漂蚤；第二中间宿主是鱼（主要是鲫鱼），终宿主为食鱼水禽。为预防该病，人工饲养的食鱼水禽类，应尽量挑选感染舌状绦虫率低的江鱼，或者在饲水禽前将鱼开膛检查，除去虫体。另外在每年进入繁殖季节之前应有计划地驱虫。

2. 呵欠鸟凯塞玛吸虫

呵欠鸟凯塞玛吸虫隶属于凯塞玛属，凯塞玛科，早在1809年，黑鹳体内发现该虫体，国内未见报道。治疗可应用丙硫咪唑对病鹳进行驱虫，按12mg/kg剂量给药，将药物夹于小鱼块内直接投喂，隔天1次，用药3天，于用药后第4天检查虫体已完全消失，用药6天粪便检查未见虫卵。

（三）专项检查

根据健康检查计划，定期进行检查，包括粪便、血液、外观、体重和X光检查。采血时，首选用右侧颈静脉（尤其是采血量大时）。其次常用的穿刺部位是跗骨中静脉，再就是翅静脉（皮下尺骨静脉）。血液生化指标参考值见表3-100。

表3-100 血液生化指标参考值

检测项目	单位	平均值±SD	检测项目	单位	平均值±SD
血红蛋白（HGB）	g/L	23.00±13.30	白蛋白（ALB）	g/L	18.30±2.00
红细胞计数（RBC）	$\times 10^9$/L	2.89±0.45	总蛋白（TP）	g/L	51.00±8.10
白细胞计数（WBC）	$\times 10^9$/L	2.25±0.42	尿酸（UA）	μmol/L	707.80±210.55
平均红细胞体积（MCV）	fL	184.00±17.32	钙（Ca）	μmol/L	3.26±1.10
平均红细胞血红蛋白含量（MCH）	pg/cell	60.33±6.74	磷（P）	mmol/L	2.09±0.59
平均红细胞血红蛋白浓度（MCHC）	g/L	327.60±3.80	铅（Pb）	μmol/L	10.32±2.49
异嗜性粒细胞（H）	%	57.33±12.20	铬（Cr）	μmol/L	5.91±1.25

续表

检测项目	单位	平均值±SD	检测项目	单位	平均值±SD
淋巴细胞（LYM）	%	42.66±4.70	谷草转氨酶（AST）	IU/L	92.66±17.14
血小板计数（PLT）	$\times 10^9$/L	61.44±8.25	谷丙转氨酶（ALT）	IU/L	9.21±1.20
葡萄糖（GLU）	mmol/L	10.78±1.39	碱性磷酸酶（ALP）	IU/L	27.73±5.37
总胆固醇（TC）	mmol/L	7.37±0.63	肌酸激酶（CK）	IU/L	164.33±48.81

注：数据来自北京动物园管理处。

第十八节　黑颈鹤健康标准

黑颈鹤（*Grus nigricollis*）属鸟纲、鹤形目、鹤科、鹤亚科、鹤属。黑颈鹤外部形态特征已适应高原沼泽、湿地的生活。多栖息于海拔2500~5000m的高原的沼泽地、湖泊及河滩地带，除繁殖期常成对、单只或家族群活动外，其他季节多成群活动，特别是冬季在越冬地，常集成数十只的大群。繁殖于中国的西藏、青海、甘肃和四川北部、西南部（凉山布拖县就比较多）一带，越冬于印度的东北部、中国的西藏南部、贵州、云南等地区。是世界上唯一生长、繁衍在高原的鹤。

一、体况评估

成年体长1.1~1.2m，体重4~6kg。

黑颈鹤体况评分BCS标准可通过检查其胸部肌肉组织情况，采用5分制系统进行评价。

BCS1消瘦：瘦弱、龙骨严重地突出。

BCS2偏瘦：龙骨突出，龙骨两侧仅有少量的肌肉。

BCS3合适：龙骨明显，但两侧肌肉结实。

BCS4偏胖：龙骨之上肌肉明显平直，龙骨在肌肉间明显。

BCS5肥胖：龙骨不明显，肌肉在龙骨两侧隆起。

二、种群管理

（一）个体标识

1. 芯片法

芯片标记，1.5岁后在颈部左侧中央区域皮下植入。

2. 环志法

位置在跗关节上部位。雄性固定在左腿，雌性固定在右腿。有金属脚环和彩色脚环两种形式：

（1）金属脚环：采用全国鸟类环志中心制作的脚环。

（2）彩色脚环：采用以法国进口ABS三色板为材质且刻有识别号的脚环。统一采用N环或Q环，N环内径22mm，高39.3mm；Q环内径27mm，高49mm。

（二）种群

应建立动物档案，主要包括动物日志、个体档案、医疗记录。个体档案应记录谱系号、父本母本谱系号、出生时间、地点、标记号、呼名、输入、输出、繁殖、死亡情况、饲养及发病治疗情况。每年根据谱系保存人种群分析报告指导黑颈鹤种群管理工作。

不同地域或环境条件对黑颈鹤的繁育时间影响较大，野生黑颈鹤每年5月初至6月初产卵，通常产卵数1~2枚，以产2枚卵为多，每枚卵间隔1~3天，每年繁殖1窝。北京动物园圈养的黑颈鹤每年4至6月产卵，产卵间隔3天；北京动物园十三陵饲养繁育基地圈养的黑颈鹤每年6至7月产卵。每年7至10月为孵化育雏季节。野生黑颈鹤孵化期为31~33天，人工饲养条件下孵化期约为31天。

三、场馆安全及展出保障

（一）场馆要求

笼舍功能区包括内舍、外笼、笼舍内设施和操作区。要适合黑颈鹤的生活习性外，并综合考虑展出、繁殖需求以及保育人员操作是否便利等诸多因素。

1. 内舍

北方动物园要建设三面封闭的内舍，成体鹤宜单只饲养，内舍面积不低于10m²。成对成体鹤的内舍总面积不应低于20m²，笼舍高度不低于2.5m。

2. 外笼

与内舍相同，单只成体鹤外笼面积不低于50m²。成对饲养的成体鹤外笼面积不低于80m²，高度不应低于2.5m。围栏使用的立面硬质网，网孔边长宜为2.5cm、网线径宜为2mm以上。顶部采用软网封闭，网孔边长不应大于2.5cm，网孔丝径宜为1.5mm以上。

3. 操作通道

在笼舍边设置操作通道，通道宽度不低于1.5m，混凝土铺装，预留上、下水设施。

4. 遮蔽棚

在笼舍边缘或在角落设置遮蔽棚，为动物提供一个遮风挡雨的空间，可使放置的饲料不被雨水侵蚀，还可以作为临时的隔障空间。在遮蔽棚与操作通道之间预留操作门；遮蔽棚与外舍之间设置串门，以便临时隔离动物。

5. 水池

在笼舍内设置水池，面积不低于$2m^2$、深度约40cm，设置排水管道，以便于清洁消毒。在夏季作为洗浴降温所用；在严冬季节，将水池排空后填入木屑等自然材料，也会形成食物丰容位点，有效提高动物福利。

6. 隔障方式

内舍采用墙体封闭的方式。外笼为封闭笼舍，墙裙不低于150cm，立面围网之间要有视觉隔障设施，可以是绿化带或悬挂伪装网。顶网最高处不低于3m。

7. 地面

内舍地面应硬化，上覆沙土或透水材料，地面排水沟坡度应符合《动物园设计规范》（CJJ267—2017）的规定。内舍地面应高于外笼底面，连接区域坡度不大于4.0%。外笼地面应为自然土壤，种植草和灌木，以满足筑巢、隐蔽需要。

（二）环境要求

1. 温度

黑颈鹤较耐寒，能够耐受-30℃乃至更冷的温度。但当温度低于-20℃时，应为黑颈鹤提供室内较温暖的笼舍，保证其可自由出入。

2. 光照

黑颈鹤繁殖地在高原地区，光照相对较强。应尽量避免在阴暗潮湿处建舍，尽可能选择通风向阳、干燥之地，使饲养区冬季有充足的阳光，夏季能遮阴避暑。

四、营养健康

(一)饲料日粮

冬季黑颈鹤能量摄入较高,以适应冬季低温环境。发情期和产卵期,种鹤食欲下降,营养物质摄入量比繁殖前期和育雏期低。育雏期种鹤进食量增加,总体营养摄入是一年中最高的时期。非成长期和非繁殖期尽可能控制进食量,避免因食物供应过多而导致的健康问题。饲养过程中黑颈鹤种鹤每日营养需求和每日饲料配方见表3-101和表3-102。

表3-101 成对黑颈鹤种鹤每日营养需求

营养物质	非繁殖鹤		繁殖鹤		
	冬、春季	夏、秋季	发情期	产卵孵化期	育雏期*
粗蛋白(g)	237.3	216.52	233.27	201.2	307.5
粗纤维(g)	6.21	3.99	5.67	4.66	10.9
粗脂肪(g)	73.57	64.07	71.59	60.7	101.37
粗灰分(g)	68.72	61.75	67.59	57.7	86.83
无氮浸出物(g)	209.98	137.37	193.74	159.57	393.19
能量(kJ)	10.47	8.73	10.05	8.57	15.03

本表以平均体重6.0kg计算,*以增加1只雏鹤的量计算。
注:数据来自北京动物园管理处。

表3-102 成对黑颈鹤种鹤每日饲料配方

营养物质	非繁殖鹤		繁殖鹤		
	冬春季	夏秋季	发情期	产卵孵化期	育雏期*
牛肉(g)	309.3	256.7	309.4	274.5	412.2
鸡蛋(g)	90.7	61.9	89.7	73.8	120.5
窝头(g)	217.5	154.3	205	163.7	349.9

续表

营养物质	非繁殖鹤		繁殖鹤		
	冬春季	夏秋季	发情期	产卵孵化期	育雏期*
虾（g）	127.3	105.4	144.2	119.5	188.3
白条鱼（g）	301	281.8	292.9	246	414.8
鲫鱼（g）	288	205.4	275	246.8	263.1
油菜（g）	–	–	–	17.5	30
玉米粒（g）	85	39.2	70.8	61.2	178.9

*以增加一只鹤鸟的量计算。
注：数据来自北京动物园管理处。

（二）饲喂管理

成体鹤主食饲料在每天上午9点至9点半饲喂。鱼类解冻后，一般在下午13点半至14点饲喂，活的鲫鱼、泥鳅也应根据种鹤不同情况适量添加。饲喂间隔至少应保持4小时。雏鹤的饲喂时间和饲喂次数参见表3–103。

表3–103 雏鹤的饲喂时间和饲喂次数

日龄	饲喂时间	饲喂次数
1~13	5:00—22:00	6~9次
14~29	7:30—18:30	5~6次
30~59	7:30—17:30	5次
60~90	8:00—17:00	4~5次
90~180	9:00—17:00	2~3次

注：数据来自北京动物园管理处。

根据雏鹤实际情况，可在120~180天后按成体鹤饲喂，且每次饲喂食物时应更换饮水。矿物质添加剂可在雏鹤外放时让其自由采食，维生素添加剂在饲料中按比例混匀后饲喂。

五、防疫

（一）消毒

1. 常规性消毒

（1）每年进行一次转笼，让笼舍空置1年，使土壤中的病原体死亡。空笼放入鹤前进行消毒。

（2）进入春季、天气转暖后，在运动场内土地表面撒生石灰消毒，然后深翻土地至少30cm，可以起到一定的杀灭病原微生物的作用；彻底清扫内舍后消毒，建议用含氯的消毒液喷洒地面、围墙，此类消毒药物的半衰期较短。

2. 注意事项

根据情况选择适当的消毒器具和消毒药，并根据要求配制好消毒药；对环境、食盆、水盆、工具等进行消毒；喷洒药液时必须全面，不可有漏喷的地方；消毒范围内不得有动物。

（二）疫苗接种

接种禽流感、新城疫疫苗，并按当地疫情管理要求制定免疫流程并实施。

六、健康检查管理

（一）巡诊

1. 行为观察

（1）觅食行为：繁殖期的黑颈鹤在拾取食物上花费时间较多，在配对期的主要活动是探取食物。在任何时期，黑颈鹤花在捕捉食物和饮水上的时间都很少；雌鹤有较多时间用来觅食，补充自身能量需求，并为繁育积累能量；雄鹤比雌鹤在取食上所花费的时间要短，雄鹤的觅食往往被发出警告、警戒和保卫领域等行为打断。在非繁殖期，黑颈鹤日常活动中最主要的内容是觅食活动，白天大部分时间都在觅食。在9点至11点及下午15点左右出现2次觅食活动高峰。

（2）繁殖期行为：黑颈鹤经常把头放在水中剧烈地抖动和摇动，这个姿势会重复5~10次，然后走到地势较高的地方，晾干和梳理羽毛。当梳理羽毛快结束的时候，黑颈鹤通常会展翅、伸腿，同时头和颈都向前伸；或者低头伸展，身体前倾，头颈水平，肩部抬高几近垂直，并把双翼水平半折叠，但不振翅；抑或身体直立，剧烈振动双翅4~5次。

①发情及求偶行为：包括雌、雄鹤对鸣，绕圈跑动，低头弯腰，然后扇翅抬头向上，作垂直跳跃或叼起草茎等物往空中抛，展翅站立，仰天对鸣等一系列的"舞蹈"形式。

②交配行为：通常是在日出前，成体鹤通常选择一个离营巢地较近且比较平的地方作为交配场所。

③产卵行为：产卵前雌鹤显得不安和紧张，长时间卧巢。产卵时，呈蹲姿，翅落下，腿和翅颤抖。孵化行为，雌雄鹤共同孵卵，雄鹤孵化期间，雌鹤则多为觅食、洗澡或理羽。换孵时，它们在巢上发出共鸣。

（3）领域行为：黑颈鹤具有领域性，繁殖鹤繁殖前的活动中最重要的内容是占据繁殖领域。巢区大小一般与营巢地的环境条件有关，不同环境条件其领域范围变化较大。

2. 生理指标

心率$122.5±2.12$次/分钟，呼吸$11±0.71$次/分钟，体温$41.35±0.21$℃。

3. 粪便

幼鹤刚出生2天内，一般排深绿色胎便；接下来的粪便一般为棕色及白色成形便，有时也会因为食物种类的改变而使粪便颜色有所改变。若出现胶冻状或棕红色粪便，需要马上进行诊治。

（二）寄生虫普查和驱虫

雏鹤应每周进行1次鹤的粪便虫卵检查；成体鹤应每半年采集一次粪便和血液寄生虫普查。体内寄生虫以及时清理笼舍进行预防，血液原虫病以防控传播媒介进行预防。如果实验室检查虫卵是阳性的，须实施治疗性驱虫，并且需要进行追踪性检查和治疗。

1. 蠕虫类寄生虫

会使雏鹤极度衰弱。禽张口虫（盅口属 *Cyathostoma spp* 和比翼线虫属 *Syngamus spp.*)、毛细线虫及蛔虫是圈养鹤类常见的线虫。棘头虫（*Acanthocephala spp.*）可引起肠穿孔和腹膜炎。被感染的鹤可用伊维菌素（1%的溶液按0.02mg/kg皮下注射或口服）、苯硫达唑（100mg/kg口服）、抗虫灵（4.5mg/kg口服）进行治疗，通常用上述药物隔7~10天驱虫2次足以驱除虫体。治疗10~14天后应再进行1次粪检，以确保寄生虫阴性。如果鹤群以往发生过寄生虫病，可用上述药物进行预防。

2. 球虫

雏鹤球虫感染特别严重，如艾美耳球虫和瑞氏艾美耳球虫。球虫不仅寄生于鹤的肠道，还寄生于鹤的内脏器官（如心、肝、肺、肾等）。球虫病主要是雏鹤的临床疾病，所以建议在饲料或饮水中加入抗球虫药。氨丙啉（按0.0175%）可加在饲料或饮水中，或将莫能菌素（按90g/t）加入饲料中定期预防，并将两种药交替使用，可避免雏鹤产生耐药性。应注意监测成体鹤粪便中的球虫卵囊，减少饲养笼舍内的污染和幼鹤感染的机会。球虫感染的雏鹤可用复方新诺明、磺胺二甲氧嘧啶、甲硝唑、呋喃西林或乙胺嘧啶等进行治疗。

3. 血孢子虫

是常见的一种血液寄生虫，由吸血蚊虫传播，呈全球性分布，对野生鸟类的生存构成严重威胁。世界上已发现感染鹤类的血孢子虫有14种。国内、外有很多鸟类感染残疟原虫的报道。北京动物园统计资料显示，1987年以来，每年7至9月下旬，黑颈鹤幼鹤即开始发病，呈急性过程，出现临床症状后1~3天死亡，病程短，病死率达83%。个别鹤转成慢性过程。应加强鹤舍管理，注意鹤舍卫生，定期消毒。对于发生血孢子虫感染的鹤类进行隔离饲养，并使用青蒿素紧急治疗；在发病鹤附近饲养的其他鹤，尤其是幼鹤要密切观察有无异常，给予预防药物。建立隔离篷（进出口有纱网封闭，双层门），防止蚊子等昆虫飞进，采用大功率的排风机进行空气循环，使用前进行消毒、灭蚊。出壳的雏鹤即转移到隔离篷内饲养，在易感期后（每年10月后）进行正常饲养。

（三）专项检查

根据健康检查计划，定期称重，检查粪便、血液，并使用X光检查。根据检查结果，制定相应的护理措施。血液学指标参考值见表3-104。

表3-104 黑颈鹤血液学指标参考值

检测项目	单位	均值	标准差	最小值	最大值	样本数	动物数
白细胞计数（WBC）	$\times 10^3/\mu L$	18.91	8.63	7.16	37.4	28	11
血红蛋白（HGB）	g/dL	14.5	1.4	12.7	15.8	5	3
红细胞比容（HCT）	%	41.5	4.3	30	49	32	13
平均红细胞血红蛋白浓度（MCHC）	g/dL	32	2.5	29.5	34.9	5	3
有核红细胞（NRBC）	/100 WBC	1	0	1	1	1	1
异嗜性粒细胞（H）	$\times 10^3/\mu L$	6.88	2.48	3.37	13	28	11
淋巴细胞（LYM）	$\times 10^3/\mu L$	8.888	6.793	1.08	24.3	28	11
单核细胞（MON）	$\times 10^3/\mu L$	0.562	0.402	0.072	1.502	18	8
嗜酸性粒细胞（EOS）	$\times 10^3/\mu L$	2.527	1.907	0.518	7.283	25	10

续表

检测项目	单位	均值	标准差	最小值	最大值	样本数	动物数
钙(Ca)	mg/dL	9.6	0.5	8.7	10.4	16	9
磷(P)	mg/dL	4.7	1.7	1.5	7.7	17	10
钠(Na)	mEq/L	148	6	138	163	16	9
钾(K)	mEq/L	4.3	1	3.2	6.1	16	9
氯(Cl)	mEq/L	108	5	98	120	16	9
碳酸氢盐(BC)	mEq/L	22.2	3.5	16	27	13	6
尿素氮(BUN)	mg/dL	2	0	2	2	2	2
尿酸(UA)	mg/dL	8.1	2.9	2.8	14.6	17	10
葡萄糖(GLU)	mg/dL	215	27	187	284	17	10
总胆固醇(TC)	mg/dL	172	40	123	276	16	9
肌酸激酶(CK)	IU/L	906	2274	96	9885	18	10
乳酸脱氢酶(LDH)	IU/L	255	116	113	535	15	8
碱性磷酸酶(ALP)	IU/L	261	249	25	1048	16	9
谷丙转氨酶(ALT)	IU/L	29	7	20	43	15	8
谷草转氨酶(AST)	IU/L	226	46	160	319	18	10
γ-谷氨酰转肽酶(γ-GT)	IU/L	6	2	5	12	11	6
总蛋白/比色法(TP)	g/dL	3.1	0.3	2.6	3.5	17	10
球蛋白/比色法(GLB)	g/dL	1.9	0	1.9	1.9	4	4
白蛋白/比色法(ALB)	g/dL	1.6	0.1	1.4	1.6	4	4

注：数据来自国际物种信息系统。

第十九节 火烈鸟健康标准

火烈鸟（*Flamingos*）属鸟纲、鹳形目、红鹳科，《濒危野生动植物种国际贸易公约》（CITES）附录Ⅱ中物种。火烈鸟主要分布在巴哈马群岛、西印度群岛、墨西哥的尤卡坦半岛、南美洲北部和加拉帕戈斯群岛，多栖息于人迹罕至的浅水地区，喜合群，性机警。

一、体况评估

最大的成年雄鸟站立时约1.6m高，雌鸟比雄鸟小一些。2种火烈鸟体重参考值见表3-105、表3-106。

表3-105　美洲火烈鸟的体重

年龄	均值（kg）	标准差（kg）	最小值（kg）	最大值（kg）	样本数（次）	动物数（只）
6~8日龄	0.1639	0.0601	0.1	0.259	15	5
0.9~1.1月龄	0.7373	0.2133	0.38	1.225	40	7
1.8~2.2月龄	1.609	0.494	0.82	2.65	23	13
2.7~3.3月龄	2.352	0.547	1.38	3.62	59	31
5.4~6.6月龄	2.892	0.42	2	3.62	11	9
0.9~1.1岁	2.912	0.401	2.145	3.28	6	5
1.4~1.6岁	3.22	0.522	2	3.864	20	13
2.7~3.3岁	2.625	0.493	1.75	4.091	21	19
4.5~5.5岁	3.101	0.625	2.045	4.2	33	22
14.5~15.5岁	3.448	0.456	2.65	4.091	11	10
19.0~21.0岁	2.783	0.55	1.9	4	39	21

注：数据来自国际物种信息系统。

表3-106　智利火烈鸟的体重

年龄	均值（kg）	标准差（kg）	最小值（kg）	最大值（kg）	样本数（次）	动物数（只）
5.4~6.6月龄	2.338	0.218	2.05	2.72	8	7
2.7~3.3岁	2.584	0.443	1.918	3.173	13	12
4.5~5.5岁	2.477	0.398	1.873	3.2	19	18
9.5~10.5岁	2.547	0.353	1.955	3.3	30	29
14.5~15.5岁	2.781	0.375	2.205	3.691	22	22
19.0~21.0岁	2.672	0.502	1.5	4.1	80	49

注：数据来自国际物种信息系统。

火烈鸟体况评分BCS标准可通过检查其胸部肌肉组织情况，采用5分制系统进行评价。

BCS1消瘦：瘦弱、龙骨急剧而严重地突出。

BCS2偏瘦：龙骨突出，龙骨两侧仅有少量的肌肉。

BCS3合适：龙骨明显，但两侧肌肉结实。

BCS4偏胖：龙骨之上肌肉明显平直，龙骨在肌肉间明显。

BCS5肥胖：龙骨不明显，肌肉在龙骨两侧隆起。

二、种群管理

（一）个体标识

一是环志标记，可以根据需要选择金属环或彩色塑料环，位置在跗关节上部位，并且大小要完全合适，避免对腿造成伤害。二是注射芯片，于颈部左侧中央区域皮下。芯片可能失效，需要定期检查。

（二）种群

火烈鸟是集群生活，常常集中在一个区域站立休息，在繁殖季节，火烈鸟会出现在一个浅水区域内集体营巢。火烈鸟为一夫一妻制，亦有三鸟繁殖组和四鸟繁殖组。一般认为，小种群火烈鸟可以通过安装镜子，增加群体效果，从而激发其繁殖行为。

火烈鸟的繁殖与充沛的雨量、适宜的温度、充足均衡的日光照射等因素有关。

三、场馆安全及展出保障

（一）场馆要求

在设计火烈鸟展示环境时，要考虑其集群的习性，此外，还要考虑其飞行能力强、怕冷、易受惊、腿细长易折断等因素。

1. 笼舍

火烈鸟笼舍要足够大，可采用大型室外全封闭结构，允许火烈鸟自由活动，有攻击性的个体需分开饲养。寒冷地区要设室内笼舍，有取暖设施。室外笼舍要有水面或流水，并通过定时喷雾防止泥土干燥板结，营巢区大小约为$0.9m^2$/只。巢区要足够大，避免产生攻击行为，满足增加的后代需要。巢区应远离游客参观面，尽量避免游客的干扰。巢区、喂食区和休息区需要隔开。室内外的通道，尽可能宽大，防止挤伤。

2. 水池

内外笼舍均要设置水池或水溪，供火烈鸟涉水和洗澡，水池应有一个连续流动的供水系统，要每周清洗换水1~2次。

3. 隔障方式

许多室外展示区采用封闭的网笼，开放的展区利用植被和湖水作为隔障，将展区与游客参观面分隔开。室外展区周围增加防风物，如堤岸、围栏或树林，防止断翅的火烈鸟短距离起飞。火烈鸟的笼舍间需设置视觉障碍物，把它们与周围的笼舍隔开。

4. 地面

室外地面以天然土地面或浅水区较好，对火烈鸟的腿有益。避免陡坡和灌丛，防止火烈鸟被绊倒，在展区不建议种植棕榈、珊瑚树、玫瑰和柳树等植物。室内地面应设有较缓的坡度，便于排水，一般使用混凝土，但火烈鸟的脚长期暴露在潮湿的混凝土中可能会导致脚肿，使用橡胶、乙烯等其他软的合成地表垫层材料更佳，易清洗消毒。

（二）环境要求

火烈鸟怕冷，要考虑温度和湿度，如果夏季气温高，可以在运动场安装喷雾器和洒水装置进行降温。室内外通道要宽敞无障碍，白天在室外场活动，北方冬季要在室内饲养，以适应昼夜温差较大的季节。建议室内温度不低于10℃，不高于17℃。

每年至少清扫一次室内笼舍，清除铺垫物，水池的混凝土边沿和营巢区的边沿要每年检查和修理，防止锋利的边沿伤害火烈鸟的腿。日常维修和草坪修剪作业要与火烈鸟群繁殖周期错开。

（三）展示要求

展示是为游客提供近自然的行为和环境。丰容能够增加火烈鸟的近自然行为。丰容包括视觉、声音刺激、环境丰容、食物丰容等。视觉丰容就是在展区边缘设立镜像，通过镜像为火烈鸟营造大种群的假象，满足其繁殖需求。声音丰容是录下火烈鸟的鸣声，在繁殖季节会对人工回放的同类鸣叫声表现出竞争行为。鸣声回放后警戒增多、鸣叫也增多，行为表现紧张。环境丰容是将细沙砾铺洒在火烈鸟的活动区域、模仿湖边的基地环境，改变展区水池的盐度。把食物分散放到水池、食盆、河沟等不同位置饲喂，并在这些区域加入食盐模拟其咸水生境，增加火烈鸟的取食难度，取食范围的扩大增加了个体运动时间，取食地点分散也减少了食物竞争以及由此产生的争斗行为。可以在大水池中适度增加富含红色素的藻类或水生生物，使其增加对红色素的摄食量以提亮羽色，有利于吸引繁殖对象。

（四）其他要求

在营巢期之前或者第一次观察到筑巢活动时，给巢区提供巢材，制作人工巢作为筑巢引诱物，诱惑火烈鸟进行筑巢。鸟群会选择自己的巢区，重新筑巢。如果发现鸟群在某一个区域筑巢，而不是人工巢上筑巢，需要提供额外足够筑巢用的泥土。巢材应足够湿润，才有利于火烈鸟筑巢，可以通过调整水池位置，淹没营巢区的湖水水位，水池坡度要缓，水池底尽可能平坦，避免绊倒或者滑倒的风险。也可在巢区高处安装洒水装置或水龙带，来控制巢区淹没的程度。洒水装置的开关要远离巢区，减少干扰，干扰会使火烈鸟产生应激。在开展日常工作时也应避免发出尖锐的噪声，尽量将干扰降到最低，为火烈鸟营造一个舒适、安全、低应激的环境。

四、营养健康

（一）饲料日粮

在野外，火烈鸟主要以水生无脊椎动物，如软体动物、甲壳类动物、双翅目昆虫的幼虫为食，另外还有水草种子、藻类等，也采食小鱼虾，食物中富含类胡萝卜素。圈养条件下，主要饲喂虾、鱼、熟鸡蛋、果蔬、颗粒料、米饭、窝头、虾米等饲料，用绞肉机绞成碎末，搅拌均匀后加水投喂。一只成年火烈鸟的饲料配方见表3-107。

表3-107 一只成年火烈鸟的饲料配方

饲料种类	用量(g)	饲料种类	用量(g)
颗粒料	23~25	果蔬	155~160
窝窝头	70~75	熟蛋	50~55
米饭	80~85	鱼	80~85
虾	75~80	虾米	20~25

注：数据来自福州市动物园。

北美圈养火烈鸟食谱中含有的营养物质（以干物质计，不包括水分）见表3-108。

表3-108 北美圈养火烈鸟食谱中的营养物质表

营养物质	单位	日粮（动物园A）	日粮（动物园B）	营养物质	单位	日粮（动物园A）	日粮（动物园B）
水	%	—	10	氯化物	%	0.98	—
粗蛋白	%	32.83	20.3	镁	%	0.20	0.83
粗脂肪	%	7.98	4.93	磷	%	1.05	0.33
维生素A	IU/g	17.55	14.56	钾	%	1.04	0.87
维生素D_3	IU/g	2.97	3.59	钠	%	0.86	0.19
维生素E	IU/g	26.32	240.9	硫	%	0.15	0.75
维生素B_1	mg/kg	1.55	4.71	钙磷比		2.47	2.70
维生素B_2	mg/kg	5.30	15.20	钴	mg/kg	2.31	1.25
维生素B_3	mg/kg	36.15	64.90	铜	mg/kg	11.84	50.83
维生素B_6	mg/kg	2.31	5.98	碘	mg/kg	2.49	1.25
维生素B_{12}	mg/kg	0.01	2.16	铁	mg/kg	107.11	181
叶酸	mg/kg	0.79	1.23	锰	mg/kg	59.25	75
泛酸	mg/kg	10	31.10	硒	mg/kg	2.25	0.72
维生素C	mg/kg	38.94	—	锌	mg/kg	58.41	221
钙	%	2.59	0.89				

注：数据来自范海渤译，2010。

（三）饲喂管理

火烈鸟通过喙从水中或者泥土中过滤采食细小有机体获取营养。因此，需要将食物加工成1~5mm左右颗粒，然后加水搅拌均匀。饲喂的方式可以多样化，如食盆可直接放置在水中或把食物分散放到水池、河沟等不同位置饲喂，并在这些区域加入食盐模拟其咸水生境，增加火烈鸟的取食难度，增加个体取食时间。要有充足的采食地点，以及食盆保持适当的间距，可以减少火烈鸟攻击行为。火烈鸟可以从各个方向接近食盆取食，地位较低的火烈鸟也能够轻易逃走躲避。根据季节变化和采食情况，对饲喂量进行适当调整。

五、防疫

（一）消毒

1. 常规性消毒

冬季内舍每周1次，其余季节每周2次，外舍每月消毒1次。选用喷雾方式进行。食槽应每日清洗，消毒至少每周1次，高温季节加大消毒频次，可采用浸泡消毒。水池应每天清理漂浮物、食物残渣等垃圾，定期换水，冬天每周不少于1次，清洗水池后可以采用消毒剂刷洗，较少用到的水池可1至2周换水1次。饲养通道设置消毒池（垫），进出对鞋底进行消毒。操作面擦拭消毒，工具采用浸泡消毒，果蔬等饲料切配前可采用浸泡法消毒，消毒完成后流水冲洗干净。清扫工具用后冲洗清洁，可采用化学消毒剂浸泡或者喷洒消毒，悬挂晾干。

2. 临时性消毒

当火烈鸟发生或疑似发生疾病时，需对环境进行消毒。火烈鸟解除隔离、转移、痊愈、死亡后，对环境进行1次终末消毒。火烈鸟进入新的笼舍时，该笼舍要先消毒。火烈鸟驱虫后应对笼舍进行连续3次消毒。患病动物治疗期每天对所处环境消毒1次,治疗结束后进行1次全面消毒。

3. 注意事项

(1)消毒方式:选择合适的消毒设施设备、消毒方法和消毒剂进行消毒工作,确保环境、人及动物的健康与安全。喷洒药液时必须全面,不可有漏喷的地方,消毒范围内不得有动物。

(2)消毒剂的选择:尽量选择杀灭作用良好,对人、动物及物品损害轻微并符合环保要求的消毒剂,满足必要的消毒时间及其配制与使用。消毒剂定期更换、轮换使用。

(3)消毒剂的使用:消毒剂按照产品说明书的规定使用,根据消毒区域或者区域面积(体积)等计算消毒剂用量,所需消毒剂应准确称量,配置浓度应符合消毒要求,达到消毒目的,宜现用现配。

(4)人员安全防护:消毒人员需要了解消毒知识、技能、操作流程,可以熟练操作消毒设施设备及配置消毒液。消毒过程中,不随意出入消毒区域,禁止无关人员进入消毒区内,应戴耐盐酸的胶皮手套、防护镜、口罩等防护用品,防止过敏及对皮肤、黏膜的损伤。

(二)疫苗接种

禽流感(H5N1)灭活苗和新城疫活疫苗或灭活苗的免疫。

六、健康检查

(一)巡诊

由于火烈鸟易受惊吓,难以进行常规体况测量,所以主要是通过主管保育人员日常观察,包括动物精神、采食情况、个体行为、粪便、被毛等情况。发现有异常的动物应进行重点观察,特别是病程的变化要有详细的记录,并与兽医联动。

1. 精神和行为

火烈鸟正常集群活动，单脚站立休息，用喙过滤取食。患病的临床征兆包括精神萎靡、食欲减退、离群独居或者被其他鸟作弄、"两眼呆滞"、羽毛磨损、长期成对的鸟分离，伴随着其他征兆的双腿战栗、虚弱、无采食行为和产卵。

2. 体温

2种火烈鸟体温参考值见表3-109和表3-110。

表3-109 美洲火烈鸟的体温

性别	均值（℃）	标准差（℃）	最小值（℃）	最大值（℃）	样本数（次）	动物数（只）
雄性	39	0	39	39	1	1
雌性	37	0	37	37	2	1
全部	37.7	2.2	37	39	3	2

注：数据来自国际物种信息系统。

表3-110 智利火烈鸟的体温

性别	均值（℃）	标准差（℃）	最小值（℃）	最大值（℃）	样本数（次）	动物数（只）
全部	38	0	38	38	2	1

注：数据来自国际物种信息系统。

3. 粪便

观察粪便的外观和黏稠度。图中的A、B、C均为火烈鸟正常粪便，见图3-15。

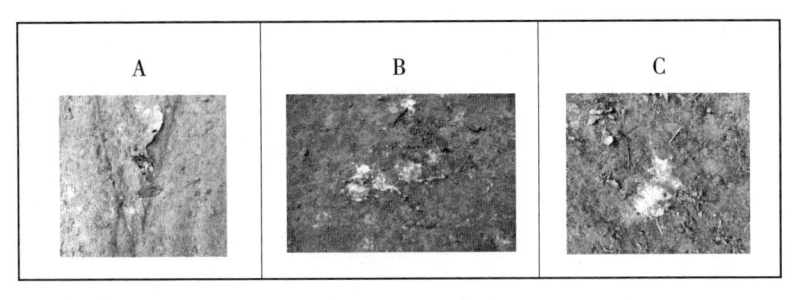

图3-15 火烈鸟正常粪便

（二）寄生虫普查和驱虫

每年春季（4至5月）、秋季（9至10月）取粪便3~5处，共5~10g，进行检查。如果实验室检查虫卵是阳性的，须实施治疗性驱虫，并且需要进行追踪性检查。如果是阴性就要进行预防性驱虫。

1. **预防性驱虫**

根据虫种可选用阿苯达唑，左旋咪唑、甲苯咪唑、吡喹酮等药物进行轮换用药。掺入精料中投喂，1日1次，连服3日。

2. **治疗性驱虫**

根据检查结果确定服用驱虫药种类和剂量，通常以线虫为主的用药可选择阿苯达唑（8~10mg/kg）、甲苯咪唑（8~10mg/kg）或左旋咪唑（2~3mg/kg）；若是绦虫可考虑吡喹酮（20~25mg/kg）；吸虫可考虑三氯苯唑（5mg/kg）。驱虫效果不理想时可考虑联合用药。

3. **注意事项**

驱虫应尽量避开繁殖期；驱虫给药安排在上午；感染动物完成驱虫后，要再次进行粪便检查，以检查驱虫效果；驱虫工作应与消毒工作结合进行，投药后进行兽舍消毒；对发病体弱动物，原则上应暂缓驱虫，待病愈后再行驱虫。特殊情况时可小剂量、多次给药；火烈鸟易对驱虫药产生不同程度的过敏反应，可少量、多次、间歇性进行驱虫。

（三）专项检查

根据健康检查计划，观察动物的行为、粪便、取食、精神等，化验血液、进行X光检查。血常规指标和血液生化指标参考范围见表3-111至表3-114。

表3-111 火烈鸟血常规指标参考范围

参数	单位	美洲火烈鸟	智利火烈鸟	大火烈鸟	小火烈鸟
红细胞计数（RBC）	$\times 10^6/\mu L$	1.12~1.85	2.44~2.93	2.3~3.1	2.4~2.9
红细胞比容（HCT）	%	37.95~57.83	41~51	43~57	46~54
血红蛋白（HGB）	g/dL	9.22~17.65	14.1~18.1	16.6~20.9	15.2~19.5
平均红细胞体积（MCV）	fL	234.31~419.06	161.7~182.4	168~210	179~195
平均红细胞血红蛋白含量（MCH）	pg/cell	57.82~125.35	57.3~64.8	62.9~73.9	55.4~70.5
平均红细胞血红蛋白浓度（MCHC）	g/dL	20.42~35.87	33.3~37.9	33.5~39.1	30.8~37.5
白细胞计数（WBC）	μL	1531~15898	1600~9000	900~4500	3800~8500
异嗜性粒细胞（H）	μL	589~12445	410~4740	570~2620	1700~6870
淋巴细胞（LYM）	μL	927~14504	820~2610	490~1680	530~2370
单核细胞（MON）	μL	3~1418	0	0~130	0~340

续表

参数	单位	美洲火烈鸟	智利火烈鸟	大火烈鸟	小火烈鸟
嗜碱性粒细胞（BAS）	μL	0~4629	0~360	0~350	0~230
血小板（PLT）		适当	6000~33000	1400~35000	3000~23000
血浆蛋白（PP）		5.29~8.08	—	—	—
纤维蛋白（FIB）	mg/dL	40~600	130~360	140~330	140~290

注：数据来自范海渤译，2010；邓丽玲等，2021。

表3-112 圈养美洲火烈鸟血液生化指标参考范围

参数	单位	参考范围	参数	单位	参考范围
总蛋白（TP）	g/dL	3.18~4.94	尿素氮（BUN）	μmol/L	9~275
白蛋白（ALB）	g/L	14~18	尿酸（UA）	mg/dL	3.73~22.10
球蛋白（GLB）	g/L	23.4~35.5	葡萄糖（GLU）	mg/dL	107.22~288.32
钙（Ca）	mg/dL	4.95~21.78	乳酸脱氢酶（LDH）	IU/L	47.74~696.94
磷（P）	mg/dL	1.11~6.76	碱性磷酸酶（ALP）	IU/L	18.26~737.55
钠（Na）	mEq/L	139.5~160.2	肌酸激酶（CK）	IU/L	157.15~3521.44
钾（K）	mEq/L	1.86~6.76	谷草转氨酶（AST）	IU/L	70.42~475.72
氯（Cl）	mEq/L	110.55~123.3			

注：数据来自范海渤译，2010；邓丽玲等，2021。

表3-113 美洲火烈鸟血液学指标参考值

检测项目	单位	均值	标准差	最小值	最大值	样本数	动物数
白细胞计数（WBC）	$\times 10^3/\mu L$	12.35	7.12	1.8	52.6	642	271
红细胞计数（RBC）	$\times 10^6/\mu L$	2.64	0.95	1.17	6	346	144
血红蛋白（HGB）	g/dL	15.3	1.9	9.5	22.1	272	100
红细胞比容（HCT）	%	45.2	5.6	29	64	721	310
平均红细胞体积（MCV）	fL	187.7	55.8	88.5	429.1	339	142
平均红细胞血红蛋白含量（MCH）	pg/cell	63.1	17.1	27.3	120.3	258	90
平均红细胞血红蛋白浓度（MCHC）	g/dL	33.1	3.1	24.8	52.6	272	100
有核红细胞（NRBC）	/100WBC	0	0	0	0	8	8
异嗜性粒细胞（H）	$\times 10^3/\mu L$	4.494	3.469	0.242	34.3	639	269
淋巴细胞（LYM）	$\times 10^3/\mu L$	6.994	5.546	0.082	43.7	639	269
单核细胞（MON）	$\times 10^3/\mu L$	0.565	0.622	0.018	4.37	378	199
嗜酸性粒细胞（EOS）	$\times 10^3/\mu L$	0.551	0.596	0.022	4.239	455	205
嗜碱性粒细胞（BAS）	$\times 10^3/\mu L$	0.354	0.349	0.025	2.63	303	139
嗜苯胺蓝细胞（A）	$\times 10^3/\mu L$	0	0	0	0	8	8
钙（Ca）	mg/dL	11.1	1.8	6.2	21.8	492	235
磷（P）	mg/dL	3.7	2.1	0.5	14.2	354	181
钠（Na）	mEq/L	153	7	117	168	296	135

续表

检测项目	单位	均值	标准差	最小值	最大值	样本数	动物数
钾（K）	mEq/L	2.8	0.8	1.4	6.5	297	135
氯（Cl）	mEq/L	112	11	73	134	270	119
碳酸氢盐（BC）	mEq/L	0	0	0	0	1	1
二氧化碳（CO_2）	mEq/L	16.4	4.4	7	33	90	34
渗透浓度/渗透压（OSM）	mOsmol/L	303	8	288	319	20	6
铁（Fe）	μg/dL	161	81	0	370	32	9
镁（Mg）	mg/dL	2.31	0.93	0	4.02	13	8
尿素氮（BUN）	mg/dL	3	1	0	6	138	60
肌酐（CR）	mg/dL	0.3	0.2	0	0.8	156	71
尿酸（UA）	mg/dL	7.5	4.4	1.1	29.6	502	233
总胆红素（TBIL）	mg/dL	0.7	0.6	0	2.2	129	61
直接胆红素（DBIL）	mg/dL	0	0.1	0	0.2	49	17
间接胆红素（IBIL）	mg/dL	0.8	0.6	0	2.2	49	17
葡萄糖（GLU）	mg/dL	211	56	72	430	467	213
总胆固醇（TC）	mg/dL	366	102	0	658	284	136
甘油三酯（TG）	mg/dL	273	166	44	1456	99	46
肌酸激酶（CK）	IU/L	639	652	0	3750	309	157
乳酸脱氢酶（LDH）	IU/L	313	400	36	2624	280	140
碱性磷酸酶（ALP）	IU/L	102	169	7	1121	261	129

续表

检测项目	单位	均值	标准差	最小值	最大值	样本数	动物数
谷丙转氨酶（ALT）	IU/L	28	24	3	178	220	94
谷草转氨酶（AST）	IU/L	211	99	0	745	504	234
γ-谷氨酰转肽酶（γ-GT）	IU/L	8	8	0	35	55	30
淀粉酶（AMY）	U/L	293	140	86	723	40	30
脂肪酶（LPS）	U/L	11	11	0	22	3	3
总蛋白/比色法（TP）	g/dL	4.8	1	2.7	8.5	454	208
球蛋白/比色法（GLB）	g/dL	2.9	0.8	1.1	5.4	340	159
白蛋白/比色法（ALB）	g/dL	2	0.7	0.8	5.1	360	166
纤维蛋白原（FIB）	mg/dL	200	134	0	600	29	21
球蛋白/电泳法（GLB）	g/dL	0.7	0.2	0.3	1.3	47	23
白蛋白/电泳法（ALB）	g/dL	3.2	0.7	2	4.5	22	14
α-球蛋白/电泳法（α-GLB）	mg/dL	387.5	208.5	230	670	4	3
α1-球蛋白/电泳法（α1-GLB）	mg/dL	21.5	63.3	0.1	330	45	23
α2-球蛋白/电泳法（α2-GLB）	mg/dL	37.6	120.9	0.1	580	45	22
β-球蛋白/电泳法（β-GLB）	mg/dL	140.8	290.5	0.4	910	49	25

注：数据来自国际物种信息系统。

表3-114 智利火烈鸟血液学指标参考值

检测项目	单位	均值	标准差	最小值	最大值	样本数	动物数
白细胞计数（WBC）	$\times 10^3/\mu L$	10.51	8.794	0.97	69.2	487	210
红细胞计数（RBC）	$\times 10^6/\mu L$	2.49	0.77	1.04	6.4	307	114
血红蛋白（HGB）	g/dL	15.1	2	9.4	22	151	71
红细胞比容（HCT）	%	44.3	5.2	30	64	558	221
平均红细胞体积（MCV）	fL	192.1	60.3	69.4	414.8	305	113
平均红细胞血红蛋白含量（MCH）	pg/cell	57.3	12.7	33.3	110	88	40
平均红细胞血红蛋白浓度（MCHC）	g/dL	33.3	2.9	22.2	43	151	71
有核红细胞（NRBC）	/100 WBC	2	2	0	3	2	2
网织红细胞（RC）	%	0	0	0	0	1	1
异嗜性粒细胞（H）	$\times 10^3/\mu L$	3.264	3.551	0.168	47.5	440	198
淋巴细胞（LYM）	$\times 10^3/\mu L$	6.786	7.447	0.372	66	449	199
单核细胞（MON）	$\times 10^3/\mu L$	0.391	0.556	0.024	4.154	243	136
嗜酸性粒细胞（EOS）	$\times 10^3/\mu L$	0.615	1.151	0.025	8.86	141	101
嗜碱性粒细胞（BAS）	$\times 10^3/\mu L$	0.536	1.175	0.03	7.7	128	87
钙（Ca）	mg/dL	11.1	1.4	7.6	16.7	424	199
磷（P）	mg/dL	6.4	8.9	0.4	46.9	300	156
钠（Na）	mEq/L	155	6	133	178	232	120

续表

检测项目	单位	均值	标准差	最小值	最大值	样本数	动物数
钾（K）	mEq/L	2.8	0.8	1.3	6	235	123
氯（Cl）	mEq/L	114	10	81	148	216	107
碳酸氢盐（BC）	mEq/L	13.2	7.7	0	19	5	3
二氧化碳（CO_2）	mEq/L	14.2	4	6	25	44	20
渗透浓度/渗透压（OSM）	mOsmol/L	316	5	306	327	20	5
铁（Fe）	μg/dL	72	33	0	122	11	5
镁（Mg）	mg/dL	2.65	0.84	0	4.09	30	13
尿素氮（BUN）	mg/dL	2	2	0	12	217	85
肌酐（CR）	mg/dL	0.4	0.2	0	1.1	167	75
尿酸（UA）	mg/dL	5.2	2.9	0	18.1	446	196
总胆红素（TBIL）	mg/dL	0.4	0.3	0	1.3	142	63
直接胆红素（DBIL）	mg/dL	0.1	0.1	0	0.3	33	17
间接胆红素（IBIL）	mg/dL	0.4	0.3	0	1.3	33	17
葡萄糖（GLU）	mg/dL	201	46	76	368	442	194
总胆固醇（TC）	mg/dL	324	82	0	550	329	154
甘油三酯（TG）	mg/dL	228	90	39	500	132	55
肌酸激酶（CK）	IU/L	758	810	0	3995	239	136
乳酸脱氢酶（LDH）	IU/L	273	207	62	1122	190	90
碱性磷酸酶（ALP）	IU/L	66	59	3	422	280	127

续表

检测项目	单位	均值	标准差	最小值	最大值	样本数	动物数
谷丙转氨酶（ALT）	IU/L	25	17	4	126	257	104
谷草转氨酶（AST）	IU/L	217	108	44	808	453	203
γ-谷氨酰转肽酶（γ-GT）	IU/L	9	9	1	61	54	27
淀粉酶（AMY）	U/L	339	86	146	551	98	44
脂肪酶（LPS）	U/L	24	14	14	34	2	2
总蛋白/比色法（TP）	g/dL	5	1	2.6	9.1	451	190
球蛋白/比色法（GLB）	g/dL	3.3	0.9	1.4	7.2	270	139
白蛋白/比色法（ALB）	g/dL	1.8	0.6	0.7	4.2	272	141
球蛋白/电泳法（GLB）	g/dL	1	1	0.5	6	56	35
白蛋白/电泳法（ALB）	g/dL	3.2	0.4	2.1	3.9	41	25
α-球蛋白/电泳法（α-GLB）	mg/dL	1140	0	1140	1140	1	1
α1-球蛋白/电泳法（α1-GLB）	mg/dL	0.6	0.4	0.1	1.6	56	33
α2-球蛋白/电泳法（α2-GLB）	mg/dL	0.5	0.1	0.2	0.9	54	32
β-球蛋白/电泳法（β-GLB）	mg/dL	15.7	75.2	0.3	400	50	30

注：数据来自国际物种信息系统。

第二十节 斑嘴环企鹅健康标准

斑嘴环企鹅（*Spheniscus demersus*）属于鸟纲、企鹅目、企鹅科、环企鹅属。分布于非洲西南岸。胸部有黑纹及黑点，体羽背部黑色，腹羽白色，并杂有道黑色横纹，两翼演变退化成鳍状，通体羽毛细小呈鳞状，有3个脚趾，趾间生蹼，还有一小趾分生在后方，无蹼。此外，它们的舌头表面上布满了圆钉状的乳头，适于取食黏滑的鱼类等食物。

一、体况评估

斑嘴环企鹅，体高68~70cm，体重2~5kg，斑嘴环企鹅体重参考值见表3-115、表3-116，雄鸟的体型及鸟喙都较雌鸟大。

表3-115 斑嘴环企鹅的体重

年龄	均值(kg)	标准差(kg)	最小值(kg)	最大值(kg)	样本数(次)	动物数(只)
0.9~1.1月龄	1.319	0.298	0.692	1.99	43	14
1.8~2.2月龄	2.834	0.33	2	3.73	127	27
2.7~3.3月龄	2.78	0.411	1.818	3.864	65	32
5.4~6.6月龄	2.938	0.509	2.4	3.65	15	15
0.9~1.1岁	2.665	0.313	2.17	3.5	24	20
1.4~1.6岁	3.066	0.827	2.105	4.773	13	13
1.8~2.2岁	2.907	0.421	2.3	3.912	73	35
2.7~3.3岁	3.045	0.457	2.26	4.18	69	35
4.5~5.5岁	3.107	0.539	1.76	4.56	175	68
9.5~10.5岁	3.024	0.581	1.66	4.545	52	27
14.5~15.5岁	3.42	0.494	2.45	4.318	51	18
19.0~21.0岁	3.25	0.527	2.359	4.5	47	16

注：数据来自国际物种信息系统。

表3-116　上海动物园5只斑嘴环企鹅不同月份体重表（g）

编号	性别	年龄	1月	2月	3月	4月	5月	6月	7月	8月	9月	10月	11月	12月
1	♀	12Y	2975	2775	2500	2525	2770	2550	2870	2985	2840	2520	2975	2555
2	♀	7Y	2490	2625	2435	2385	3135	2910	2900	3150	2770	3100	2840	2810
3	♂	8Y	3615	3310	3170	3150	4020	3085	3370	3570	3625	3570	3665	3555
4	♂	6Y	2870	3275	3050	2950	3015	2865	3115	3080	3595	3420	3420	3210
5	♂	4Y	3450	3778	4296	3390	3450	3646	3846	3830	3938	3694	3500	3076

注：数据来自上海动物园。

斑嘴环企鹅体况评分BCS标准采用5分制系统进行评价。体况评估会有季节性变化。健康企鹅在换羽后BCS趋向2，在换羽前趋向5。

BCS1消瘦：腹肌萎缩，瘦骨嶙峋，几乎没有胸肌，胸部几乎凹陷，龙骨锋利，下肢明显，背部棱角分明，可见臀部，突出叉骨，可见肩部棱角分明，没有脂肪储备。

BCS2偏瘦：全身显现棱角分明，胸肌、龙骨可见但仍然是圆的，背部中度棱角分明，小腿可见，肩膀开始显现但仍然是圆的。

BCS3合适：胸肌圆整，龙骨不可见，可适度触及，背部呈中等角度，可看见部分腿，肩膀圆整。

BCS4偏胖：外观呈圆形，胸肌在龙骨两侧隆起，龙骨不可见，触摸不可。背部开始变圆，腿很少可见。

BCS5肥胖：外观滚圆，皮下脂肪形成圆形身体，胸肌覆盖龙骨，龙骨不可见也不可触及，背部脂肪沉积，腿不可见，靠近脚部和尾部的脂肪形成围裙状。

二、种群管理

(一) 个体标识

1. 电子芯片标记

采用芯片标识法,在左侧颈部区域位置植入。

2. 标志环标记

采用翅圈环法。

(1) 塑料带扣:塑料带扣分不同的颜色,每只企鹅使用一个特定的颜色组合。

(2) 金属标号牌:铝制金属标号牌上刻有号码,代表企鹅编号。因铝制较软,可以直接弯曲固定在鳍状肢上端。这种标识的方法虽然在识别个体上一目了然,但金属标志环环绕太松容易脱落丢失,环绕太紧,会对鳍状肢造成伤害。

(3) 塑料带扣和金属号码牌组合标志环:即第一种和第二种的组合。铝制金属牌上刻上不同号码,用以标识企鹅个体,用塑料带扣固定在鳍状肢上。

使用翅圈环时,必须进行严密监测,特别是在企鹅换羽季。企鹅换羽时,体重增加,鳍状肢也会增大。标志环过紧,会限制血液循环,对企鹅造成伤害。冬季,塑料带扣因为气温过低,容易变脆、断裂,应加强观察。一旦标志环断裂或脱落,需立即更新补充,更要防止企鹅吞下脱落的塑料带扣。

(二) 种群

斑嘴环企鹅性情温和,平时多以家庭为单位聚集,但也喜欢聚集在一起成群活动,建议种群大小不少于10只。斑嘴环企鹅为一夫一妻制,群体中的企鹅拥有平等的等级序列。斑嘴环企鹅4岁性成熟,也有过2岁雄性企鹅成功配对受精并孵化成功,发情期间雄性个体变得敏感，经常争斗，领地意识强，驱赶殴打路过巢箱的无辜企鹅。产卵多在夜间或清晨，每窝共产2枚卵，2卵之间间隔3~4天。

三、场馆安全及展出保障

（一）场馆要求

斑嘴环企鹅怕冷，分室内展示和室外展示。北方地区一定要有室内展示。针对不封闭的常温饲养展区，必须具备相应的内舍，以根据季节变化来调整对外展示时间，也可以避免企鹅在夜间遭受流浪猫、貉、黄鼠狼等有害生物的猎杀。

1. 室内展区

室内展区包括水池和陆地部分。水质应清洁，水池深度在1.2~1.5m左右，陆地面积要根据动物的数量来确定。展区应至少2间，可以根据企鹅数量多少、企鹅的不同生长阶段、生物学阶段（如繁殖期）进行饲养调整。室内展区必须具备良好的通风、排水、空调系统，不同的室内应提供独立的空气和水循环系统。

2. 室外展区

环属企鹅整个展区参照企鹅野外生存环境，错落有致的布置砂地、山洞、高坡、植物、水流等。具体来说，企鹅室外展区应当包括下列组成：

（1）陆地：要充足，能容纳全部企鹅，并且预留陆地面积时，必须考虑繁殖期企鹅领土的争夺以及筑巢区域。筑巢区域应布置在展区靠内一侧，远离游客。巢区布置应相对隐蔽，让企鹅在繁殖季免受游客带来的压力，可留出一部分巢区让游客可见。为保障企鹅福利，展区内要布置岩石、山洞等隐蔽点，保证企鹅在任何时间都有远离公众视线的机会。

（2）水池：供企鹅游泳、洗浴和饮水。水池水位由浅至深，浅处

0.2m，最深处1.5m左右。靠近游客参观道的水池面可适当使用玻璃面展出，便于游客观看企鹅在水中的游泳活动。定时进行水循环处理，保障水的质量。

3. 工作通道

展区必须具备工作人员清理、维修水池的工作通道和出口。工作通道和出口要隐藏在展区内侧，远离游客。通过高低错落的设计或不同基材的使用，使安全通道和出口融合在展区内，达到美化展区的目的。

（二）其他要求

企鹅易发曲霉菌病，整个展区应向阳，确保有足够的阳光。室内水池要有过滤消毒设备，可以采用臭氧消毒，定时抽样检测浓度，保障有效，防止伤害动物。另外，录像监控设备是一个非常好的工具，可用来协助观察记录企鹅繁殖、交配、育雏等行为。

四、营养健康

（一）饲料日粮

理想的食物配比应当是高脂肪鱼、低脂肪鱼与适量的营养补充剂的相互补充。冷冻深海鱼是圈养企鹅的主要食物，每日解冻当日的食量。补充维生素E和维生素B1等。目前没有研究能确切地给出企鹅特定的营养物质需求。参考美国国家研究委员会（National Research Council，简称NRC）给出的家养鸟及家养猫的营养物质需求概略，综合野生企鹅食物营养组成和圈养食物可利用性的数据，给出了最低日粮营养物质建议含量见表3-117。

表3-117 成年企鹅日粮中最低能量和营养物质含量

营养物质	单位	最低含量	营养物质	单位	最低含量
总能量	kcal/g	4.5	铜	mg/kg	5
粗蛋白	%	35	锰	mg/kg	5
粗脂肪	%	10	锌	mg/kg	50
钙	%	0.8	硒	mg/kg	0.2
磷	%	0.6	维生素A	IU/Kg	3500
镁	%	0.05	维生素D	IU/Kg	500
钾	%	0.5	维生素E	IU/Kg	400
钠	%	0.2	维生素B_1	mg/kg	100
铁	mg/kg	80			

该表以干物质计。
注：数据来自上海动物园。

（二）饲喂管理

采用自主取食的饲喂方法时，需要保证食物未变质。如食物有剩余应及时清理，避免微生物滋生。额外补充维生素和矿物质时，可将这些药剂隐藏在鱼的嘴里或者鳃中进行单独饲喂，保证每只企鹅摄入有针对性的营养物质。

每日至少2次喂食，在换羽之前和繁殖期可以适当增加喂食次数。在圈养过程中，应根据企鹅不同的生活时期对食物饲喂量进行调整。圈养成年企鹅平均每天的摄食量是其体重的10%～14%。提供的食物尺寸应当适合企鹅喙部的大小，以便于企鹅能够整个吞咽下食物。

五、防疫

（一）消毒

目前使用较多的消毒液有次氯酸钠、含碘消毒剂、季铵盐类消毒剂、过氧化物等。漂白水、过氧乙酸等消毒剂对企鹅的眼睛、黏膜和皮肤有刺激性，吸入呼吸道、皮肤接触、误食、误入眼等都会造成不同程度的中毒，应避免高浓度消毒剂直接接触企鹅。

每天对室内展区进行消毒，轮换使用消毒药，室内展区还可使用紫外线消毒。室外展区的消毒每周2次，水池换水时进行消毒。

（二）疫苗接种

应根据不同动物园的实际情况确定免疫的疫苗种类和免疫策略，并可根据抗体滴度合理制定和调整免疫接种程序。免疫接种程序可参见表3-118。

表3-118 斑嘴环企鹅免疫程序

日龄	疫苗	接种方式	剂量
14日龄	新城疫、传支二联弱毒苗	点眼	
30日龄	禽流感灭活苗	肌注	0.5mL
	新城疫、传支二联弱毒苗	点眼	
45日龄	新城疫灭活苗	肌注	0.5mL
5月龄	禽流感灭活苗	肌注	1.0mL
	新城疫、传支二联弱毒苗	点眼	
5个半月龄	新城疫灭活苗	肌注	1.0mL
15月龄	新城疫灭活苗	肌注	1.0mL
	禽流感灭活苗	肌注	1.0mL
	新城疫、传支二联弱毒苗	点眼	

以后每半年1次。在接种疫苗前后1周采血进行抗体滴度测定，抗体滴度大于4，才能起到保护作用。

注：数据来自上海动物园。

六、健康检查

（一）巡诊

1. 体温

体温参考值见表3-119。

表3-119 斑嘴环企鹅的体温

性别	均值（℃）	标准差（℃）	最小值（℃）	最大值（℃）	样本数（次）	动物数（只）
雄性	37.8	2.5	34	40	16	12
雌性	37.3	2.2	35	39	13	12
全部	37.6	2.3	34	40	29	22

注：数据来自国际物种信息系统。

2. 行为观察

了解企鹅体重、食欲变化。观察摄食、活动、行为、社交、粪便、被毛、精神等状况。游泳时，用翅膀划水，速度很快。斑嘴环企鹅的眼睛十分适合水中视物，虹膜较暗，在眼睛周围和上嘴的基部都有粉红色的裸露皮肤；它们眼睛上有粉红色的腺体，若体温上升，体内会有较多血液流经这个腺体，从而降温。

（二）寄生虫普查和驱虫

每年2次常规体内外驱虫（接种疫苗前）。取企鹅新鲜粪便，实验室镜检，检查寄生虫虫卵。根据检查结果，阴性的需要每年进行预防性驱虫，阳性的要根据虫卵选择驱虫药物。伊维菌素与阿苯达唑，是企鹅预防性驱虫的首选药物。

（三）专项检查

根据健康检查计划进行专项检查，专项检查多需要在保定的状态下进行。

1. 保定

（1）物理保定：可用环形网捕捉，但通常可用1只手吸引它们的注意力，用另1只手快速抓住它们的颈背部，然后控制头和喙。5kg以下的企鹅可直接抓颈部将其拎起，捕捉者不应将企鹅靠近自己身体，以免被翅膀拍到。如果需要较长时间的保定或转运，则要用另一手在泄殖腔下托住，以承担身体的重量，或将其夹在小臂下，使身体重量放在小臂上。翅膀用小臂和身体保定。大型企鹅需要2个人来保定，1个人控制头，另1个人控制翅膀。

（2）化学保定：通过面罩用异氟醚可以很容易地麻醉企鹅，并维持麻醉。因为企鹅的气管分叉。所以气管内插管很困难。有些人建议使用Cole管进行插管。

2. 血液学指标

采血一般选择内侧跖静脉、肱静脉或右侧颈静脉。血常规指标和血液生化指标见表3-120至表3-122。

表3-120 斑嘴环企鹅血常规参考值

检测项目	单位	参考值	检测项目	单位	参考值
白细胞计数（WBC）	个/mm^3	4000~20000	嗜酸性粒细胞（EOS）	%	0~10
淋巴细胞（LYM）	%	10~30	嗜碱性粒细胞（BAS）	%	0~10
单核细胞（MON）	%	1~2	红细胞计数（RBC）	万/mm^3	115~300
中性粒细胞（NEUT）	%	58~80	血红蛋白（HGB）	g/dL	8~16

血红蛋白低于8g/dL时可视黏膜偏白，运动减少。

注：数据来自上海动物园。

表3-121 斑嘴环企鹅血液生化参考值

检测项目	单位	参考值	检测项目	单位	参考值
尿素氮（BUN）	mmol/L	0.7~2.3	总胆红素（TBIL）	μmol/L	0.1~2.5
肌酐（CR）	μmol/L	8~39	总胆固醇（TC）	mmol/L	6.08~11.68
尿酸（UA）	μmol/L	444~1173	甘油三酯（TG）	mmol/L	0.38~0.58
总蛋白（TP）	g/L	45~68	磷（P）	mmol/L	0.73~1.69
白蛋白（ALB）	g/L	19~29	钙（Ca）	mmol/L	2.83~3.83
球蛋白（GLB）	g/L	24~45	淀粉酶（AMY）	U/L	1920~4800
谷丙转氨酶（ALT）	U/L	13~98	碱性磷酸酶（ALP）	U/L	32~173

产蛋前企鹅钙（Ca）值上升很高；总胆固醇（TC）在换羽前后变化很大。
注：数据来自上海动物园。

表3-122 斑嘴环企鹅血液学指标参考值

检测项目	单位	均值	标准差	最小值	最大值	样本数	动物数
白细胞计数（WBC）	$\times 10^3/\mu L$	15.46	8.08	2.7	42.7	388	167
红细胞计数（RBC）	$\times 10^6/\mu L$	1.83	0.47	0.92	3.8	283	113
血红蛋白（HGB）	g/dL	13.7	3.9	5.7	27.5	265	97
红细胞比容（HCT）	%	44.9	8	23	63	553	201
平均红细胞体积（MCV）	fL	248.9	53	128.5	520	277	112
平均红细胞血红蛋白含量（MCH）	pg/cell	81.5	20.7	38	152.4	206	70

续表

检测项目	单位	均值	标准差	最小值	最大值	样本数	动物数
平均红细胞血红蛋白浓度（MCHC）	g/dL	31.9	5.7	12.2	52.9	263	97
血小板计数（PLT）	$\times 10^3/\mu L$	114	79	0	200	13	11
有核红细胞（NRBC）	/100 WBC	0	0	0	0	1	1
网织红细胞（RC）	%	0	0	0	0	1	1
异嗜性粒细胞（H）	$\times 10^3/\mu L$	8.899	5.045	1.23	32.5	379	164
淋巴细胞（LYM）	$\times 10^3/\mu L$	5.685	4.513	0.321	33.2	380	166
单核细胞（MON）	$\times 10^3/\mu L$	0.764	0.874	0.043	6.336	266	118
嗜酸性粒细胞（EOS）	$\times 10^3/\mu L$	0.403	0.357	0.004	1.8	163	86
嗜碱性粒细胞（BAS）	$\times 10^3/\mu L$	0.411	0.346	0.029	2.7	166	88
钙（Ca）	mg/dL	10.6	1.7	7	20	379	186
磷（P）	mg/dL	3.8	2	0.7	11.9	270	134
钠（Na）	mEq/L	151	6	118	169	240	120
钾（K）	mEq/L	4.6	1.3	1.9	9.1	237	119
氯（Cl）	mEq/L	114	7	95	132	225	110
碳酸氢盐（BC）	mEq/L	31	1.4	30	32	2	1
二氧化碳（CO_2）	mEq/L	24.5	5.3	11.4	36	136	53
铁（Fe）	μg/dL	100	45	24	168	14	10
镁（Mg）	mg/dL	2.38	0.73	1.3	3.1	5	4
尿素氮（BUN）	mg/dL	4	2	0	10	210	97

续表

检测项目	单位	均值	标准差	最小值	最大值	样本数	动物数
肌酐（CR）	mg/dL	0.5	0.2	0.1	1.2	118	73
尿酸（UA）	mg/dL	9.7	7.3	1.1	39	368	175
总胆红素（TBIL）	mg/dL	0.3	0.2	0	1	103	58
直接胆红素（DBIL）	mg/dL	0	0	0	0.1	11	7
间接胆红素（IBIL）	mg/dL	0.3	0.2	0	0.8	11	7
葡萄糖（GLU）	mg/dL	223	39	85	330	388	188
总胆固醇（TC）	mg/dL	286	86	88	960	243	123
甘油三酯（TG）	mg/dL	197	255	39	1754	94	53
肌酸激酶（CK）	IU/L	475	554	25	4702	258	131
乳酸脱氢酶（LDH）	IU/L	383	371	45	2150	203	99
碱性磷酸酶（ALP）	IU/L	222	281	11	1460	232	99
谷丙转氨酶（ALT）	IU/L	118	92	14	744	216	100
谷草转氨酶（AST）	IU/L	174	78	40	610	380	188
γ-谷氨酰转肽酶（γ-GT）	IU/L	5	7	0	40	51	27
淀粉酶（AMY）	U/L	2223	733	1271	4920	54	35
脂肪酶（LPS）	U/L	32	50	5	168	10	8
总蛋白/比色法（TP）	g/dL	5.3	1	2.8	9.3	397	190

续表

检测项目	单位	均值	标准差	最小值	最大值	样本数	动物数
球蛋白/比色法（GLB）	g/dL	3.4	0.7	1.8	6.1	290	152
白蛋白/比色法（ALB）	g/dL	2	0.6	0.8	3.9	295	152
纤维蛋白原（FIB）	mg/dL	293	256	0	900	14	7
球蛋白/电泳法（GLB）	g/dL	1.2	0.6	0.4	3.1	32	20
白蛋白/电泳法（ALB）	g/dL	0.5	0	0.5	0.5	1	1
α1-球蛋白/电泳法（α1-GLB）	mg/dL	0.3	0.5	0.1	2	15	6
α2-球蛋白/电泳法（α2-GLB）	mg/dL	0.8	0.3	0.4	1.5	15	6
β-球蛋白/电泳法（β-GLB）	mg/dL	1.1	0.4	0.5	1.7	15	6
总三碘甲腺原氨酸摄取量（TT3）	%	38	5	31	44	5	3
总甲状腺素（TT4）	μg/dL	0.9	0.3	0.6	1.3	7	5
铅（Pb）	μg/dL	30	0	30	30	1	1

注：数据来自国际物种信息系统。

附　录

附录1

圈养野生动物体温参数

附录1.1 草食动物的体温参数

动物名称	体温范围（℃）	动物名称	体温范围（℃）	动物名称	体温范围（℃）
短角鹿	37.0~39.6	黄麂	37.0~43.1	山羊	39.0
阿拉伯长角羚	37.0~42.0	霍夫曼两趾树懒	32.0~36.0	麝牛	37.0~41.0
白唇鹿	37.0~41.1	霍加狓	37.0	双峰驼	36.0~39.4
白大角羊	37.0~42.0	加拿大盘羊（大角羊）	38.0~40.0	水羚	37.0~44.0
白山羊	37.0~41.0	狷羚	36.0~43.0	水鹿	38.2~40.0
白尾鹿	37.0~40.1	喀氏小羚	38.0~40.0	斯氏瞪羚	38.0~40.0
白犀	36.0~38.2	柯氏犬羚	38.0~40.0	塔尔羊	36.0~40.0
斑羚	37.0~41.0	蓝霓羚	38.0~42.0	汤姆森瞪羚	37.2~43.0
北美野牛	35.0~42.0	蓝牛羚	36.0~41.0	黇鹿	38.0~41.4
波斯野驴	37.0~41.0	鹿豚	35.0~39.0	跳羚	37.0~41.0
叉角羚	37.0~42.2	驴羚	39.0~41.0	豚鹿	36.0~42.0
赤麂	38.0~40.0	马来貘	35.5~38.0	驼羊	36.0~39.3
赤羚	39.0	马羚	37.0~40.0	弯角长角羚	36.0~41.5
大额牛	36.0~40.8	马鹿	36.0~41.0	西伯利亚北山羊	39.0
大弯角羚	36.0~42.0	麦氏霓羚	38.5~40.0	细角瞪羚	38.0~42.5
大臆鹿	36.0~39.0	毛冠鹿	38.0~41.2	细纹斑马	36.0~40.0
大旋角羚羊	38.0	梅花鹿	34.0~41.8	小旋角羚	37.0~41.0

续表

动物名称	体温范围(℃)	动物名称	体温范围(℃)	动物名称	体温范围(℃)
单峰驼	36.0~38.8	麋鹿	37.2~39.7	小羊驼	36.6~40.0
多卡瞪羚	38.0~42.0	绵羊	38.0~40.0	亚洲象	36.0~37.0
鹅喉羚	39.0~41.1	南非直角长角羚	37.0~41.3	岩羚	38.0~39.0
二趾树懒	32.0~35.0	南美貘	35.0~37.0	岩羚羊	38.7~42.0
非洲象	39.0	尼罗河驴羚	37.3~43.2	岩羊	39.0
非洲野驴	36.0~38.0	捻角山羊	38.5~40.0	羊驼	36.6~40.0
非洲野牛	38.0~42.0	扭角羚	38.0~39.0	野生蒙古野马	37.0~40.1
葛氏瞪羚	38.0~41.1	努比亚北山羊	37.0~39.4	印度犀	37.0~40.0
艮氏犬羚	37.0~41.0	坡鹿	38.0~42.0	原牛	37.0~39.0
黑斑羚	37.8~41.0	普通斑马	36.0~41.0	原驼	36.0~40.0
黑斑牛羚	36.0~39.0	普通大羚羊	36.0~41.0	羱羊	38.0~43.0
黑背霓羚	37.0~39.0	普通蛮羊	38.0~40.5	獐	39.7~43.1
黑羚	38.0~41.0	曲角羚	36.0~41.0	长颈羚	37.0~41.4
黑马羚	36.8~41.0	桑岛新小羚	38.0~41.0	长颈鹿	36.0~41.0
黑霓羚	38.0~42.0	山瞪羚	39.4~41.1	长头霓羚	38.0~39.0
黑尾鹿	36.0~41.0	山貘	36.9~37.0	爪哇野牛	37.0~40.0
黑犀	35.5~39.0	山薮羚	37.0~42.0	沼鹿	38.1~41.0
红瞪羚	37.8~41.0	花鹿	37.0~41.2	中美貘	36.0~37.0
红腰霓羚	38.0	黄背霓羚	36.0~41.5	转角牛羚	36.0~42.0
紫羚	36.0~41.0				

附录

373

附录1.2 肉食动物的体温参数

动物名称	体温范围(℃)	动物名称	体温范围(℃)	动物名称	体温范围(℃)
巴里狮	36.0~41.9	黑足鼬	37.0~40.0	帕拉斯猫	37.0~40.0
白狐	37.0~42.0	红狼	37.0~42.0	蓬尾浣熊	36.0~40.0
白鼬	37.0~40.0	狐鼬	37.0~40.0	乔氏猫	38.0~40.0
斑臭鼬	36.0~38.0	虎	36.0~41.6	沙猫	37.0~38.4
斑鬣狗	36.0~41.0	灰狐	37.0~39.0	树袋熊	33.0~36.2
斑猫	38.0~39.0	加拿大臭鼬	35.0~37.0	薮猫	36.0~40.8
豹猫	38.0~39.2	加拿大猞猁	36.0~40.0	薮犬	34.0~39.0
北极熊	35.0~39.3	加氏袋鼬	34.0~38.0	土狼	34.6~39.0
北美黑熊	34.0~40.0	郊狼	38.0~40.0	西班牙猞猁	36.0~40.0
北美浣熊	35.0~40.0	金猫	37.0~40.0	细腰猫	37.0~41.0
北猞猁	37.0~40.5	金钱豹	35.7~41.0	小斑虎猫	37.0~41.0
草原狐	38.0~41.0	九带犰狳	29.0~36.0	小熊猫	36.0~40.0
赤狐	33.0~40.0	懒熊	36.0~39.4	熊狸	36.0~40.1
丛林猫	36.0~38.8	狼	36.0~43.2	雪豹	36.0~42.0
大耳狐	37.0~40.0	猎豹	34.0~41.0	眼镜熊	35.0~39.0
袋獾	34.0~36.0	林鼬	35.0~40.0	野猫	37.0~39.4
地栖斑袋貂	35.0~38.0	马来熊	36.0~40.0	渔貂	37.0~40.1
短尾猫	36.0~42.0	毛鼻袋熊	34.0~35.0	渔猫	37.0~41.0
耳廓狐	36.0~40.0	美洲豹	36.0~41.0	云豹	37.0~40.2
缟鬣狗	35.0~39.0	美洲狮	32.8~42.0	长尾虎猫	35.8~40.1
黑背胡狼	36.0~40.0	蜜熊	36.0~38.0	长尾龙猫	35.0~39.0
黑熊	35.0~38.0	南貂	36.0~40.0	棕熊	33.0~39.0
黑足猫	37.0~40.0	狞猫	36.0~40.0	鬃狼	36.0~40.0

附录1.3 水生/两栖类的体温参数

动物名称	体温范围（℃）	动物名称	体温范围（℃）	动物名称	体温范围（℃）
鸭嘴兽	32.0	非洲小爪水獭	37.0~40.0	海豹	36.0~37.0
北美河狸	32.0~37.0	古巴鳄	34.0	亚洲小爪水獭	36.0~40.1
北美獭	36.0~41.0	加州海狮	33.0~41.3	杜氏蚺/杜玛利蚺蛇	38.0
黄点巨蜥	21.0	倭河马	35.0~36.0		

附录1.4 杂食动物的体温参数

动物名称	体温范围（℃）	动物名称	体温范围（℃）	动物名称	体温范围（℃）
阿根廷长耳豚鼠	36.0~39.0	古氏树袋鼠	34.0~38.0	领狐猴	35.0~42.0
阿拉伯狒狒	36.0~40.0	冠美狐猴	35.4~37.4	领西猯	37.0~40.0
阿氏夜猴	39.0~40.0	冠长尾猴	37.9~39.5	芦苇伶猴	37.0~40.0
安哥拉疣猴	36.0~41.0	灌丛八齿鼠	35.0~38.0	绿猴	36.0~40.0
暗黑伶猴	37.0~38.0	鬼狒	36.0~40.0	麻氏树袋鼠	34.0~38.0
巴拿马水豚	32.0~39.0	鬼夜猴	36.0~41.0	毛袋鼠	34.0~41.0
巴西夜猴	38.0~39.0	海狸鼠	34.0~36.0	毛尾袋小鼠	35.0~38.0
白鼻豹	36.0~40.0	褐家鼠	35.0~37.0	美洲飞鼠	34.0~38.0
白鼻长尾猴	37.0~41.1	褐美狐猴	36.0~40.0	獴美狐猴	36.0~39.0
白额卷尾猴	37.0~40.0	黑白狓	38.0~39.0	猕猴	37.0~40.0
白额狓	38.0~39.0	黑白疣猴	36.0~41.3	棉顶狨	36.0~40.0
白喉卷尾猴	37.0~40.0	黑猴	35.5~39.3	敏袋鼠	36.0
白颊白脸猴	37.0~40.0	黑吼猴	35.0~39.4	墨西哥树豪猪	35.0~38.0
白颊长臂猿	36.0~40.3	黑帽卷尾猴	35.0~40.0	南方肥尾鼠狐猴	33.0~35.0
白领白睑猴	34.0~41.0	黑美狐猴	35.0~39.3	南非豪猪	37.0~40.0
白面僧面猴	36.0~40.0	黑尾草原犬鼠	34.0~39.0	欧洲野兔	37.0~40.0
白臀叶猴	37.0~40.0	黑尾袋鼠	36.4~41.0	蓬尾婴猴	35.0~38.0

续表

动物名称	体温范围（℃）	动物名称	体温范围（℃）	动物名称	体温范围（℃）
白掌长臂猿	36.0~41.0	黑猩猩	34.0~39.4	普通狨	36.0~39.0
斑狨	37.0~39.0	黑叶猴	36.0~40.6	普通松鼠猴	35.0~40.0
北美负鼠	33.0~36.0	黑掌蛛猴	35.0~40.7	青长尾猴	36.0~41.0
北美豪猪	36.0~39.0	红腹美狐猴	38.0	日本猴	36.0~41.0
玻利维亚卷尾豪猪	35.0~38.0	红脸蜘蛛猴	37.0~39.0	狨猴	36.0~40.0
柽柳猴	37.0~39.0	花背豚鼠	36.0~37.0	绒毛猴	37.0~39.0
赤大袋鼠	33.0~38.8	环尾狐猴	35.7~41.2	山魈	36.0~40.0
赤喉美松鼠	38.0~41.0	黄足岩	35.0~39.1	狮面狨	35.0~41.0
赤猴	36.0~40.6	灰树袋鼠	34.0~37.0	狮尾狒狒	37.0~39.0
赤颈袋鼠	34.0~40.0	灰驯狐猴	36.0~38.0	狮尾猴	36.0~40.8
粗尾婴猴	34.0~39.0	灰长臂猿	36.0~40.0	食蚁兽	33.0~35.0
大灰袋鼠	31.0~37.0	瘠懒猴	35.0	四趾刺猬	32.0~35.0
大猩猩	35.0~39.0	加纳长尾猴	37.0~40.0	蹄兔	33.0~40.0
戴帽长臂猿	37.0~39.0	节尾猴	36.0~39.0	跳兔	36.0~38.0
黛安娜长尾猴	36.0~41.0	节尾狐猴	35.7~41.2	土拨鼠	33.0~38.0
德氏长尾猴	36.0~41.0	金臂狮面狨	38.0~39.0	土豚	34.9~37.0
短尾灰沙袋鼠	37.0	金冠狐猴	37.0	兔豚鼠	35.0~38.0
非洲冕豪猪	37.0~39.0	金头狮面狨	36.0~40.0	兔形刺豚鼠	38.0~38.7
肥尾鼠狐猴	33.0~35.0	巨树鼩	35.0~39.0	豚尾猴	37.6~39.5
蜂猴	33.0~37.0	坎氏长尾猴	37.0~38.0	倭黑猩猩	35.0~38.2
缟大长臂猿鼷	36.0~39.6	科氏倭狐猴	34.0~38.0	倭蜘蛛猴	37.0~39.0
古巴硬毛鼠	34.0~36.0	肯尼亚长尾猴	37.0~41.0	沃氏长尾猴	38.0~42.0
西大灰袋鼠	34.0~40.0	野猪	33.0~39.1	长尾叶猴	36.0~40.5
喜马拉雅塔尔羊	37.0~40.0	夜猴	35.0~40.0	长须狨	37.0~41.0
细尾獴	35.0~40.0	银色乌叶猴	36.0~39.0	沼泽猴	37.0~39.8

续表

动物名称	体温范围(℃)	动物名称	体温范围(℃)	动物名称	体温范围(℃)
鸦面长尾猴	37.0~40.0	尤金袋鼠	36.0~39.4	蜘蛛猴	37.0~39.0
小白鼻长尾猴	38.8~40.0	疣猪	35.3~40.0	指猴	36.0
小袋鼯	35.0~37.0	郁乌叶猴	36.0~41.0	侏獴	36.0~38.0
小夜猴	36.0~41.0	扎伊尔白脸猴	36.7~40.3	侏狨	35.0~40.0
猩猩	34.0~39.0	长毛蜘蛛猴	37.0~39.0	侏长尾猴	36.0~40.0
亚马孙松鼠猴	36.0~40.0	长尾刺豚鼠	37.0~39.0	棕头蛛猴	35.0~39.3
岩大袋鼠	34.0~41.0				

附录1.5 鸟禽类动物的体温参数

动物名称	体温范围(℃)	动物名称	体温范围(℃)	动物名称	体温范围(℃)
白腹鹳	38.0~40.0	国王企鹅	38.0	绿阿拉卡鸢	41.0
白喉鹊鸦	41.0	和平鸟	40.0	美洲雕鸮	38.0
白颊冠蕉鹃	41.0	鹤鸵	37.7~40.0	美洲鸵鸟	40.0~41.0
白头牛文鸟	40.0~41.0	黑颈天鹅	40.0	南非蓑羽鹤	39.0
白头秃鹫	39.0~40.0	黑美洲鹫	41.0	鹊鸦	41.0
斑嘴环企鹅	36.0~38.0	横斑林鸮	38.9	肉垂鹤	42.0
斑头雁	40.0~41.0	红腹锦鸡	42.0	肉垂麦鸡	39.0~41.0
彩虹巨嘴鸟	37.0~41.0	红冠水鸡	38.3	蓑羽鹤	41.0~42.0
茶色蟆口鸱	36.0~38.0	红冠亚马逊鹦鹉	41.0	跳岩企鹅	38.0~39.0
大鸨	41.0	红鹳	37.0~39.0	秃鹫	39.0~40.7
大雕鸮	38.0	红脸地犀鸟	41.0~42.0	吐绶鸡	40.0~41.0
大天鹅	40.0	红绿金刚鹦鹉	40.0	王鹫	40.0~41.0
地犀鸟	41.0	红尾鵟		兀鹫	40.3~41.7
点嘴小巨嘴鸟	40.0	红嘴弯嘴犀鸟	40.0	西非冠珠鸡	41.0

续表

动物名称	体温范围(℃)	动物名称	体温范围(℃)	动物名称	体温范围(℃)
渡鸦	107.0	洪氏环企鹅	38.0~40.0	小葵花凤头鹦鹉	37.0~40.0
短耳鸮	39.0	厚嘴巨嘴鸟	37.0~41.0	穴小鸮	37.0~40.0
鸸鹋	38.0~39.0	黄冠亚马逊鹦鹉	40.0	雪鸮	39.0
粉红凤头鹦鹉	40.0	黄颈亚马逊鹦鹉	38.0~41.0	疣鼻天鹅	38.6
粉红鸽	40.0~41.0	黄蓝金刚鹦鹉	38.0~41.0	长耳鸮	38.0
凤头麻鸭	38.3	黄嘴琵鹭	40.0~41.0	长冠八哥	40.0~42.0
古巴亚马逊鹦鹉	39.0	灰冠鹤	39.0~41.0	朱鹮	38.0
冠鹤	41.0	灰颈林秧鸡	40.0~41.0	紫蓝金刚鹦鹉	40.0~41.0
冠珠鸡	41.0	金雕	40.0	紫胸佛法僧	40.0
鲑色凤头鹦鹉	40.0~41.0	镜冠秋沙鸭	41.0	棕胸佛法僧	40.0
距翅雁	38.4~38.7				

注：以上体温数据引自《野生动物疫病学》。

附录2

动物体重记录

附录2.1 亚洲象体重

动物种类	性别	年龄(岁)	体重范围(kg)	样品数量
亚洲象	♀	1	470	1
	♂	3	875	1
	♀	3	512	1
	♀	4	750	1
	♀	6	920~1200	5
	♀	7	1250	1
	♀	10	1560	1
	♀	10.1	1610~1670	2
	♀	10.2	1700	1
	♀	10.7	1850	1
	♀	12	1900	1
	♀	14	2650	1
	♀	15	3000	1
	♀	21	2760	1

附录2.2 马属动物的体重

动物	性别	年龄（岁）	体重范围（kg）	样品数量
斑马	♂	0~7日	35	1
	♀	0~7日	33~35.7	2
	♂	0.3	103	1
	♂	0.4	117	1
	♂	0.7	174	1
	♂	0.9	200	1
	♀	1.1	213	1
	♀	13	208	1
	♀	6	100~223	2
野马	♀	0~7日	15.5	1
	♂	1	151	1
	♀	1.4	194	1
西藏野驴	♂	1.3	237	1
	♂	12	336	1
	♀	3	268	1
	♂	9	279	1

附录2.3 犀牛的体重

动物种类	性别	年龄（岁）	体重范围（kg）	样品数量
黑犀	♂	2	610	1
独角犀	♂	1	352	1
	♀	2	610~940	2

附录2.4 貘的体重

动物种类	性别	年龄（岁）	体重范围（kg）	样品数量
马来貘	♂	0~7日	8.4~10.6	2
	♂	<0.1	13.8~21.3	3
	♂	0.1	22.4~37.6	2
	♂	0.2	55.2	1
	♂	0.3	74.5	1
	♂	0.4	81.25	1
	♂	0.5	94	1
	♂	0.8	29	1
	♂	0.9	37.5	1
	♀	1	53	1
	♂	1.1	75~169.5	2
	♂	1.7	158	1
	♀	2	219	1
	♂	2	180.5	1
	♀	3	260	1
	♂	3	206	1
中美貘	♀	0~7日	8~12.75	3
	♂	0~7日	8.3~11.9	2
	♀	<0.1	15.5~22	3
	♀	0.1	24~24.5	2
	♂	<0.1	15.9~21.75	2
	♂	0.1	25.15~32	3
	♀	0.2	23.25~23.5	1
	♂	0.2	36.15~51	3
	♂	0.3	61.1~67	1
	♂	0.4	73~82.75	2
	♂	0.5	94	1
	♂	0.6	106	1
	♂	0.7	115	1
	♂	1	136.25	1
	♂	4	184	1
	♀	6	157	1

附录2.5 河马体重

动物种类	性别	年龄（岁）	体重范围（kg）	样品数量
河马		0~7日	16.5~25	5
	♂	0.4	313.75	1
	♂	0.8	292.75	1
	♀	0.6	216.25	1
	♀	0.9	313	1

附录2.6 骆驼科动物体重

动物种类	性别	年龄（岁）	体重范围（kg）	样品数量
双峰驼	♀	3.5	350	1
原驼	♀	0~7日	4.7	1
	♂	0~7日	4.25	1
	♀	0.4	52.5	1
	♀	1	95	1
	♂	成	114~115	3
	♀	成	125~145	2

附录2.7 鹿科动物体重

动物种类	性别	年龄（岁）	体重范围（kg）	样品数量
白唇鹿	♀	0.2	42.5	1
	♀	0.5	65	1
	♂	1	81.5	1
	♂	1	117.5	1
	♂	1.9	81.5	1
	♂	2	130	1
	♀	3	132	1
	♂	7	171	1
	♂	14	217.5	1
	♀	20	115	1
	♀	成	142.5	1

续表

动物种类	性别	年龄（岁）	体重范围（kg）	样品数量
东北马鹿	♂	1.8	110	1
	♀	2	186	1
	♀	5	180	1
	♂	6	231.5	1
	♂	7	205	1
	♀	10	150	1
	♀	成	226	1
甘肃马鹿	♂	1	106	1
	♀	1	80	1
	♂	2	198	1
	♂	2	122.5	1
	♂	8	264	1
	♀	8	155	1
	♀	10	144~164.5	2
黑鹿		0~7日	6.5	2
	♀	成	89.5	2
梅花鹿	♀	0.1	21	1
	♂	0.8	55	1
	♀	0.8	41.5	1
	♂	1.5	67.5	1
	♂	4	92	1
	♂	成	150	1
麋鹿	♂	0~7日	11	1
	♀	0~7日	11.8~12.1	2
	♀	1	112.5	1
	♀	1	81.5	1
	♂	1.5	147	1

续表

动物种类	性别	年龄（岁）	体重范围（kg）	样品数量
麋鹿	♂	2	180.5	1
	♀	2	146.5	1
	♀	3	164	1
	♂	3.5	200	1
	♂	4	263	1
	♂	4	192	1
	♀	4	170	1
	♂	5	202.5	1
	♀	6	165~178	2
	♂	11	185~222.5	2
	♀	11	180	1
	♂	12	189	1
	♀	14.5	110	1
狍	♂	成	16	1
	♀	成	32.5	1
日本梅花鹿		0.2	21	1
	♂	1	44	1
	♂	3	57	1
	♂	6	65.5	1
	♂	10	70	1
	♀	成	41.8~51	2
	♂	成	79	1
麝	♀	0~7日	0.219	1
	♂	成	7.5	1
豚鹿	♀	0~7日	3.25	1
	♀	0.2	15	1
	♂	0.6	32	1

续表

动物种类	性别	年龄（岁）	体重范围（kg）	样品数量
黇鹿	♀	0.6	25.5	1
	♂	0.9	37	1
	♂	6	85.5	1
	♀	成	49.5	1
	♂	成	50~79.5	4
豚鹿	♂	0~7日	2.5	1
	♂	2	32.5~36.5	2
	♀	2	25	2
	♂	3	35	1
	♀	5	28.75	1
	♂	成	37~51.5	7
	♀	成	30.5~44	6
驼鹿	♂	0.1	18	1
	♀	0.1	15.75	1
	♀	1	101.5	1
屋久鹿	♀	3	19.5	1
	♂	3	45~55	2
	♂	4	32.75	1
	♀	4	28	1
	♂	8	51.5	1
驯鹿	♀	0~7日	3.75~4.5	2
印度花鹿	♀	0~7日	2.4	2
	♂	0~7日	3.05	1
	♂	成	90	1
中亚马鹿	♀	0.2	42.5~50	2
	♂	5	180	1
	♂	6	167.5	1
	♀	成	152~165.5	3

附录2.8 长颈鹿的体重

动物种类	性别	年龄（岁）	体重范围（kg）	样品数量
长颈鹿	♀	0~7日	47.2~48.6	2
	♂	0~7日	50.4~67.2	3
	♂	<0.1	52.5	1
	♀	9	524.35	1

附录2.9 羚牛和羚羊的体重

动物种类	性别	年龄（岁）	体重范围（kg）	样品数量
秦岭羚牛	♀	0.1	19	1
	♀	1	61	1
	♂	3	92	1
	♂	4	123.5	1
	♂	7	297	1
四川羚牛	♂	0~7日	12	1
	♀	0~7日	67.1	2
	♂	0.9	110	1
	♀	1.5	126	1
	♀	3	192.5	1
	♂	3	261	1
	♂	10	312	1
	♀	11	217.5	1
	♂	16	236.5	1
白长角羚	♀	0~7日	6.35	1
	♂	0~7日	7.75	1
	♂	0.1	21.5	1
	♀	0.2	21	1
	♀	0.5	69	1
	♂	0.9	91	1

续表

动物种类	性别	年龄（岁）	体重范围（kg）	样品数量
白长角羚	♀	3	137.5	1
	♂	3	166	1
	♀	8	131	1
	♀	11.1	159.5	1
大羚羊	♂	0.4	107.5	1
	♂	0.9	127.5	1
	♂	老年	316.5	1
毛耳长角羚	♀	<0.1	15.75	1
	♀	0~7日	9.5	1
	♂	3	147.5	1
牛羚	♀	0~7日	15.25	1
	♂	0~7日	17.25	1
	♀	0.4	76.5	1
	♀	0.5	91	1
	♀	0.6	62.5	1
	♀	0.8	68.5	1
	♂	0.9	124	1
	♂	1	190	1
	♀	1.4	130	1
	♂	3.5	77.5	1
	♂	4.5	74.5	1
	♀	5	179.75	1
	♀	13	104.5	1
麝牛	♀	14	210	1
赤鬣羚	♂	1.3	73.5	1
	♀	5	75.5	1
	♂	11	121.5	1

续表

动物种类	性别	年龄（岁）	体重范围（kg）	样品数量
蓝牛羚	♀	0~7日	7.5~9.5	3
	♂	0~7日	8.2	1
	♂	2.5	167	1
	♀	10	209	1
	♀	11	185	1
	♀	成	159	1
	♂	成	265	1
斑羚	♀	成	29.5~35	2
格氏瞪羚	♀	<0.1	8	1
	♂	成	47	1
日本苏门羚	♀	2	19.5	1
赛加羚羊	♂	1.4	39.5	2
苏门羚	♀	0~7日	8	1
	♂	0~7日	7.55	1
	♀	5	54	1
	♂	成	82.5	1
	♂	老年	97	1
	♀	老年	95.5	1
鹅羚	♂	1.7	26.5	1
	♂	2.5	26	1
印度黑羚	♀	0~7日	3~3.5	2
	♂	0~7日	4.5	1
	♂	1	28	1
	♀	1	18.5	1
	♂	成	25~42	2
	♀	成	25	1

附录2.10 各种羊的体重

动物种类	性别	年龄（岁）	体重范围（kg）	样品数量
加拿大盘羊	♂	成	57	1
	♀	成	41.5	1
蛮羊	♂	0~7日	27	1
	♂	<0.1	14.5	2
	♂	0.3	51.5	1
	♂	0.6	33	1
	♀	0.6	28.5	1
	♀	3	64	1
	♂	5	118.75	1
	♀	5	62.5	1
盘羊	♀	0~7日	2.375	1
	♀	<0.1	3.4~7.4	3
	♀	成	65.5~81.5	2
	♀	老年	51.75	1
岩羊	♀	0.1	7	1
	♂	1	34.5	1
	♂	1.5	70	1
	♀	1.5	25	1
	♂	7	68.5	1
	♀	10	47	1
羱羊	♂	幼年	17.5	1
	♀	幼年	8	1
	♂	成	28.5	1
	♀	成	15	1

注：本记录是北京动物园管理处饲养队王振义同志根据多年积累数据编写而成，经张成林整理。

参考文献

1. 孔繁瑶：《家畜寄生虫学（第二版）》，中国农业出版社1997年版。
2. 李石洲，蔡勤辉：《华南虎繁育技术》，中国科学技术出版社2012年版。
3. 李筑眉，李凤山：《黑颈鹤研究》，上海科技教育出版社2005年版。
4. 金继英，由玉岩：《黑鹳饲养管理指南》，中国农业出版社2020年版。
5. 刘赫，张成林，李晓光，等：《圈养野生动物饲料配方指南》，中国农业出版社2019年版。
6. 夏咸柱，高宏伟，华育平：《野生动物疫病学》，高等教育出版社2011年版。
7. 张成林：《动物园兽医工作指南》，中国农业出版社2017年版。
8. 张成林：《圈养大熊猫健康管理》，中国农业出版社2019年版。
9. 张恩权，李晓阳，古远，等：《动物园野生动物行为管理》，中国建筑工业出版社2008年版。
10. 张金国：《鹤类生物学及饲养管理与保护》，中国林业出版社2003年版。
11. 张金国：《高级观赏动物饲养工培训考试教程》，中国林业出版社2006年版。
12. 张金国：《中级观赏动物饲养工培训考试教程》，中国林业出版社2005年版。
13. 张振兴，沈永林：《兽医全攻略：动物园动物疾病》，中国农业出版社2009年版。

14. 由玉岩：《黑颈鹤饲养管理指南》，中国农业出版社2020年版。
15. 《火烈鸟管理指南》，范海渤，李萍译，《世界动物园科技信息》2007年第16期。
16. 《火烈鸟管理指南（续）》，范海渤译，《世界动物园科技信息》2010年第22期。
17. 鲍伟东，罗小勇，孟志涛，等：《北京地区黑鹳越冬期的取食行为》，《动物学杂志》2006年第5期。
18. 陈玉才，高迎，李迎：《南非动物异地繁育技术研究》，《山东林业科技》2012年第5期。
19. 迟俊：《美洲火烈鸟的人工饲养繁殖》，《野生动物学报》2014年第2期。
20. 邓丽玲，陈莎，李雨芮，等：《圈养条件下古巴火烈鸟血液生理生化指标的测定》，《畜牧兽医科技信息》2021年第5期。
21. 高喜凤：《圈养古巴火烈鸟的繁殖技术》，《野生动物学报》2021年第3期。
22. 金显栋：《肉羊体况评分及在生产中的应用》，《云南畜牧兽医》2007年第3期。
23. 雷钧，崔媛媛，李金邦，等：《圈养华北豹的丰容》，《中国畜禽种业》2018年第12期。
24. 李世宗，徐麟木：《小熊猫接种犬瘟热弱毒疫苗的效果分析》，《野生动物》2012年第5期。
25. 李晓敏，杨文辉，何相宝：《古巴火烈鸟在高纬度地区的人工饲养》，《畜牧兽医科技信息》2009年第6期。
26. 李勇军，王志文，王万华，等：《环尾狐猴的饲养繁殖和人工育幼》，《畜牧与饲料科学》2011年第2期。
27. 廖炎发：《在隆宝滩考察黑颈鹤》，《大自然》1986年第4期。
28. 吕宗宝，姚建初，廖炎发：《黑颈鹤繁殖生态的观察》，《动物学杂志》1980年第1期。

29. 邱启官,胡志刚,何善述,等:《大羚羊感染蝇蛆病诊疗报告》,《畜牧兽医科学》2019年第9期。

30. 沙炳福,耿广耀:《圈养南美貘饲养管理》,《上海畜牧兽医通讯》2020年第2期。

31. 沈明华:《普氏原羚若干血液生理生化指标测定》,《青海畜牧兽医杂志》2001年第3期。

32. 苏积武,赵崇学,鲁守炜,等:《赛加羚羊生理生化指标的测定》,《中国兽医科技》1996年第6期。

33. 滕克愚,邱富才,亢富德:《黑鹳生态习性观察》,《山西林业科技》1986年第3期。

34. 王成东,张志和:《大熊猫和小熊猫犬瘟热病与疫苗免疫现状》,《四川动物》2006年第3期。

35. 王宇:《非洲白犀牛血液常规参数的测定》,《野生动物学报》2014年第1期。

36. 王宇,杨启鸿:《圈养白犀牛血液生化指标的测定》,《野生动物学报》2014年第2期。

37. 王永志,张丽霞,张永宾等:《石家庄动物园豹的饲养和繁育管理技术》,《野生动物学报》2018年第3期。

38. 王勇,汪晓飞:《藏羚羊、藏原羚和普氏原羚部分血液生理生化指标的测定》,《畜牧与兽医》2009年第9期。

39. 王志永,王成华,李勇军,等:《古巴火烈鸟的饲养繁殖与人工育幼技术》,《野生动物》2010年第5期。

40. 姚建初,廖炎发:《黑颈鹤繁殖行为的初步观察》,《高原生物学集刊》1984年第3期。

41. 俞锦华,李士强,金晓军,等:《烈鸟的人工饲养繁育》,《上海畜牧兽医通讯》2015年第6期。

42. 张红娟,刘培培,胡德夫,等:《北京十渡自然保护区秋冬季节黑鹳数量及生境研究》,《湿地科学》2010年第3期。

43. 张宪义：《环尾狐猴的饲养繁殖与人工育幼技术》，《畜牧与饲料科学》2011年第4期。

44. 张振群，谷德海，王姣姣，等：《笼养黑鹳求偶行为谱及其PAE编码》，《河北大学学报（自然科学版）》2016年第36期。

45. 赵雨梦，尹江南，彭彤彤，等：《北方森林动物园大红鹳对环境和食物丰容的行为反应》，《野生动物学报》2018年第4期。

46. 黄淑芳，汪丽芬，朱岩，等：《圈养小熊猫49项血液生理生化指标的测定分析》，《浙江畜牧兽医》2013年第1期。

47. 冯理：《纳帕海黑鹳越冬生态观察》，西南林业大学、西南林学院2008年硕士学位论文。

48. 林敏仪：《城市动物园动物展区景观设计研究——以广州市动物园为例》，华南理工大学2019年硕士学位论文。

49. 任颖：《南非长角羚（Oryx gazella）和白长角羚（Oryx dammah）线粒体基因组研究及系统发育分析》，曲阜师范大学1992年硕士学位论文。

50. 李来兴：《黑颈鹤（Grus nigricollis）繁殖期觅食行为及时间分配初探》，《中国水鸟研究》，华东师范大学出版社1994年版。

51. Downer C.C, "Observation on the diet and habitat of the mountain tapir (Tapirus pinchaque)", *Journal of Zoology (London)*, 2001.

52. Peirce M A, "Pathogenic subspecies of Plasmodium relictum found in African birds", *Vet Rec*, 2005.

53. Tarboton W, "Breeding status of the black stork(Ciconia ciconia) in the transraal", *Ostrich*, 1982.

54. Valkanas G, Iezhova T A, "A comparison of the blood parasites in three subspecies of the yellow wagtail Motacilla flava", J *Parasitol*, 2001.

55. Janssen D.L, *Rideout B.R. & Edwards M.S. Zoo and Wildlife*

Medicine, 4th edition. Philadelphia: W.B. Saunders, 1999.

56. Dwyer N, "Black-necked Cranes Nesting in the Tibet Autonomous Region,China", *Proceedings of the North American Crane Workshop*, 1992.

57. Medici E.P, "Assessing the Viability of Lowland Tapir Populations in a Fragmented Landscape.", Durrell Institute of Conservation and Ecology (DICE), University of Kent. Canterbury, UK, Ph.D Dissertation in 2010.

后 记

笔者毕业于北京农业大学（现中国农业大学）兽医系，在北京动物园工作30余年，先后从事圈养野生动物临床兽医、宠物医生、野生动物饲养管理、兽医管理、种群管理及科研管理工作，具有丰富的野生动物饲养管理和疾病防控经验。工作中，深刻体会到野生动物疾病防治工作的不易，动物园动物疾病预防措施不足，兽医工作就像"救火队员"一样，动物发病后才去紧急"扑灭"。

几十年来，我们总结了一套巡视、消毒、注射疫苗、驱虫等常规的疾病预防措施，并取得了一定的效果。但是，随着经济和社会的发展，生活水平不断提高，人们的健康需求也不断增加，动物园野生动物疾病防治需要也在不断提高，已有的防控措施不能满足需要。20世纪末以来，人的健康体检越来越普遍，逐步形成了专业化，并提出了健康管理理念。在圈养野生动物进行健康管理、提高野生动物管理水平方面给了我们启迪。

健康管理是一个新的综合性理念，人是单一物种，可以细分成不同年龄、性别，甚至不同职业群体，进行生理健康和心理健康评估，把生理健康与心理健康有机结合，进行健康管理，提高健康质量。同时，人的医疗设备先进、种类齐全，有知识结构和详细分工的研究和诊治的专业人员，积累的资料多，可参考的标准全，医院的环境舒适，非常有利于系统地、深入地开展工作。圈养野生动物不同于人类，野生动物种类多、种间差异大、难于接近、基础资料缺乏、有效的设备不足，这就造成了野生动物实验室指标基础数据积累太少，没有真实的标准；能查询到的指标中有些还没有标注受检动物的身体状况;有些病例中检查结果与临床表现不一致;等等。本书健康标准中提供的指标数据多数也只能用"均值±标准差"的形式表示,某些标准中只提供了正常均值,各位同行需结合临床所见综合进行评估。最后,野生动物健康管理涉及到管理、饲养、饲料供给、疾病诊治、场馆设计等多部门、多岗位,需要各部门人员的积极参与、相互配合。如何开展动物园动物的健康管理是我们仍在探索的问题。

对动物园野生动物的健康管理,首先要制定各种动物的健康标准,再根据标准进行健康评估。健康管理是过程管理、目标管理、制定计划、落实计划、体检、评估、干预,最后达到不发病、少发病、发轻病目的是综合的管理过程。健康管理最重要的是要有健康的标准、根据标准评估检查结果、分析影响健康的因素。原则上,圈养野生动物健康管理分健康体检、健康评估、健康护理三部分。本书《圈养野生动物健康评估》重点介绍野生动物健康管理概念、健康评估的意义、如何开展健康评估、健康评估报告撰写、部分野生动物的健康标准等内容,重点梳理了野生动物健康标准的内容、格式,探索形成野生动物健康模板。

本书由北京动物园管理处、上海动物园、广州动物园(挂广州市野生动物研究中心牌子)、杭州动物园(杭州少年儿童公园、杭州西湖风景名胜区动物疾病监测中心)、南京市红山森林动物园管理处、唐山动物园、杭州野生动物世界有限公司、福州市动物园管理处8家饲养单位的技术人员参与了编写,收集整理了国际上和编写单位的有关资料,并得到了各编写单位的大力支持和通力合作,在此一并致以衷心的感谢。

本书主编人员曾撰写了《圈养大熊猫健康管理》,但是首次探讨圈养野生动物健康管理概念、健康评估操作,对于健康概念的理解、健康标准的内容及格式要求以及健康评估操作等认识有限,不足之处难免,敬请读者指正。

本书具体分工如下:第一章 圈养野生动物疾病概述部分(卢岩、

赵素芬、张成林）。第二章 圈养野生动物健康评估部分：第一节 圈养野生动物健康评估概述（卢岩、张成林）；第二节 圈养野生动物健康评估主要内容（卢岩）；第三节 圈养野生动物健康评估方法：健康史信息采集和临床健康评估（李婧），心理健康评估（张媛媛），实验室检查结果评估（杨明海），影像学检查评估（霍永腾），病原检查（王运盛），圈养野生动物健康评估和圈养野生动物健康影响因素分析（卢岩）；第四节 圈养野生动物健康评估报告（卢岩）。第三章 圈养野生动物个体健康标准部分：第一节 小熊猫健康标准（黄淑芳、郑应婕、江志）；第二节 华南虎健康标准（王瑜、桂剑峰、詹同彤）；第三节 豹健康标准（许必钊、廖冰麟）；第四节 豺健康标准（秦岭）；第五节 亚洲象健康标准（卢岩、张媛媛）；第六节 长颈鹿健康标准（植广林、张欢）；第七节 白犀健康标准（马敬华）；第八节 河马健康标准（杨宵宵、詹同彤）；第九节 南美貘健康标准（曹菲、桂剑峰）；第十节 黑麂健康标准（江志、黄淑芳、应志豪、郑应婕、楼毅、罗坚文、马冬卉、张媛媛）；第十一节 白长角羚健康标准（王泽滢、陈小丽）；第十二节 长臂猿健康标准（邓长林、詹同彤、张欢）；第十三节 黑猩猩健康标准（秦岭、俞红燕）；第十四节 环尾狐猴健康标准（贾佳、桂剑峰）；第十五节 狒狒健康标准（益亚娜、唐耀）；第十六节 食火鸡健康标准（邓长林）；第十七、十八节 黑鹳健康标准和黑颈鹤健康标准（由玉岩）；第十九节 火烈鸟健康标准（罗淑珍、高喜凤、张欢）；第二十节 斑嘴环企鹅健康标准（陆旖旎、桂剑峰、詹同彤）。全书由卢岩、赵素芬、詹同彤统稿审校。